蜗牛学院

互联网 + 职业技能系列

职业入门 | **基础知识** | 系统进阶 | 专项提高

GUI 自动化
测试开发实战教程
Python 版 | 微课版

GUI Automation Testing Development

U0377738

蜗牛学院 周海峰 邓强 编著

人民邮电出版社

北京

图书在版编目（CIP）数据

GUI自动化测试开发实战教程：Python版：微课版 / 蜗牛学院，周海峰，邓强编著. -- 北京：人民邮电出版社，2021.2（2023.8重印）
（互联网+职业技能系列）
ISBN 978-7-115-53731-7

Ⅰ. ①G… Ⅱ. ①蜗… ②周… ③邓… Ⅲ. ①软件工具－程序设计－教材 Ⅳ. ①TP311.561

中国版本图书馆CIP数据核字(2020)第051767号

内 容 提 要

本书讲解了 GUI 自动化测试开发的主流编程语言、自动化实现原理、常用工具及自动化框架的代码实现。全书共 9 章，包括自动化测试概念、Python 编程基础、基于图像识别的自动化测试、Selenium 入门、Selenium 进阶、自动化测试框架、Windows 应用的自动化测试框架、Android 移动端自动化测试、移动端云测试平台开发。

本书可以作为高校计算机及相关专业的教材，也可以作为测试开发爱好者的参考书。

◆ 编　著　蜗牛学院　周海峰　邓　强
　　责任编辑　左仲海
　　责任印制　王　郁　彭志环
◆ 人民邮电出版社出版发行　北京市丰台区成寿寺路 11 号
　　邮编　100164　电子邮件　315@ptpress.com.cn
　　网址　https://www.ptpress.com.cn
　　固安县铭成印刷有限公司印刷
◆ 开本：787×1092　1/16
　　印张：16　　　　　　　　2021 年 2 月第 1 版
　　字数：450 千字　　　　　2023 年 8 月河北第 4 次印刷

定价 49.80 元

读者服务热线：(010)81055256　印装质量热线：(010)81055316
反盗版热线：(010)81055315
广告经营许可证：京东市监广登字 20170147 号

前言
Foreword

从 1983 年 IEEE 给软件测试下定义至今，已经过了 30 多个年头，特别是 20 世纪 90 年代，互联网的发展使软件测试越来越被企业重视。但是，早期的测试工作大多是通过手工来完成的，企业花费了高成本，但测试效率不高。而随着软件的复杂度越来越高，手工完成测试的难度也越来越高，甚至无法实现。

在这个背景下，很多测试实践者开始尝试使用开发测试工具来支持测试，辅助测试人员完成工作。在感受到工具带来的便利后，测试工具逐渐盛行起来，承担起部分测试设计、实现、执行和比较的工作。运用测试工具，可以达到提高测试效率的目的。测试工具的发展大大提高了软件测试的自动化程度，将测试人员从烦琐和重复的测试活动中解脱出来，专心从事有意义的测试设计等工作。测试工具采用自动比较技术，还可以自动完成测试用例执行结果的判断，从而避免人工比对存在的疏漏问题。

本书全面介绍了自动化测试的相关知识，从测试基础到编程语言学习，再到自动化工具使用，最后通过编程语言去完成自动化框架的实现。本书将基础知识和项目结合，把工具真正用于测试项目，这样更利于初学者对知识的理解和掌握。本书在写作之初，就定了一个基本前提——"全程实战"，一切知识点的讲解和思路的梳理都是为书中的实战案例做准备的。

如果将本书作为高校教材，则建议的授课时间为 72 课时，且优先考虑在机房进行授课。如果将本书作为广大测试开发爱好者的自学用书，则同样建议将书中的每一个练习和项目都完整地实现一遍，这样可以基本具备一个测试开发工程师的核心能力。

在编者编写本书的过程中，蜗牛学院讲师团队的全体同事及编者的家人给予了编者很大的理解和支持，在此表示感谢。同时，非常感谢蜗牛学院的学员们，是大家无数个日夜的教与学、师生之间的大量讨论促成了本书的案例和思路成型。

本书的配套视频均可通过蜗牛学院官网在线课堂进行在线学习。配套源代码和资料等，也可在官网的"图书出版"页面进行下载，或登录人民邮电出版社教育社区（www.ryjiaoyu.com）进行下载。读者可以加入蜗牛学院 IT 技术交流群，QQ 群号为 594154674。如果需要与编者进行技术交流或商务合作，可添加 QQ39313168（周海峰）或 15903523（邓强），或发送邮件至 *zhouhaifeng@woniuxy.com*

和 *dengqiang@woniuxy.com*。

　　由于编者经验和水平有限，书中疏漏和不足之处在所难免，恳请读者朋友们批评指正。

编者

2020 年 8 月

目录
Contents

第1章

自动化测试概念

学习目标

（1）理解自动化测试的必要性。
（2）理解自动化测试的实施过程。
（3）熟悉测试的专业术语。
（4）了解自动化测试的实施难度。

本章导读

■测试行业近些年的发展可谓突飞猛进。自动化测试的发展尤其特殊，由于门槛低、知识深度缺乏，很大比例的测试从业人员要做手工测试。相对开发来说，其薪资待遇并不高。也正是因为门槛低，职位竞争异常激烈，每年有大量的应届毕业生和已经从业 1～2 年的手工测试人员争夺工作岗位。如何提升自己的竞争力，如何突破自己的职业技能瓶颈是摆在广大测试从业者面前的大问题。学习自动化测试就是突破目前困境的途径之一。

本章主要通过介绍测试概念、自动化测试的分类以及自动化实施过程让大家明白自动化在工作中的意义，使大家不再是测试职业的门外汉。当然，自动化测试不是万能的，它面临的一些实施难题本章也会一一提及。

1.1　自动化测试的必要性

1.1.1　回归测试和兼容性测试

回归测试（Regression Testing）对于避免由于对"逻辑复杂"的软件进行修改而导致的不可预知影响提供了一种切实有效的手段，同时，也能验证程序员是否真的写出了没有 Bug 的代码，最大限度地避免了人为因素对软件修改造成的影响，这是回归测试的必要性。

在移动互联网大规模普及及 App 泛滥的今天，出现了这样的情境：设置和运行平台的多样性导致对 App 的兼容性测试变得更加重要。但从实施层面上来说又让测试工作变得枯燥，甚至缺乏技术含量。所以，如何有效地提高兼容性测试的价值，同时将人员从大量的重复劳动中解放出来，是一个非常值得探讨的话题。

既然回归测试和兼容性测试占据着如此重要的地位，那么有什么更好的方法来让整个回归测试和兼容性测试的实施过程变得更加高效，节省更多的人力成本，把人用在更加重要的地方呢？答案是使用自动化测试。

1.1.2　回归测试策略

从回归测试中可以得出一个具有讽刺意味的结论，即"程序员无法写出没有 Bug 的代码"，该结论同时指出，一个软件不存在 Bug 的可能性几乎为零。回归测试的现实意义在于尽早地发现由于代码修改或新增而导致的潜在 Bug。但是，同时还存在这样一个不得不面对的现实问题，即人们将不得不花费大量的人力、物力来对软件的每一个版本进行回归测试。因此，必须制订一套切实有效的回归测试策略来降低成本。

1. 完全重复测试

完全重复测试是指重新执行所有在测试阶段建立的测试用例，来确认问题修改的正确性和修改的扩散局部影响性。

2. 选择性重复测试

选择性重复测试是指有选择地重新执行部分在前期测试阶段建立的测试用例，以测试被修改的程序。例如，挑选被修改部分的模块进行回归测试，或者进一步挑选与被修改模块相关的模块进行回归测试。

根据回归测试策略可以发现，任何一种策略在现实中实施时都有其局限性。完全重复测试是覆盖率最高的回归测试方法，但是时间、人力无疑成为制约其实施的最大阻碍，同时需要考虑到"人"对于重复性劳动的厌倦与排斥。而对于选择性重复测试，软件的逻辑复杂性决定了人们无法完全正确地挑选出受影响的模块，否则，逻辑复杂性便不是问题。那么，有什么办法可以使回归测试既能完全覆盖，又能将人力成本控制到最低呢？

1.1.3　回归测试实施

要高效地完成回归测试，"自动化测试"是必然的选择。事实上，如果能够利用好自动化测试技术，在回归测试方面就将会完成得更加深入，更加能够发挥自动化测试技术的优势。通常情况下，很多回归测试工作偏向于黑盒测试，而在接口测试甚至单元测试方面少有涉及，这恰恰没有利用自动化测试最擅长的领域。编者多年的自动化测试实战经验表明，自动化测试技术在黑盒测试层面的应用是风险最高、实施难度最大、稳定性最差的一种形态。而在接口测试或偏代码级测试的过程中，则更加能够体现其优势。近几年来，国内越来越多的企业开始重视接口测试，其原因也在于此。事实上，回归测试只是一种测试过程，并非一种测试技术，所以在回归测试的过程中，任何可用的自动化测试技术均可用于回归测试。

1.1.4 兼容性测试

在软件测试的早期实践中，兼容性测试并没有像今天这般棘手。在移动互联网还没有大规模普及之前，对于一个软件系统的兼容性测试工作主要集中在客户端的不同浏览器和操作系统上。例如，针对一个 Web 应用系统，客户端的交互主要通过浏览器进行，而浏览器主要集中于 IE、Firefox、Safari、Chrome 等主流浏览器。PC 端的操作系统无非 Windows、Linux、Mac OS、UNIX 几款而已，每一个操作系统的向前兼容性都比较强，而且版本的更新也并非想象中那么频繁，所以人们并没有觉得完成兼容性测试有什么困难。

而针对后端服务器，通常不会过多考虑兼容性问题，因为常用的软件系统必然会使用标准的数据库管理系统，如 SQL Server、Oracle、MySQL 等，也会使用标准的 Web 服务器或应用服务器，如 Apache、IIS、Tomcat、JBoss 等，或者使用一些集群环境。这些服务器端的标准系统自然会由原系统厂商完成兼容性测试，只需要按照指定的要求构建好服务器端硬件和操作系统环境即可。当然，这指的是大部分情况，并非全部。通常对于这些后台环境的测试在服务器端选型的过程中已经完成。

所以，一直以来，人们并没有觉得兼容性有什么大问题，正常实施是有必要，但是其价值体现却并没有那么明显。如果非要说有什么问题，无非就是实施兼容性测试非常枯燥，也没有什么技术含量，相信这是绝大部分测试团队的普遍感受。

而在移动互联网大规模普及的今天，App 泛滥，App 的兼容性测试就变得特别重要了。但是从实施层面上来说，测试工作更加枯燥，缺乏技术含量。原因非常简单，通常一个 App 的功能点并不多，相较于很多 PC 端软件来说是"小巫见大巫"，但是需要在上百家不同的移动终端厂商中，完成至少几百款不同的移动终端的兼容性测试。无论手机有多少款，都是在不同的手机上做一模一样的操作，然后检查在操作过程中是否出现各种异常情况。

从产品研发的角度而言，质量当然备受重视，因为产品的兼容性、稳定性，对用户体验有着至关重要的影响。而当测试人员试图完成兼容性测试以确保对产品的质量更有信心时，会发现这几乎是一个不可能完成的任务。这样的测试工作，对于任何一个测试工程师来说，都是耐心上的极大考验，没有人愿意从事这样机械重复的工作。这可以说是测试领域的一个痛点。

1.1.5 兼容性测试实施

目前，App 应用兼容性测试的方案有很多。例如，iOS 和 Android 两大手机操作系统均向研发人员开放了 UI 接口，以帮助测试工程师更好地完成 UI 自动化测试，进而利用自动化测试技术来完成多终端、多平台下的兼容性测试。也有国内专业提供 App 云测试平台的机构，如 TestBird、TestIn 等。还有很多众测平台，聚集了很多兴趣爱好者，帮助 App 厂商完成真人真机的各类兼容性测试、稳定性测试等。编者很欣慰地看到了这样的变化，也看到了软件厂商对测试的重视，对质量的敬畏。图 1-1 所示为某云测试平台利用众多手机进行自动化测试的现场。

图 1-1 某云测试平台利用众多手机进行自动化测试的现场

1.2　自动化测试

1.2.1　理解自动化测试

自动化测试有时也称测试自动化，其由两部分组成：自动化和测试。所以要理解自动化测试，就必须理解自动化和测试。

那么，什么是自动化呢？

在理解自动化之前，首先来看看如果没有自动化，人类是怎样与计算机进行交互的。对计算机的直接操作是通过鼠标和键盘进行的，即使用鼠标定位并操作对象（如窗口中的一个按钮或网页中的一个超链接），使用键盘输入文本（如文本框或地址栏内容的输入）。使鼠标定位和操作与键盘输入由计算机自动完成的原理非常简单：先用一个程序来记录鼠标的移动轨迹和各种事件（如单击、双击、右键单击、滚动等）以及键盘事件，再顺序地把这些记录的操作回放一遍，便实现了自动化。众所周知的自动化软件"按键精灵"，便实现了上述自动化过程，其主界面如图 1-2 所示。

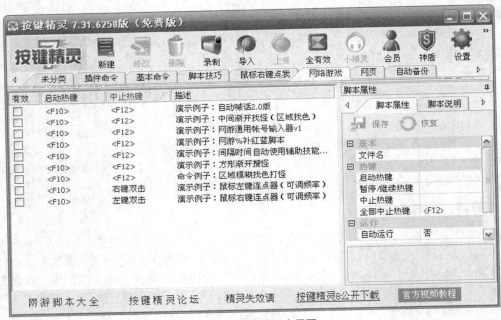

图 1-2　按键精灵主界面

其实，模拟自动化操作的过程是相对比较容易的，例如，Office 办公软件或其他工具软件中的"宏"，就可以通过简单地模拟并录制用户的操作过程，进而原样回放该操作来实现自动化。但是这只是自动化，而并非自动化测试。所以研究该问题之前，有必要再来聊一聊测试。

测试人员应该思索这样一个问题：测试的本质是什么？大家能想到的很多术语或许可能成为测试的本质，如需求、业务、测试用例、缺陷等，看上去它们都像测试的本质，但是最后都有可能被推翻。编者在从事测试工作的过程中也从未停止过思考，并得出了测试的本质：期望结果。这看上去或许有点牵强，那么下面来尝试回答以下几个问题。

（1）理解需求、分析需求项的目的是什么？

（2）如果理解需求是为了理解软件的业务流程，那么搞清业务流程的目的又是什么？

（3）如果搞清业务流程的目的是设计出高效的测试用例，那么设计测试用例的目的又是什么？

（4）如果设计测试用例的目的是找到更多的缺陷，那么判定缺陷的标准是什么？

答案是期望结果与实际结果不符。

如果大家能理解测试的这一"本质"，那么对软件测试如何开展的思路将会更加清晰。单纯从技术角度上来说，测试要做的最重要的工作就是搞清楚一个软件的功能点的期望结果是什么，不管用什么方法，只要能把期望结果理解清楚，测试便成功了一大半。

既然软件测试一个重要的目的就是搞清楚期望结果，那么，一个自动化测试所构成的核心要素便可由以下 3 个方面来概括。

（1）定义某个功能点的测试步骤及期望结果。

（2）自动化地操作或调用被测对象来驱动测试执行。

（3）将实际结果与期望结果进行比较进而得出测试结论。

事实上，自动化测试的这 3 个核心过程与手工测试并没有本质的差别，无非就是驱动测试执行的过程是由手工完成的（如单击鼠标和操作键盘），还是由代码或工具来自动完成的。本书后续章节所有的自动化测试脚本，均遵循这一过程。

1.2.2 自动化测试技术类别

自动化测试是一个广义的概念，理清自动化测试的类型将有助于大家从整体上认识自动化测试整个技术体系。

1. 代码级自动化测试

代码级自动化测试通常指平时所说的"白盒测试""单元测试"等概念，事实上某些偏白盒的"接口测试"也同属于此类。这是最容易实现自动化测试的一种技术，其基本原理就是用代码测试代码，使用测试代码来调用被测单元，从而驱动被测单元的运行，并通过判断比较实际结果与期望结果来达到自动化测试的目的。当前的很多 XUnit 单元测试框架主要关注于代码级测试层面，本书将在后续章节中进行深入探讨。

2. 协议级自动化测试

在分布式网络应用系统占绝对主导地位的今天，基于协议的测试已经越来越重要，而且很多协议层面的测试工作必须由自动化测试技术来完成。协议级自动化测试的基本原理是从客户端的角度来发送协议数据包（通常称为请求）到服务器端，并通过检查服务器端返回的响应内容来测试其功能。甚至可以利用多线程技术模拟多用户同时向服务器发起请求，进而测试系统的可靠性、安全性等性能。所以协议级自动化测试目前的应用场景非常广泛。在很多企业中，"接口测试"更多是指基于协议的自动化测试。例如，当前比较流行的 JMeter、LoadRunner、SoapUI、Fiddler 等，都是协议级的测试工具。本书也将在协议级自动化测试方向上进行深入讲解。

3. 界面级自动化测试

界面级自动化测试主要依靠代码或工具来自动化操作被测应用程序的对象或控件，并检查其实际结果与期望结果是否相符来达到自动化测试的目的。当今流行的界面级自动化测试工具或框架主要有 Selenium、Appium、RFT、QTP、CodeUI、Watir、TestComplete 等。界面级自动化测试工具有很多，每一个都有其独到之处，也都有其不足，本书也会在界面级自动化测试上进行深入讲解。

1.2.3 自动化测试实施过程

软件测试通常包括 4 个过程：分析、设计、实现和执行。而作为自动化测试，它具有软件测试和软件开发的双重特点，在进行流程分析时还应该加上一个过程——维护。本小节内容将针对自动化测试的这 5 个过程进行阐述。

1. 自动化测试分析

自动化测试分析阶段将对后续自动化活动提供指导性方针政策，并最终决定企业自动化测试走向何方、资源投入及对自动化测试的预期目标，在这一阶段严肃对待，认真做好前期分析和调研工作，将对后续自动化测试活动甚至自动化测试的成败产生深远影响。分析阶段的主要工作包含以下几点。

（1）需求分析

以目标为导向将始终作为企业各种活动或项目的最根本的方法论，不管项目的实施过程多完美，如果与最原始的目标不符，这个项目就是失败的。需求分析的目的就是搞清楚自动化测试的真正目的。从另外一个角度来说，"提升效率、降低成本、改进质量"必然是做一件事情的核心目的。

（2）投入产出分析

自动化测试项目是一件特殊的产品，至少大部分时候该产品只用于企业内部而不能直接销售给客户，也就是说，这样的投入是没有办法看到直接产出的，即投入了很多资金，却见不到资金回收。这是自动化测试项目的特点，也是自动化测试在企业中开展时遇到的最主要阻力。通常情况下，必须投入"人力、物力、财力"，而产出却不好说，如果没有强有力的技术支撑和控制风险的能力，则半途而废是经常的事情。

（3）工具与技术分析

需求分析和投入产出分析的目标通过后，接下来便是从技术上对自动化测试的可行性进行分析，主要分析两部分内容：采用何种技术，是否使用工具。编者的经验是，如果技术积累够了，那么尽量不使用工具，最好自行开发工具。如果必须使用外部工具，则不要用花钱买工具的方式来解决问题，找到开源的解决方案更好。请永远相信，人才是一个软件产品的关键，而不是工具，工具最多能够解决三分之一的问题。

（4）测试团队分析

主要关注目前团队的技术水平，如果技术积累不够，则可以通过引进专门人才，或组织员工培训的方式来达到目的。但是，请不要相信"短、平、快"这种话，任何一个技术体系从积累和应用，到产生明显的价值，都是需要长期积累的。

（5）风险分析

自动化测试实施存在很多的不确定性，而对风险判断不准确、不到位本身就是最大的风险。自动化测试实施过程有其独有的一些特点，根据这些特点，这里整理出八大潜在风险。

① 一开始的目标定得过高，追求大而全的实施，导致很难落地。与软件开发一样，要小步快跑。

② 很多研发团队，由于开发人员的延期，留给测试的时间不多，导致自动化测试不了了之。

③ 很多测试团队的技术能力是非常欠缺的，甚至连黑盒测试都做得不好，研发团队一团乱，这种情况下，不建议进行自动化测试。这只是在选择逃避而已，最终问题会越来越多。

④ 当产品不稳定时，业务变得更频繁，此时不建议进行自动化测试。这只会使精力白白浪费，并无明显效果。

⑤ 试图依靠外力来消除自动化测试的技术壁垒，如引进工具、引进培训或咨询顾问。这的确能解决一些问题，但是解决不了所有问题。

⑥ 没有全局意识，没有长期投入的打算，没有全员质量意识。

⑦ 明明是一个小公司、小团队，却追求一些华而不实的规范和流程，这会让推进工作寸步难行。

⑧ 盲目自大，一开始对风险的预估不足，最后怨天尤人，这是不可取的。

以下提供一张清单，可使测试从业人员在自动化测试分析过程中始终保持清晰的思路，对于表中的问题分析完成一件回答一件，并决定如何进行下一项的分析工作，最后将此清单作为自动化测试实施资产进行归档。自动化测试可行性分析表如表1-1所示。

表 1-1　自动化测试可行性分析表

编号	待分析内容	分析结果		备注
1	自动化测试的目标客户是否明确？	是	否	目标客户群是谁？
2	目标客户的预期目标是否明确？	是	否	预期目标是什么？
3	自动化测试范围是否明确？	是	否	项目有多大？
4	公司管理层是否重视此事？	是	否	老板是否支持？
5	是否有足够资金投入并长期坚持？	是	否	老板是否愿意投入？
6	能为公司带来直接收益吗？	能	不能	投入产出比是多少？
7	能提升测试团队的工作效率吗？	能	不能	能节省多少时间？
8	是否有合适的自动化测试工具？	是	否	什么工具？
9	是否有免费的自动化测试工具？	是	否	什么工具？开源吗？
10	是否可以不用培训就立即开展自动化？	是	否	如需要培训，则应培训哪些内容？
11	是否需要从外部招聘自动化测试人员？	是	否	招聘要求是什么？
12	是否有技术上的问题没有解决？	是	否	一一列出
13	目前测试团队在测试方面的经验是否丰富？	是	否	有哪些项目经验？
14	在实施时间上是否有要求？	是	否	实施时间是否太紧张？
15	测试部门分工是否明确？	是	否	如何分工？
16	被测产品的变更是否频繁？	是	否	界面级、业务级变更情况
17	被测产品的研发周期长不长？	长	不长	对长期产品做投入
18	是否有专门的团队支撑自动化测试实施？	是	否	测试的技术门槛并不低

2．自动化测试设计

前面已经讨论论过，自动化测试是测试中的开发工作，也是开发中的测试工作，这是在开发一个给测试人员用的工具，这个工具本身就是一个可用的软件产品。所以自动化测试项目除了需要遵循软件测试方法外，也需要按照软件开发的流程进行。通常需求分析阶段更多的是从流程上和组织上确保项目的顺利进行，而设计阶段则是从技术上保证项目的成功实施。可以从以下 3 个方面讨论自动化测试设计阶段的一些原则性问题。

（1）自动化测试规范设计

没有规矩，不成方圆。企业管理是这样，项目管理是这样，软件设计也是这样，因为自动化测试设计需要一个团队协作，而不能只靠一个人。在自动化测试设计中，需要考虑 3 方面的规范：流程、编码、版本控制。

（2）自动化测试框架设计

框架设计在自动化测试设计阶段中占有很大比例，一个好的框架不但能在实施自动化测试过程中规范测试代码，最重要的是能提升自动化测试的复用性和维护性。通过对象与业务分离、业务与数据分离、用例与场景分离等手段，将自动化测试从纯技术层提升到业务层，达到更好地测试产品的目的，同时增强了自动化测试的灵活性、自适应性，减少前期脚本开发量和后期的维护成本。对于初次实施自动化测试的企业来说，在测试框架设计上不可一步到位，而应该逐步改善，根据软件产品的业务特性和技术架构来进行优化，同时不能过分依赖于市面上提供的一些通用的测试框架。

（3）自动化测试用例设计

自动化测试的最终目的是让计算机自动执行测试用例，测试用例是自动化测试得以存在的基础。如果抛开测试用例谈自动化测试，就像抛开软件开发来谈软件测试或者抛开软件测试谈软件开发一样，显得毫无意义。在自动化测试设计阶段，完成框架的设计后，还应着手根据现有的测试用例进行"自动化测试用例"的改造。

3. 自动化测试实现

如果大家严格按照自动化测试流程进行工作，本阶段将能顺利完成。而通常一些企业容易忽略前两个阶段的工作，或者对前两个阶段的工作执行得不到位，那么所有的问题都将留给实现阶段，编者不赞同这种做法。实现阶段应该只是把设计阶段的框架和用例落到实处，完全实现，并对细节进行处理和调试，确保自动化测试能顺利完成。在自动化测试实现阶段，做好以下 6 件事即可。

（1）使设计阶段的自动化测试框架在测试工具中实现，并进行调试和微调。

（2）按照框架的原则规范组织自动化测试项目的结构，确保结构清楚，便于模块化的实现。

（3）实现自动化测试用例并进行模块化。

（4）准备充分的测试数据，通过数据驱动来进行测试用例的重用。

（5）将单个测试用例按业务流程进行组合，形成完整的测试流。

（6）对自动化测试代码和相关文档进行版本管理，确保团队开发顺利进行。

4. 自动化测试执行

到此，应该是自动化测试展现其价值的时候了，之前缜密而细致的工作没有白费，测试人员可以稍作休息了。当看到计算机可以 24 小时不停地代替人来进行各类测试工作时，大家应该感到自豪。

但是，这样就可以了吗？现实远没有人们想象中这么简单。计算机很机械，没有让它做的事情它绝对不会做。大家更希望计算机能够像人类一样思考，但是目前它还只是一个机器，虽然有人工智能的存在，但是目前还没有看到其在测试领域的实际应用。在计算机自动化测试应用程序的过程中，如果出现错误，则需要让计算机做的最合适的事情就是将错误信息保存起来，供测试人员后续分析。测试异常结果仍然需要分析，一旦由于被测程序的变更而导致自动化测试程序运行失败或异常，就必须经过分析才能确定原因。甚至有时候由于某一个测试用例的失败而导致其他很多测试用例执行失败，这样分析的工作量就更大了。

5. 自动化测试维护

"软件工程"最显著的特点莫过于"变更"，没有变更的软件是不存在的，同样是没有任何实用价值的。没有变更的软件没有任何生气，也注定不会有生命力。所以，不能拒绝变更，而应该"拥抱变化"，即使这是无奈之举，也要坦然接受。

随着软件开发过程的逐步完成，软件的新功能不断被加入，不断被测试，这些被测试过的功能模块随之被纳入了回归测试的范畴，要进行回归测试的场景越来越多。所以，测试通过后变成回归测试的用例也需要同步被自动化，否则自动化测试将流于表面，无法真正提供其价值。

1.2.4 自动化测试的价值

前面已经介绍了自动化测试在实际工作中的运用，其实，自动化的价值可以体现在以下 6 点。

（1）回归测试，快速监测新功能的引入或者缺陷的修复是否会影响到已有功能。

（2）兼容性测试，快速测试产品在不同平台、不同环境下的兼容情况。

（3）代替人完成手工无法执行的测试，如多线程并发操作进行压力测试。

（4）减少不必要的调试时间和重复的测试工作。

（5）提升团队对当前产品质量的信心，提升客户的信心。

（6）将人从重复的工作中解放出来，让其去完成更加重要的测试设计工作。

1.2.5　什么项目适合自动化测试

既然自动化有如此高的价值，是不是所有的项目都可以考虑采用自动化呢？其实不然，能真正实施自动化的项目必须满足以下几个要素。

1. 软件需求变动不频繁

测试脚本的稳定性决定了自动化测试的维护成本。如果软件需求变动过于频繁，则测试人员需要根据变动的需求来更新测试用例以及相关的测试脚本，而脚本的维护本身就是一个代码开发的过程，需要修改、调试，必要的时候还要修改自动化测试的框架，如果所花费的成本不低于利用其节省的测试成本，那么自动化测试便是失败的。项目中的某些模块相对稳定，而某些模块需求变动性很大。对于相对稳定的模块可以进行自动化测试，而变动较大的模块仍应优先采用手工测试。人，才是软件测试最好的工具。

2. 项目周期较长

自动化测试需求的确定、自动化测试框架的设计、测试脚本的编写与调试均需要相当长的时间来完成。这样的过程本身就是一个测试软件的开发过程，如果项目的周期比较短，没有足够的时间去支持这样一个过程，那么自动化测试便无法进行。

3. 自动化测试脚本可重复使用

自动化测试脚本的重复使用要从 3 个方面来考量：首先，所测试的项目之间是否有很大的差异性（如 C/S 系统和 B/S 系统的差异）；其次，所选择的测试工具或技术能否适应这种差异；最后，测试人员是否有能力开发出适应这种差异的自动化测试框架。

1.2.6　自动化测试实施难题

自动化实施的过程，并不会一帆风顺，工作中遇到的难题如下。

（1）团队技术储备不足，测试人员对自动化测试技术掌握得很少，很容易遇到一些无法解决的问题。

（2）项目周期紧张，心有余而力不足。

（3）团队整体缺乏质量意识。程序员并没有养成写代码之前或之后编写测试代码的习惯。

（4）程序在设计接口或界面时根本没有考虑到系统的可测试性。

（5）只关心客户看得到的界面，不关心其他，总想着先应付完客户再说。

（6）业务逻辑和操作过程太复杂，无法适应自动化测试。

（7）招聘不到合适的人，自己又没有能力、精力培养相关人才。

（8）之前实施过自动化测试，但是由于遇到了困难，投入与产出不成正比，因此不敢再进行测试。

1.3　软件测试专业术语

1.3.1　产品和项目

软件测试发展了多年，也形成了很多专业术语，对应不同的作用、不同的背景以及不同的价值。软件测试在中国渐渐普及，但很多测试人员对专业术语的理解并不完全一致，本章内容试图在这个层面给大家一个统一的解释。首先，要区分什么是项目型（Project Type）软件和产品型（Product Type）软件。

1. 项目型软件

项目型软件是指本软件是针对专门的客户进行开发的，软件需求由客户（甲方）指定和确认，软件版权和源代码、文档等归甲方所有，只针对甲方收费，软件的研发和验收只对甲方负责。例如，蜗牛创想为成都乐圈科技、雅安无线电管理中心等企业客户定制开发的软件均为项目型软件。项目型软件有明确的研发周期，客户验收通过并付费后即表明本项目结束，所以项目的研发风险相对较低，当然，其利润空间也相对不高。

2．产品型软件

产品型软件是指本软件是针对大众需求进行研发的，软件需求通常最开始由研发团队或运营团队根据市场可能的需求进行构思和设计，客户群体也是由市场团队或研发团队进行市场定位后确定的。产品在没有正式上市运营之前无法收费，产品上市后继续根据用户的反馈进行产品改进和优化。产品可以选择收费或免费策略。目前看到的手机 App、游戏、QQ、微信、杀毒软件、办公软件、操作系统等各类可下载的软件产品均属于产品型软件。产品型软件没有明确的周期可言，只要市场有需求，就可以无限制地一直改进下去。例如，Windows 操作系统、QQ 或微信、美图秀秀等软件产品并没有固定的周期，一直在更新和完善功能，以保持产品的用户数和市场竞争力。

1.3.2　软件测试阶段

测试介入软件的研发是一个有规律的过程，基本上遵循从小到大，从内到外的渐进式规律。在业界对于整个过程有明确的划分，测试阶段划分如下。

1．单元测试

单元测试（Unit-Testing）处于软件测试的早期阶段，主要专注于代码逻辑的实现，测试对象为单独的 API（方法），其测试目标为保证每一个代码单元被正确实现，测试用例设计的目标是覆盖尽可能多的代码路径，通常采用路径覆盖法来判断测试代码的执行效果。

2．集成测试

集成测试（Integration-Testing）处于软件测试的中期阶段，主要专注于 API 与 API 之间（如 A 调用 B、B 调用 C），或者模块与模块之间（如登录模块与操作模块、操作模块与权限模块），甚至子系统与子系统之间的接口（如淘宝网与支付宝、淘宝网与物流跟踪系统）。其测试目的是确保代码单元进行集成后相互之间可以协同工作，典型的应用场景还包括 Web 前端页面与服务器后台页面之间的集成等。

3．系统测试

系统测试（System-Testing）处于软件测试的晚期阶段，主要专注于整个系统进行集成后的整体功能，从一个软件系统层面进行整体测试分析、设计与执行。系统测试阶段结束并对发现的 Bug 进行修复后，软件产品基本可以准备交付或发布。

其实，现在的测试阶段划分中还增加了验收测试。

1.3.3　验收测试阶段

验收测试在软件测试阶段划分中处于最后一个阶段。但验收测试也会因测试人员的不同、测试环境的不同而不一样。下面来分别介绍验收测试的划分。

1．验收测试

验收测试（Acceptance-Testing）处于软件测试的交付阶段，当项目型软件完成系统测试后，便可以交付给客户进行软件的验收。通常验收测试由客户方完成，客户根据明确的需求文档对软件的功能、性能、安全性、兼容性、可靠性、可用性等进行一一确认。有问题则继续改进问题，再进行验收，如果验收通过，则本项目宣告结束。

2．Alpha 测试

Alpha 测试（Alpha Testing）简写为 α 测试，也被称为"内测"，是专门针对产品型软件的一种测试手段。通常研发团队邀请部分优质客户来到研发现场对软件进行测试，发现问题时及时讨论解决。所以它是一种可控的测试手段，而且有固定的测试方法和套路。

3．Beta 测试

Beta 测试（Beta Testing）简写为 β 测试，也被称为"公测"，是专门针对产品型软件的一种测试手段。

通常会将已经开发完成的软件交付给用户使用，用户不必出现在研发现场，而是正常使用该软件，发现问题后向研发团队反馈，对产品进行改进。所以它是一种不可控的测试手段，无法明确知道用户会怎么使用软件产品，所以有些软件会跟踪记录用户行为，以改进产品。β测试的产品不能向用户收费。

4．Gamma 测试

Gamma 测试（Gamma Testing）简写为 γ 测试，通常是产品型软件正式上市发布前的最后一轮测试，之所以称其为 γ 测试，是因为其以 Release Candidate 的 R 作为标记，即候选发布版本。此时的测试通常由整个软件产品研发团队（包括项目经理、需求分析师、测试人员、开发人员等）进行探索性测试，不依赖于测试用例和文档，也不太关注需求，而是使全体成员扮演成用户的角色来进行测试。

1.3.4 测试方法

学习测试需要了解测试方法，而测试方法会因为测试本身是否注重源代码逻辑分为黑盒、白盒、灰盒 3 种，下面具体介绍各种测试方法。

1．白盒测试

白盒测试（White-Box Testing）主要关注代码逻辑，直接对代码部分进行测试，可以测试代码块，或某一个独立的 API，或某个模块。通常，在单元测试阶段会更多地使用白盒测试方法。

2．灰盒测试

灰盒测试（Gray-Box Testing）主要关注接口之间的调用，通常在集成测试阶段会更多地使用灰盒测试方法。灰盒测试方法不关心代码的具体实现和代码逻辑，所以它不是纯粹的白盒测试；它也不关注界面的实现，所以它也不是纯粹的黑盒测试。它关注的是接口，人们利用代码而不是界面操作来调用接口。从测试的角度可以这样理解：灰盒测试是利用白盒测试的方法进行的黑盒测试，也可以说是利用黑盒测试方法进行的白盒测试，可以偏白一些，也可以偏黑一些。人们只关注接口传入的参数类型和返回值，所有黑盒测试的用例设计方法均适用。它绕开了界面的操作，而直接编写代码来调用接口。这就是灰盒测试。

3．黑盒测试

理解了白盒测试和灰盒测试，黑盒测试（Black-Box Testing）的理解就相对容易了。它不关注代码，也不关注接口，而是关注界面，像一个普通用户一样使用和测试软件。其只关注功能的实现，关注用户使用场景，关注需求，关注用户使用体验。

1.3.5 测试类型

测试类型是一个宽泛的概念，是测试人员从不同的层面上对软件进行测试的方案，它会从代码、协议、界面、性能、安全等层面来对软件进行测试。当然，也有软硬件设置安装卸载的测试方案，具体如下。

1．基于协议的测试

基于代码的测试通常称为白盒测试，基于接口的测试通常称为灰盒测试，基于界面的测试通常称为黑盒测试，而基于协议的测试（Protocol-Based Testing）其实是一种偏黑的接口测试。对于网络应用系统来说，前端和后端之间的通信一定需要通过协议完成，所以可以绕开前端的界面而直接向后端发送协议数据包来完成相应的操作和接口调用，从而达到测试的目的。后续项目中，将花费大量时间来完成基于协议的测试，如功能性测试、安全性测试和性能测试等。

2．静态测试

静态测试（Static Testing）是指不启动被测对象的测试，如代码走读、代码评审、文档评审、需求评审等测试工作。

3．动态测试

动态测试（Dynamic Testing）是指启动被测试对象的测试，如白盒测试、灰盒测试、黑盒测试等，都需要对被测对象进行启动和调用才能达到测试的目的。

4．手工测试

手工测试（Manual-Testing）指不依赖于代码，而是完全依赖于人的操作来进行的测试。测试的重点和难点在于测试的分析和设计，而通常所说的手工测试是指测试的执行。手工测试通常用于黑盒测试方法或系统测试阶段。

5．自动化测试

自动化测试（Automation-Testing）指利用测试脚本来驱动被测对象完成的测试，其工作重点在于开发测试脚本，需要具备较强的程序设计能力。

注：基于代码或基于接口的测试天然就是自动化测试。而基于黑盒测试的方法可以手工完成，也可以自动化完成，后面的项目中使用 Selenium 来完成的基于界面的测试便是黑盒测试自动化。

6．冒烟测试

冒烟测试（Smoke-Testing）的对象是每一个新编译的需要正式测试的软件版本，其目的是确认软件基本功能正常，可以进行后续的正式测试工作。

7．随机测试

随机测试（Ad-hoc-Testing）是根据测试说明书执行用例测试的重要补充手段，是保证测试覆盖完整性的有效方式和过程。随机测试主要是对被测软件的一些重要功能进行复测，包括测试那些当前的测试用例（TestCase）没有覆盖到的部分。另外，其会对软件更新和新增加的功能进行重点测试。

8．回归测试

回归测试（Regression-Testing）是指修改了旧代码后，重新进行测试以确认修改没有引入新的错误或导致其他代码产生错误。自动回归测试将大幅降低系统测试、维护升级等阶段的成本。回归测试的策略有两种：一种是完全回归，另一种是部分回归。

9．功能测试

功能测试（Functionality Testing）是指根据产品的 SRS 和测试需求列表，验证产品的功能实现是否符合产品的需求规格。其常见关注点如下。

（1）是否有不正确或遗漏了的功能。

（2）功能实现是否满足用户需求和系统设计的隐藏需求。

（3）输入能否被正确接收，能否正确输出结果。

10．性能测试

性能测试（Performance Testing）用来测试软件在系统中的运行性能。负载、压力、容量测试等都属于这一范畴。其常见关注点如下。

（1）系统资源、CPU、内存、I/O 读写。

（2）并发用户数。

（3）最大数据量。

（4）响应时间。

（5）处理成功率。

11．兼容性测试

兼容性测试（Compatibility Testing）是一种检查软件在不同的软硬件平台上是否可以正常运行的测试。其常见关注点如下。

（1）兼容不同的 OS。

（2）Web 项目兼容不同的浏览器。

（3）兼容不同的数据库。

（4）兼容不同的分辨率。

（5）兼容不同厂家的硬件设备，如耳机、音响等。

12. 可靠性测试

可靠性测试（Reliability Testing）是指为了达到或验证用户对软件的可靠性要求而对软件进行的测试，通过测试发现并消除软件中的缺陷，提高其可靠性水平，并验证它是否达到了用户的可靠性要求。可靠性测试包含测试软件的健壮性、稳定性、容错性、自恢复性等。其常见关注点如下。

（1）输入异常的数据。

（2）操作异常的文件。

（3）长时间工作后可否保持正常。

（4）重复多次打开和关闭应用程序，程序依然正常运行。

（5）系统失效后是否可以正常恢复。

13. 安全性测试

安全性测试（Security Testing）是指验证应用程序的安全等级和识别潜在安全性缺陷的过程。其常见关注点如下。

（1）SQL 注入。

（2）口令认证。

（3）加解密技术。

（4）权限管理。

（5）安全日志。

（6）通信模拟。

14. 可用性测试

根据 ISO 9241-11 的定义，可用性是指在特定环境下，产品在特定用户用于特定目的时所具有的有效性、效率和主观满意度。常见的可用性测试（Usability Testing）大多是基于界面的测试，体现在易用、易懂、简捷、美观等方面。当然，目前人们谈得更多的是用户体验（User Experience）测试，用于代替可用性测试，它可以涵盖更多的内容。例如，无论是功能、性能、可靠性、兼容性或者安全性问题，都可以归结为用户体验上的问题。其常见关注点如下。

（1）过分复杂的功能或指令。

（2）困难的安装过程。

（3）日志或者提示中的错误信息过于简单。

（4）用户被迫去记住太多的信息。

（5）语法、格式和定义不一致。

15. 探索性测试

探索性测试（Exploratory Testing）是指在测试过程中，没有固定的思路，测试人员不受任何先入为主的条条框框的约束，根据测试途中获取的信息以及以往的经验，从不同的角度出发，最终目的就是发现潜藏的缺陷。探索性测试比较自由，执行者不限于测试人员和开发人员，可以是整个团队的所有成员。

探索性测试要注意以下几点。

（1）探索性测试需要有一个明确的能到达的终点，否则测试无法停止。

（2）测试方向不能偏离。由于探索性测试比较自由，因此存在偏航的风险，不要将时间和资源浪费在不重要或根本不需要的地方。

（3）有组织、有方法、有策略地进行测试，并不是胡乱测试。

探索性测试的常见方法如下。

（1）指南针测试法。

（2）卖点测试法。

（3）逆向测试法。

（4）取消测试法。

（5）随机测试法。

（6）极限测试法。

（7）懒汉测试法。

16. 容量测试

容量测试（Volumn Testing）是面向数据的，它的目的是通过测试预先分析出反映软件系统应用特征的某项指标的极限值（如最大并发用户数、最大数据库记录数、允许的最大文件数等），系统在其极限值状态下没有出现任何软件故障或仍能保持主要功能正常运行。

17. 安装及配置测试

安装及配置测试（Installation & Configuration Testing）指对安装升级卸载以及配置过程进行的测试。这项测试看起来很单一，但实际包含的内容很多。

18. 文档测试

文档测试（Documentation Testing）指对项目中产生的需求文档、概要设计文档、详细设计文档、用户使用说明书等进行测试。

19. 全球化测试

严格地说，全球化（Globalization）=国际化（Internationalization）+本地化（Localization）。

国际化测试也称为 I18N 测试，是使产品或软件具有不同国际市场的普遍适应性，从而无须重新设计即可适应多种语言和文化习俗的过程。真正的国际化测试要在软件设计和文档开发过程中，使产品或软件的功能和代码设计能处理多种语言和文化习俗，具有良好的本地化能力。

本地化测试，也称为 L10N 测试，是将产品或软件针对特定国际语言和文化进行加工，使之符合特定区域市场的过程。真正的本地化要考虑目标区域市场的语言、文化、习俗、特征和标准。其通常包括改变软件的书写系统（输入法）、键盘使用、字体、日期、时间和货币格式等。

1.4 自动化测试的核心技术和实施难度

界面级自动化测试目前在企业中应用相当普遍，原因是其入门相对简单，同时，各类工具也较为成熟，不需要过多的程序设计经验便可进行实施，且通过录制回放的方式可以快速看到效果。

也正是因为表面上的实施简单，导致很多企业盲目上马开展起界面级自动化测试的实施工作。但是随着实施工作越来越深入，会发现问题越来越多，到最后自动化测试不了了之，甚至企业谈自动化测试色变。本节将会梳理自动化测试技术体系及实施过程当中各类可能的问题，以使大家对界面级自动化测试有一个更加清晰的认识，不盲目自信，也不轻易灰心放弃。

1.4.1 界面级自动化测试

无论是单机应用程序、App、B/S 架构还是 C/S 架构的网络应用程序，一个应用程序通常是会有界面的，即使是只有一个命令行的程序，事实上也是有界面的，只不过它的界面是命令提示符而已。所以，基于界面的测试可以统归为一类，这一类技术强调的是可视化的界面，无论是一个浏览器的应用，还是一个标准的 C/S 架构（如 QQ、Outlook 等）的应用，它的基于前端操作部分的测试都被称为基于界面的测试。

前面已经学习了基于代码的接口测试和基于协议的接口测试，它们均可以很好地完成自动化测试开发。同样，针对基于界面的测试也可以做到自动化，即想办法模拟出人对界面元素的定位和相应的操作即可。

界面级自动化测试主要依靠代码或工具来自动化操作被测应用程序的对象或控件，并通过检查其实际结果与期望结果是否相符来达到自动化测试的目的。当今流行的界面级自动化测试工具或框架主要有 Selenium、Appium、RFT、QTP、CodeUI、Watir、TestComplete 等。其自动化测试工具有很多，每一个都有独到之处，也都有不足，所以与其花过多时间探讨工具本身，不如多思考一下，如何有效地组织和利用这些工具和技术，来更好地配合项目实施，提升测试效率。

1.4.2 界面级自动化测试工作原理

界面级自动化测试主要是模拟人通过界面操作来完成相应的测试，这类测试通常包括功能性测试、兼容性测试等。当然，其更多地用于回归测试，验证新版本功能特性的加入有没有影响到旧版本的功能，这也是自动化测试的核心价值所在。

另外，从技术实现原理上来说，基于界面的自动化测试主要解决以下两大技术问题。

（1）如何模拟出正常的人类操作界面的行为。

（2）如何利用相关技术实现对测试结果的判断。

思考：人类操作一个软件的界面并完成黑盒测试是怎样的一个过程？

（1）设计测试用例，定义好该测试的期望结果。

（2）运行被测程序，进入被测程序相应的界面。

（3）通过人脑和眼睛找到需要操作的那个界面元素。

（4）通过鼠标或键盘操作对应的元素。

（5）判断界面的反应，或者通过其他方式检查其结果是否正确。

事实上，这一过程同样适用于界面级自动化测试，其实现技术与上述过程殊途同归。基于编者多年的研究，将其工作原理归纳为如下几个方面。

（1）通过模拟按键操作和鼠标定位来进行自动化测试。

（2）通过基于界面图像识别和定位来进行自动化测试。

（3）通过识别界面元素的核心属性来进行自动化测试。

1.4.3 模拟按键操作和鼠标定位

模拟按键操作和鼠标定位的优点是简单易学，如 1.2.1 小节提到的工具"按键精灵"，只需要将整个操作完整地录制一遍，工具就会按照一样的路径和操作顺序忠实地回放一遍。但是，从测试的角度来说，其问题是较严重的。

（1）测试脚本的稳定性问题：由于工具只是简单地记录了鼠标的移动轨迹和按键操作，所以一旦回放执行过程中有一些其他窗口出现或者出现异常情况，那么回放操作将无法正常进行。

（2）被测试窗口失去焦点：像"按键精灵"这样的工具是没有任何智能化的属性的，只是简单忠实地回放，所以一旦窗口失去焦点，那么所有的操作将会在获得焦点的窗口中进行，这样的操作便变得没有实际意义。当然，可以通过相应的判断来预防此类事件发生，但是毕竟这方面的潜在风险是比较大的。

（3）屏幕分辨率变化问题：由于鼠标移动轨迹严格执行脚本中录制到的定位，因此一旦屏幕的分辨率不同了，被测试应用程序的相应位置就会随之变化，这样必会导致问题。

（4）界面元素位置变化问题：由于产品并没有完全固化，所以界面的改动也是必然的，针对这种情况，脚本将不再适用，必须重新录制相应的操作。

（5）关于自动化测试的断言问题：对于自动化测试而言，不仅需要实现对界面的基本操作，还需要有断言才能够知道测试结果是否如预期一样，没有断言是不能够被称为测试的。

1.4.4 基于界面图像识别和定位

事实上，目前的图像处理算法已经非常成熟了，准确率也非常高。在基于界面图像识别和定位的自动化测试工具中，比较具有代表性的是 Sikuli，其为美国麻省理工学院开发的一种编程技术，它使得编程人员可以使用截图替代代码，从而简化代码的编写流程。其主要应用领域就是自动化测试。

图像识别是怎样进行的呢？虽然其不能很智能地知道某个要点的按钮在屏幕上的哪个位置，但是可以用一块图像来进行对比。例如，取一张截图，在屏幕上与其进行对比，看看屏幕上有无位置像这张截图，有就识别并进行操作。所以，无论是图像识别还是坐标定位，总会有一个最大的问题——其是不可靠的，定位的准确度是比较低的。Sikuli 的工作界面如图 1-3 所示。

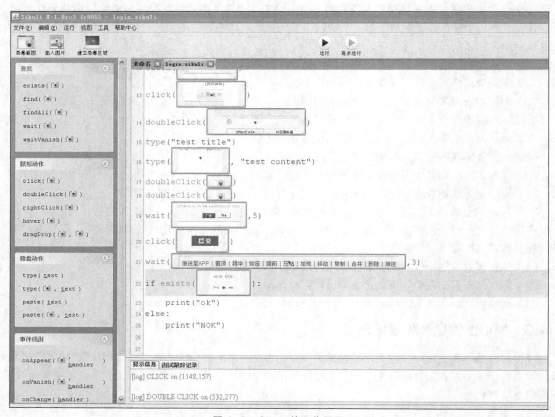

图 1-3　Sikuli 的工作界面

但是相对于"按键精灵"来说，Sikuli 还是很好地规避了诸多弊端，如引入了更强大的基于 Python 的脚本引擎，增强了对于界面元素识别的容错能力，实现了标准的断言，通过对比两张图像是否一致来决定测试结果的正确性等。所以，在相对稳定的项目中，已经可以较好地使用 Sikuli 来完成自动化测试了。

由于并不是所有的界面元素都是标准的，且都是操作系统底层支持的，所以 Sikuli 这种不区分界面元素类型的工具反而有其特殊的价值。但是从稳定性上来说，Sikuli 也存在问题，如界面元素的风格变化或者大小的变化，或者多个元素的图像非常类似等，这些都会导致 Sikuli 无法正确识别，所以仍然有必要继续探寻更加稳定的自动化测试实施方案。

1.4.5　识别界面元素的核心属性

事实上，每一个展现在界面中的元素都有一批属性，如 ID、类型、位置、内容等。如果通过这些关键属性来识别和操作该对象，那么其执行的稳定性必然会高很多。

通常，人们平常看到的基于界面的自动化测试工具，均是通过核心属性来识别和操作界面元素的，如 QTP、TestComplete、RFT、Watir、Selenium、CodeUI、AutoIt 等。但是通常情况下，这些工具也会提供图像识别或鼠标定位等附属功能，以应对一些无法识别到核心属性的情况，从而较好地保证不会因为识别不出对象就不能进行自动化测试。

1.4.6　界面级自动化测试的优势

用户使用的产品的所有入口都集中在界面这一层，测试工作也大多集中于此，工作量大，重复劳动多，因此界面级的自动化就有了很大的优势。具体如下所示。

（1）支持录制回放，大大降低了实施门槛，任何团队均可以实施自动化测试。

（2）商业工具和开源工具的技术均已经非常成熟，技术体系不再是问题。

（3）对于标准的应用程序（如 Windows、.NET、Java、Web 等）支持得非常好。

（4）使用了当前比较通用的编程语言进行高级开发，不需要公司进行二次投入。

（5）可以更快速地看到实施效果，进而决定是否继续投入。

（6）对于黑盒层面的功能性测试、兼容性测试等支持得相对较好。

1.4.7　界面级自动化测试的难题

事实上，相对于界面级自动化测试的优势而言，其实施难题也是非常明显的，这也是由其技术实现原理决定的。其实施难题主要体现在以下几方面。

（1）由于界面的不稳定性或需求的频繁变更，导致测试脚本的维护成本较高。

（2）由于入门简单、容易上手，导致受重视程度不够，对风险的预估不足，进而无法持续投入。

（3）由于在自动化测试上的技术体系不完善，导致单一的界面级自动化测试只能解决部分问题。

（4）由于项目的周期不长，导致自动化测试的投入成效不显著，最终放弃。

（5）由于测试人员对编程的理解不够，导致遇到各类特殊情况时无法找到有效的解决方案。

（6）由于项目计划紧张，无法给予自动化测试足够的资源和人力支持。

（7）由于每一个项目的界面差别较大，导致自动化测试的投入无法获得较高的重用性。

（8）由于界面级自动化测试完全可以由手工代替，导致其优先级和重要性并没有那么明显。

1.4.8　关于自动化测试的实践经验

编者在自动化测试开发的技术领域和项目实践中积累了多年的经验，各类关于自动化测试项目实施虎头蛇尾的情况发生较多。在此，对于实施自动化测试的团队给予如下经验，供其参考。

（1）应具有较强的风险意识及面对最坏情况的打算。编者总结自动化测试实施（包括各类项目具体实施）过程中的经验，得出如下结论：Sounds Good，Do it Hard，Finally Bad。也就是说，大多数情况下，一个项目的推进或者组织的某些变革过程中，如果对风险和资源投入的预估不足，盲目乐观，则基本上会通过以下三步迈向失败的境地。第一步：听起来很好，所以投入。第二步：实施起来很难，所以成本增加。第三步：结果很差，最终失败。

（2）不要相信实施起来很简单这种结论。经验表明，没有一个自动化测试技术的实施成功是因为它很简单，没有任何技术积累是不可能做好自动化测试的。即使做了，其效果也并不一定好。

（3）不要依赖于通过工具而不是人来解决问题。很多团队认为购买一个工具就可以解决测试效率的问题，但目前编者还没有看到过这样的成功案例。一个测试团队的能力建设从来不是基于某些工具积累起来的。自动化测试的实施也同样如此，与其把钱花在购买工具上，不如花在对员工能力的培养上。因为所有的工具都最多只能解决 1/3 的问题，而面对不同的项目、不同的产品和技术栈，没有工具能够通用。

（4）理性地实施自动化测试。很多团队一开始对自动化测试抱有很高的期望值，结果实施后发现没有想象中那样有价值，甚至浪费了整个团队的精力。

（5）不要试图通过自动化测试发现很多 Bug。其实道理非常简单，如果自动化测试可以发现很多 Bug，那么在开发自动化测试脚本时，Bug 就已经被发现了。自动化测试的目的是执行回归测试，或者测试系统的稳定性和性能，界面级自动化测试也可以实现部分兼容性。所以其根本目的并不只是发现Bug，更多的是对软件测试进行有效补充。无论是在技术层面代替一些简单的手工执行，还是达到一些手工测试无法实现的效果，都是一种补充。由于目前的自动化测试技术还无法达到人工智能的层面，所以将两者有效地结合起来才是解决问题的根本。

（6）成本不是考核自动化测试成效的唯一标准。自动化测试的成本主要体现在人力成本上，这一点任何软件研发过程都一样。但是这不是评价自动化测试价值的唯一标准，甚至不应该成为标准。因为自动化测试虽然可以代替人完成很多重复性的工作，但是也需要有专门的人来开发和维护自动化测试脚本和执行工作。从另外一个层面上来说，实施自动化测试还有可能增加成本。但是其目的是什么？这一点务必思考清楚，自动化测试的目的是保障产品质量，使开发者对产品质量更加有信心，对每一次发布的版本更加有信心，同时，把人这种珍贵的资源解放出来，完成更加重要的测试设计和新功能的验证等，甚至有更多的时间加强与其他研发人员的沟通与配合，将更多潜在的缺陷扼杀在摇篮中，而不是每天疲于奔命地执行测试用例。

（7）综合运用多种自动化测试技术。单纯一种自动化测试技术的使用是无法真正解决问题的，所以要实施好自动化测试，通常应该结合运用多种自动化测试技术，完成从前台界面，到网络协议，再到后台服务器代码，甚至到数据库等各个层面的测试。这样的测试才会更加完善，对质量的保障才会更加可靠。

（8）测试人员不懂编程不是借口。千万不要让不懂编程成为借口，一个项目团队或者一个企业组织必须具备培养人才的能力和机制。

（9）测试团队的人员配备必须有梯度。软件测试目前来说还没有程序设计那样的成熟体系，很多企业在测试团队的建设上非常随意，甚至只找一些实习生来完成最基本的功能性黑盒测试。如果单纯地从一个项目的成本控制来说，这无可厚非。但是从长期的产品投入来说，研发团队的能力建设才是根本，所以必然要让团队有梯度、有层次，保持一个良性的人力资源管理体系。

（10）实现自动化测试并不是为了减少员工数量。很多企业实施自动化测试的初衷是有问题的，如为了节省人力成本，认为自动化测试脚本一开发完成，一切即可自动化起来，那么需要这么多人做什么？但是事实表明，自动化测试能够成功实施，其开发和维护成本并不低，反而可能更高。所以，如果没有长期的能力建设投入计划，建议不要盲目实施自动化测试。

第2章

Python编程基础

本章导读

■本章主要讲解 Python 编程基础，为自动化实现做好编程语言的准备工作。

Python 作为 IEEE 发布的 2017 年编程语言排行榜首位的语言，越来越多地在全世界受到广大程序开发人员青睐。国外很多大学开设了以 Python 作为程序设计的课程。Python 具有丰富的、强大的库，也具有胶水语言的特性，这使得其在使用简洁、易读和可扩展的同时不会受其解释型语言特点影响而无法高效运行，因为 Python 可以在需要高性能的时候直接调用（C/C++）的模块。

Python 能做什么？在系统编程、图形处理、数学处理、文本处理、数据库编程、网络编程、多媒体应用等方面，Python 都提供了丰富的扩展包供用户使用。目前，Python 最大的问题是版本的选择。由于 Python 3.x 和 Python 2.x（这里的 x 指小版本号，如 Python 2.7.3 和 Python 3.5.2）不兼容，在学习之初，很多人会纠结到底学习 3.x 还是 2.x。现在，Python 官方给出了意见，Python 官方将于 2020 年停止对 Python 2.x 的维护，将工作重心放在 Python 3.x 上。因此，Python 学习应顺应官方思想，以 Python 3.x 来进行代码演示。

学习目标

（1）熟悉Python程序安装和环境配置。
（2）掌握常用的内置函数。
（3）牢记Python的基本数据类型。
（4）熟练定义和调用Python的函数。
（5）熟悉Python的面向对象编程。
（6）能够通过面向对象完成练习。

2.1 Python 安装配置

2.1.1 安装 Python 和配置环境变量

1. 安装 Python

这里使用的是 Python-3.5.2.exe，在 Windows 中安装 Python 程序很方便，但需要注意选择安装路径和添加环境变量。Python 安装程序界面如图 2-1 所示。

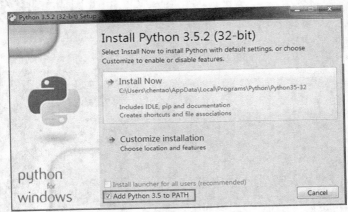

图 2-1　Python 安装程序界面

选择安装路径后，在指定路径中查看文件夹内容，如图 2-2 所示。

图 2-2　查看文件夹内容

2. 配置环境变量

如果在安装 Python 时没有出现添加环境变量的提示或者忘了添加环境变量，则在使用 cmd.exe

时输入 Python，系统将提示 Python 不是内部或外部命令，如图 2-3 所示。要解决这个问题，必须配置环境变量。

图 2-3　系统提示 Python 不是内部或外部命令

（1）打开"系统属性"对话框，单击"环境变量"按钮，如图 2-4 所示。

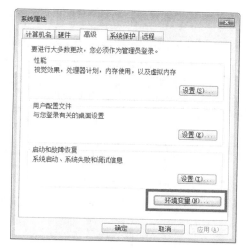

图 2-4　"系统属性"对话框

（2）打开"环境变量"对话框，找到并双击"系统变量"选项组中的"Path"属性，如图 2-5 所示。

图 2-5　"系统变量"选项组中的"Path"属性

（3）打开"编辑系统变量"对话框，在"变量值"文本框中添加 Python 安装路径，如 C:\Program Files\Python35-32，注意是添加而不是替换内容，如图 2-6 所示。

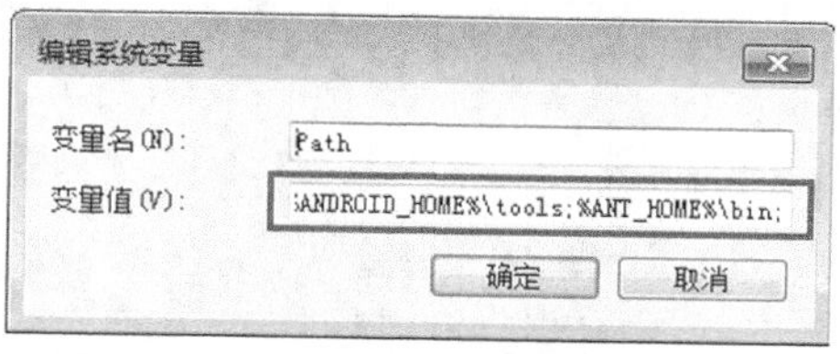

图 2-6　添加 Python 安装路径

配置环境变量可以方便用户在 cmd.exe 中使用 Python 程序，如图 2-7 所示。

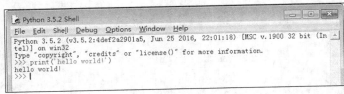

图 2-7　在 cmd.exe 中使用 Python 程序

2.1.2　Python 的常用集成开发环境

Python 环境配置好后，使用什么来编写程序？"工欲善其事，必先利其器"，一个好的集成开发环境（Integrated Development Environment，IDE）不仅可以提高开发者的开发速度，还可以提供丰富的插件和工具供开发者使用。

1. Python IDLE

Python 安装后自带工具 IDLE，Python IDLE 如图 2-8 所示。

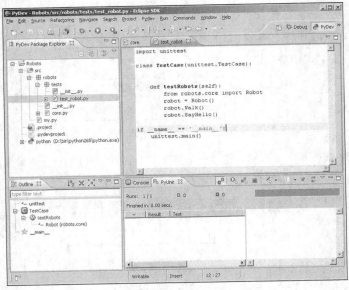

图 2-8　Python IDLE

IDLE 是一个增强的交互命令行解释器窗口，它是随 Python 一同安装在计算机中的，其优点仅仅是比使用命令行窗口方便（如剪切、粘贴）。事实上，任何一个自动化脚本的实现都无法使用 IDLE 来编写。

2. Eclipse with PyDev

Eclipse 不仅可以用于 Java 开发，还具有 Python 开发环境——PyDev，如图 2-9 所示。

图 2-9　PyDev

Eclipse 是非常流行的 IDE，而且已经有很久的历史。Eclipse with PyDev 允许开发者创建有用和交互式的 Web 应用，它是 Eclipse 开发 Python 的 IDE，支持 Python、Jython 和 IronPython 的开发。

3. Sublime Test

Sublime Test 相较于前面提到的 Eclipse 和后面要介绍的其他工具要轻量化一些，对于某些计算机内存资源较少、CPU 型号较早的用户来说，使用此工具非常顺畅，如图 2-10 所示。

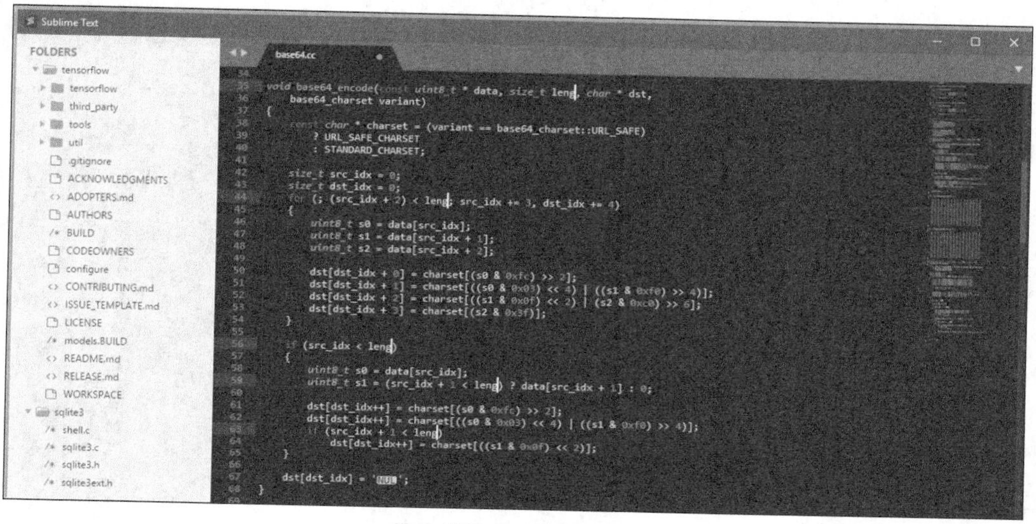

图 2-10　Sublime Test

Sublime Text 是开发者中最流行的编辑器之一，支持多功能、多种语言，在开发者社区非常受欢迎。Sublime Test 有自己的包管理器，开发者可以使用它来安装组件、插件和额外的样式，这些都能提升编码体验。

4. Komodo Edit

Komodo Edit 如图 2-11 所示。

图 2-11　Komodo Edit

Komodo 是 IDE 软件，目前支持 Perl、Python 及 JavaScript 等程序开发语言。

5. PyCharm

PyCharm 是目前 Python 开发人员认知度较高的一个工具，如图 2-12 所示。

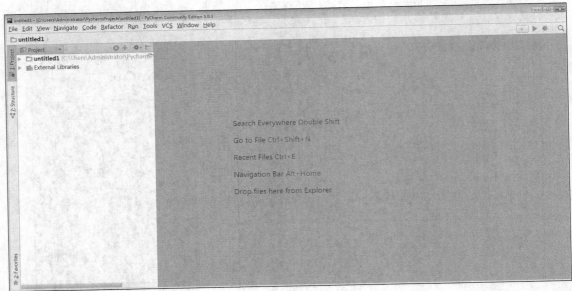

图 2-12　PyCharm

PyCharm 是 JetBrains 开发的 Python IDE，可以实现一般 IDE 具备的功能，例如，调试、语法高亮、Project 管理、代码跳转、智能提示、自动完成、单元测试、版本控制等。另外，PyCharm 提供了一些很好的功能用于 Django 开发，并支持 Google App Engine 及 IronPython。由于其功能强大、集成工具较多，在使用的时候会很耗内存，因此机器较旧的用户可以使用其他工具。

2.1.3　Python 规范

V2-1　Python 规范

Python 常用的规范是 PEP8。什么是 PEP8？这里引用《Python 之禅》中的几句经典阐述。

（1）优美胜于丑陋（Python 以编写优美的代码为目标）。

（2）明了胜于晦涩（优美的代码应当是明了的，命名规范，风格相似）。

（3）简洁胜于复杂（优美的代码应当是简洁的，不要有复杂的内部实现）。

（4）复杂胜于凌乱（如果复杂不可避免，则代码间不能有难懂的关系，要保持接口简洁）。

（5）扁平胜于嵌套（优美的代码应当是扁平的，不能有太多的嵌套）。

（6）间隔胜于紧凑（优美的代码有适当的间隔，不要奢望一行代码解决所有问题）。

（7）可读性很重要（优美的代码是可读的）。

1. 代码编排

（1）缩进的使用

Python 代码是通过缩进的方式来区分代码块的，一般以 4 个空格为准，快捷设置缩进的时候也可以用 Tab 键来实现，如下所示。

```
while True:  #循环打印hello world!
    print('hello world!')
```

（2）在代码过长的时候换行

每行代码的最大长度为 79，换行可以使用反斜杠，如下所示。

```
#代码换行的情况下打印hello world!
print('hello'\
' world!')
```

（3）注释在代码中的使用

代码注释甚至比代码本身更重要。为代码写上工整的注释是一个优秀程序员的良好习惯。工整简洁的注释使代码有较高的可读性，也易于代码的维护。Python 中的注释分为两种：单行注释和文本注释。

```
#单行注释
#print('hello world!')
'''
这是文本注释，在此之间的文本和代码将全部被注释
print('hello world!')
'''
```

2. 解释型语言和编译型语言

解释型语言在运行的时候将程序翻译成机器语言，所以运行速度相对于编译型语言慢。

编译型语言在程序运行之前有一个单独的编译过程，它会将程序翻译成机器语言，以后运行这个程序时就不用再进行翻译了。

Python 就是典型的解释型语言，相较于编译型语言（如 C++），Python 没有在初次运行时执行编译过程，生成新的可执行文件。Python 每次运行时执行的都是以.py 为扩展名的文件。

3. 交互式编程

交互式编程不需要创建脚本文件，而是通过 Python 解释器的交互模式来编写代码。交互式编程对于简单的尝试性操作是很方便的。

如图 2-13 所示，在 Python IDLE 中没有使用 print()方法，但当输入自定义的变量时，会立即显示该变量的值。

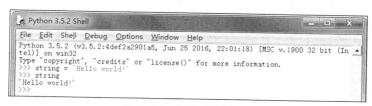

图 2-13　交互式编程示例

4. 变量

变量即在程序运行过程中值允许改变的量。在交互式编程中已经提到过变量，那么在 Python 中如何定义和使用变量呢？

（1）Python 变量的定义

由于 Python 语言自身的特点（动态类型语言），在定义变量的时候不需要指定变量的数据类型，其类型因赋值的类型而定。

V2-2　变量

如图 2-14 所示，定义变量的时候不用在变量之前声明数据类型，解释器会在变量赋值后根据赋值的类型来确定变量的类型。

（2）Python 变量的使用

① Python 变量不能在不赋值的情况下定义。

如图 2-15 所示，如果不为变量 a 赋初始值，解释器就会直接抛出异常，如果要定义一个空的变量 a，则可以通过提前定义 a=''的方式来实现。

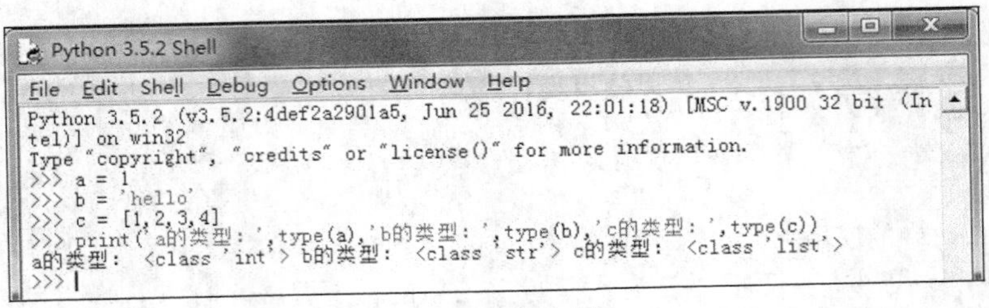

图 2-14　定义变量

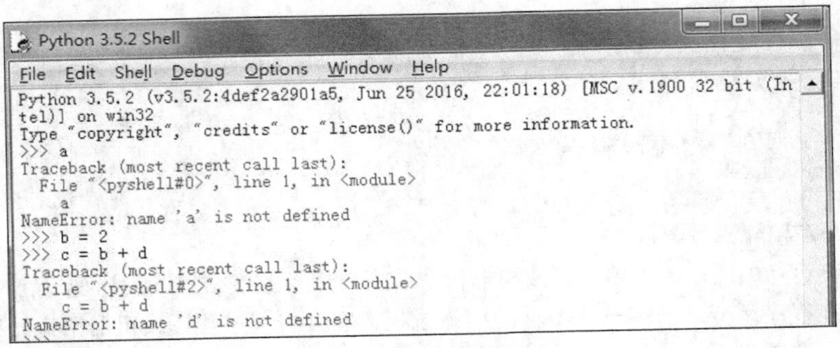

图 2-15　变量使用

② Python 的同一变量可以多次赋值，但其类型和值以最后一次赋值为准。

如图 2-16 所示，查看变量的类型，可以使用 type()方法，多次对变量 a 进行赋值后，a 的值也随着赋值的不同而改变。

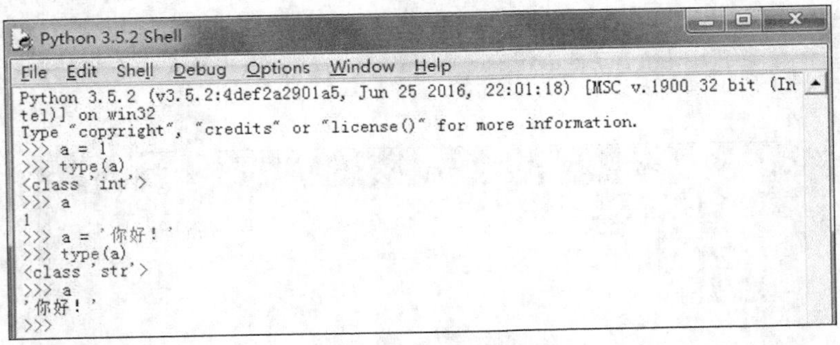

图 2-16　变量多次赋值

5. 关键字

关键字即保留字，不能将其用作任何标识符名称。Python 的标准库中提供了一个 keyword module，可以输出当前版本的所有关键字，如图 2-17 所示。

V2-3　关键字

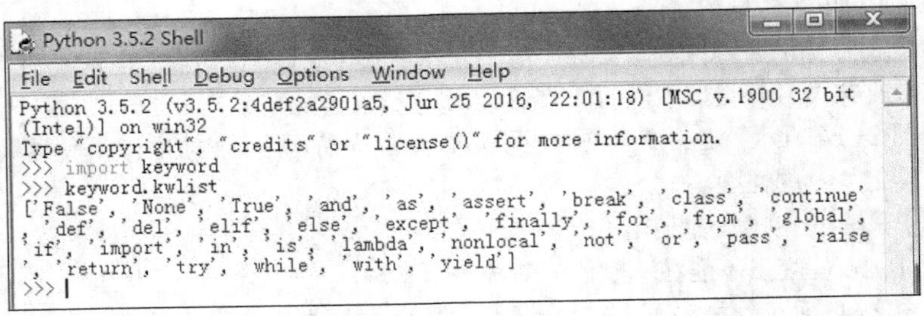

图 2-17　关键字

6. 标识符

标识符是用户编程时使用的名称，即变量、常量、函数、语句块的名称。

标识符命名规则如下。

（1）第一个字符必须是字母表中的字母或下划线 _。

（2）标识符的其他部分由字母、数字和下划线组成，PY 文件不能使用−，也不
能以数字开头命名。

V2-4　标识符

（3）标识符对大小写敏感，所以在命名时首字母大写可以有效地避开关键字的错误使用。

7. 操作符

（1）算术运算符如表 2-1 所示。

表 2-1　算术运算符

运算符	描述	示例
x+y	加	10+20=30
x−y	减	10-5=5
x*y	乘	3*6=18
x/y	除（返回浮点数）	2/4=0.5
x//y	取整除，返回整数部分	2//4=0
x%y	取余	15%4=3
−x	异号	−2=−2
+x	不变	+3=3
abs(x)	取绝对值	abs(−0.5)=0.5
int(x)	取整（将 x 转换成整数）	int(3.14)=3
float(x)	转换成浮点数	float(3)=3.0
complex(x,y)	返回复数，x 为实部，y 为虚部	complex(3,4)=3+4j
c.conjugate()	返回 c 的共轭复数	c=4+3j;c.conjugate()=4-3j
divmod(x,y)	返回（x//y,x%y）的数值元组	divmod(8,3)=(2,2)
pow(x,y)	幂运算，即 x 的 y 次幂	pow(2,3)=8
x**y	x 的 y 次幂	2**3=8

Python 中出现了全新的除法——单斜杠和双斜杠，//除法表示向下取整，/除法表示保留小数位，让
结果成为浮点型数据。

从浮点数到整数的转换可能会舍入，也可能会截断，建议使用 math.floor()和 math.ceil()明确定义的转换。

Python 定义 pow(0,0)和 0**0 等于 1。

（2）比较运算符如表 2-2 所示。

表 2-2　比较运算符

运算符	描述	示例（a=5，b=4）
==	如果两个操作数值相等，则条件为真	a==b 返回 false
!=	如果两个操作数值不相等，则条件为真	a!=b 返回 true
>	如果符号左边的值大于符号右边的值，则条件为真	a>b 返回 true
<	如果符号左边的值小于符号右边的值，则条件为真	a<b 返回 false
>=	如果符号左边的值大于或等于符号右边的值，则条件为真	a>=b 返回 true
<=	如果符号左边的值小于或等于符号右边的值，则条件为真	a<=b 返回 false

① 比较运算符的优先级相同。

② Python 允许使用 x < y <= z 这样的链式比较，它相当于 x < y and y <= z。

③ 复数不能进行大小比较，只能比较是否相等。

（3）逻辑运算符如表 2-3 所示。

表 2-3　逻辑运算符

运算符	表达式	描述	实例（a=true，b=false）
and	x and y	同时为 true 时，返回 true，否则返回 false	a and b 返回 false
or	x or y	只要有一个为 true，就返回 true，否则返回 false	a or b 返回 true
not	not x	返回值取反	not a 返回 false

or 是短路运算符，它只有在第一个运算数为 false 时才会计算第二个运算数的值。

（4）位运算符如表 2-4 所示。

表 2-4　位运算符

运算符	描述	实例
&	位与运算：全 1 为 1，否则为 0	（10&7）1010&0111=0010
|	位或运算：有 1 为 1，否则为 0	（10|7）1010|0111=1111
^	异或运算：不同为 1，否则为 0	（10^7）1010^0111=1101
~	取反运算：按位取反并减一	（~10）00001010=11110101
<<	左移运算：整体向左移动，高位丢弃，低位补 0	(10<<2)00001010<2=00101000
>>	右移运算：整体向右移动，低位丢弃，高位补 0	(10>>2)00001010>>2=00000010

（5）赋值运算符如表 2-5 所示。

表 2-5　赋值运算符

运算符	描述	实例
=	赋值运算符	c=10
+=	加法赋值运算符	c+=10 等价于 c=c+10
−=	减法赋值运算符	c−=10 等价于 c=c−10
*=	乘法赋值运算符	c*=10 等价于 c=c*10
/=	除法赋值运算符	c/=10 等价于 c=c/10
%=	取模赋值运算符	c%=10 等价于 c=c%10
**=	幂赋值运算符	c**=10 等价于 c=c**10
//=	取整除赋值运算符	c/=10 等价于 c=c//10

（6）成员运算符如表 2-6 所示。

表 2-6　成员运算符

运算符	描述	实例
in	如果在指定的序列中找到值，返回 true，否则返回 false	x in y
not in	如果在指定序列中没有找到值，返回 true，否则返回 false	x not in y

2.2 Python 编码

2.2.1 输入输出

通常，程序需要输入和输出来达到和用户交互的目的。用户输入信息后，通过程序的一系列操作或运算后会显示其结果。从用户处得到的信息就是输入，在 Python 中，可以使用 input() 函数来处理输入；将信息显示给用户就是输出，可以使用 print() 函数来实现。当然，还有更复杂的文件处理，这些将在后面逐一提及。

1. Python 输入

当程序需要接收一个来自键盘的输入时，可以使用 input() 函数来实现，如图 2-18 所示。

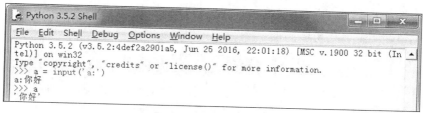

图 2-18　Python 输入

Python 的输入很简单，但这里需要注意，Python 3.x 和 Python 2.x 在输入上有很大的不同。

（1）在 Python 3.x 中，可以直接在键盘上输入任何类型的数据。以字符串为例，Python 3.x 中可以直接输入字符串而不需要添加引号，Python 2.x 中则不允许。

（2）Python 3.x 移除了 Python 2.x 中的 raw_input() 函数，以 input() 函数作为唯一接受输入的方法，但这个方法有一个特点，即不论使用者输入何种类型的数据，解释器都会把输入的数据按字符串类型来进行处理，如图 2-19 所示。

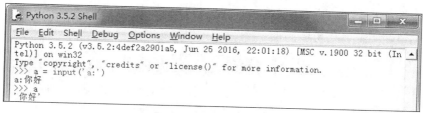

图 2-19　input() 函数的使用

从图 2-18 中可以看到，不知道输入的数据类型，但从结果上看，无论输入的是何种类型的数据，结果都是字符串的形式。这点请大家在使用的时候注意。

2. Python 输出

由于 Python 使用了交互式编程，因此在使用时不需要任何的输出方法即可得到想要查看的结果，如图 2-20 所示。

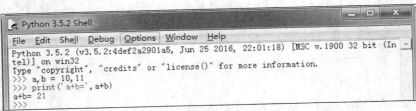

图 2-20　交互式编程

想要显示 a 和 b 的值，可以在交互式编程中方便地得到。但是，如果想要得到类似 a+b=21 的结果，交互式的方法就无法实现。

（1）使用 print()函数来解决上面的问题，代码示例如下。

```
#使用print()函数显示a+b=21的结果
a,b = 10,11   #定义a、b两个变量
print('a+b=',a+b)   #使用输出函数来显示结果
```

代码运行的结果如图 2-21 所示。

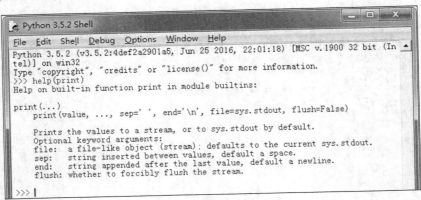

图 2-21　代码运行的结果

（2）print()函数参数的使用。从图 2-21 中可以看出，使用 print()函数后结果和期望值有一点不同，即 21 的前面多出了一个空格，如何才能清除这个空格呢？这就需要修改 print()函数的参数值。先来看看 print()函数的参数，如图 2-22 所示。

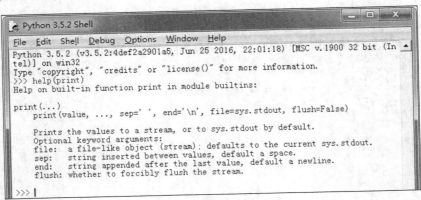

图 2-22　print()函数的参数

什么是参数呢？参数就是放在函数或者方法后面括号中的变量，在图 2-22 中，print()函数中有很多个参数（如 value、sep、end 等）。

想要解决前面所提及的多了空格的问题，需要修改 sep 参数的默认值。从图 2-22 中可以看出，sep 的默认值是' '（空格），所以可以将前面的代码修改如下。

```
print('a+b=',a+b,sep='')   #将sep的默认值设置为空，注意，不是默认的空格
```

print()函数的参数修改后，代码运行结果如图 2-23 所示。

```
>>> a,b=10,11
>>> print('a+b=', a+b,sep='')
a+b=21
>>>
```

图 2-23　print()函数参数修改后代码运行结果

其他的参数将在后面的示例中出现。

（3）占位符的使用。Python 中字符串格式化输出主要使用以下几个占位符。

```
#%s占位符　占位字符串
#%d占位符　占位整型数据
#%f占位符　占位浮点型数据
#在Python中，不同的数据类型不能使用+的方式连接，使用占位符就可以解决问题
a,b=10,11
print('a+b=%d'%(a+b))　#使用占位符的方式也解决了前面的问题
```

3. 文件处理

文件处理属于输入输出的高级操作，相对于普通的输入输出，文件处理直接操作的是文件。例如，扩展名是.txt 的文本文件。对于 Python 来说，文件处理做了很好的封装，直接提供了 open()函数供大家使用。

V2-5　文件读写

（1）文件输入输出流的打开和关闭代码如下。

```
#以扩展名为.txt的文本文件读写为例
#指定要操作的文件的路径
path = 'D:\\test.txt'
#打开文件输入流（其本质是将硬盘中的文件内容加载到内存中）
file = open(path,'w')　#open()函数需要给参数赋值，path是路径，w是模式（默认是r）
#关闭输入流
file.close()
```

在 path 中，为了避免与转义字符混淆，使用了双斜杠\\，也可以使用反向的单斜杠/，在 Python 中，还可以在使用\的路径字符串前面加上 r，如上文的例子中，path=r'D:\test.txt'。

（2）文件的打开模式如表 2-7 所示。

表 2-7　文件的打开模式

模式	描述
r	以读的方式获取文件内容
w	以写的方式向文件中输入数据，会清空原数据
a	以追加写的方式向文件中输入数据
r+	以读写的方式打开文件（参见 r）
w+	以读写的方式打开文件（参见 w）
a+	以读和追加写的方式打开文件（参见 a）
rb	以字节流的方式读文件内容
wb	以字节流的方式写文件内容
ab	以字节流的方式追加写文件
rb+	以字节流的方式读写文件
wb+	以字节流的方式读写文件
ab+	以字节流的方式读和追加写文件

如果打开模式中出现 w，无论是 w+还是 wb，其必定会先清空原文件的内容，所以要慎用，建议使用 a 模式。

（3）文件读写提供的方法如表 2-8 所示。

表 2-8　文件读写提供的方法

方法	描述
file.read([size])	读文件返回字符串，size 是读取长度，以 Byte 为单位
file.readline([size])	按行读文件，只能一行一行读取，size 同上
file.readlines([size])	按行读文件，以列表的方式返回所有行，size 同上
file.write(str)	以字符串的方式向文件中写入内容
file.writelines(seq)	按行的方式将数据写入文件中，其效率高于按字符串方式写入
file.close()	关闭文件读写，将内存中的数据写入硬盘
file.flush()	刷新缓冲区，将数据写入硬盘
file.fileno()	返回长整型文件标签
file.isatty()	是否为终端文件（UNIX 专用）
file.tell()	返回光标位置
file.next()	返回下一行
file.seek(offset,[,whence])	移动光标位置，offset 指从开始的偏移量，whence 指位置
file.truncate([size])	将文件裁到指定大小，默认到光标位置

（4）文件输入和输出流的简单示例。

```
#向一个文件中写入内容
file = open('D:\\test.txt','a')
file.write('This is a test!')  #写入的方法还有writelines()
file.close()
#读取文件内容
file = open('D:\\test.txt','r')
content = file.read()  #读取的方法还有readline()和readlines()
print(content)
file.close()
```

如果写入内容中包含中文，且在后台打印时出现了中文乱码，则可以在写入和读取的 open()函数中加入 encoding='utf-8'(如 file = open('D:\\test.txt',encoding='utf-8'))。

（5）文件操作，a+模式使用示例。

```
#使用a+模式先写再读
file = open('D:\\test.txt','a+')  #获取文件流对象，并使用读写模式
file.write('This is a new test!') #向文档中写入字符串
file.seek(0)  #将文档中的光标移动到文本开始位置
content = file.read()  #通过读的方法获取文档内容
print(content)
```

file.seek(0)表示移动光标到文本最开始的地方。a 模式在写完内容后，默认光标位置在文本内容的最后，如果不调整光标位置直接读取，则获取的内容为空，这点一定要注意。文件操作结果如图 2-24 所示。

```
Python 3.5.2 Shell                                              _ □ X
File  Edit  Shell  Debug  Options  Window  Help
Python 3.5.2 (v3.5.2:4def2a2901a5, Jun 25 2016, 22:01:18) [MSC v.1900 32 bit (In
tel)] on win32
Type "copyright", "credits" or "license()" for more information.
>>> file = open('D:\\test.txt','a+')
>>> file.write('This is a new test!')
19
>>> file.seek(0)
0
>>> print(file.read())
This is a new test!
>>>
```

图 2-24　文件操作结果

2.2.2　数据类型

有人称 Python 为动态数据类型，因为 Python 中变量的类型会随着赋值类型的变化而变化，且变量一定要在被赋值后才能存在。为什么需要把数据分成各种类型呢？其实，最主要的原因是为了节约内存。数据类型的出现是为了把数据分成所需内存大小不同的数据，编程过程中，需要使用大数据的时候才需要申请大内存，这样就可以充分利用内存。

Python 的数据类型可分为以下几种：数字类型、字符串类型、列表类型、元组类型、集合类型和字典类型。

1. 数字类型

（1）数字类型细分

数字类型细分为整型（int）、浮点型（float）和复数（complex）。

整型：通常被称为整数，是正、负整数和 0，不带小数点，如 10、78。

浮点型：由整数部分与小数部分组成，如 2.65、3.1415。

V2-6　数据类型
（数字、字符串、
列表）

复数：复数由实数部分和虚数部分构成，可以用 a + bj 或者 complex(a,b)表示，复数的实部 a 和虚部 b 都是浮点型，如–4 的平方根。

（2）不同类型之间的转换

前面已经学习过，当使用输入函数 input()时，默认会将输入的数字 1 变成字符串'1'。

```
i = input()        #接收一个键盘输入
print(type(i))     #打印输入变量的类型，默认为字符串类型
>><class 'str'>    #实际运行结果
```

如果想要将 i 转换成数字类型，则可以使用类型转换的方式。

```
…    #接上面代码
a = int(i)    #通过int()函数将字符串类型的1强制转换成数字类型的1
b = float(i)  #通过float()函数将字符串类型的1强制转换成浮点型的1.0
c = float(a)  #通过float()函数将整型的1强制转换为浮点类型的1.0
d = int(b)    #通过int()函数将浮点类型的1.0强制转换为整型的1
```

将整型或浮点型转换成复数型。

```
a,b=1.2,5
c = complex(a,b)   #使用complex()方法生成复数
print(c)
>>>(1.2+5j)
```

请尝试通过 int()或者 float()强制转换 complex 类型的数据，看看会有什么结果。

（3）数字类型的运算

```
print(10+11) #加法运算
print(20.5-10)    #减法运算
```

```
print(5*3)          #乘法运算
print(15/2)         #除法运算，结果取浮点型
print(15//2)        #除法运算，结果取整型
print(3**2)         #幂运算，平方
print(9**0.5)       #幂运算，开方
```

2. 字符串类型

（1）字符串的定义

字符串是 Python 中最常用的数据类型。可以使用引号''或""来创建字符串。创建字符串很简单，只要为变量分配一个值即可。

```
a = 'Hello'
b = "12"
```

 Python 的字符类型只有 str，没有字符 char，所以单个字符也是字符串。

（2）字符串的连接

```
#可以使用+的方式将两个字符串连接成一个新字符串
var = 'hello'
var1 = "world"
var3 = var + var1   #将var和var1通过加号连接起来
print(var3)
>>> helloworld
var4 = var + ','+ var1   #将var和var1连接起来，并在中间加上逗号
print(var4)
>>>hello,world
```

（3）字符串切片

在实际应用中，经常需要对字符串进行截取处理。在 Python 中，使用方括号来截取字符串。

```
#定义一个字符串
str = 'hello,world!'
print(str[3])       #打印索引为3的字符
>>>'l'              #索引从0开始
print(str[-1])      #打印倒数第一个索引的字符
>>>'!'              #从后向前取，索引从-1开始
print(str[2:])      #打印从索引为2的字符开始到索引结束的所有字符串
>>>'llo,world!'     #由于索引从0开始，所以从第3位开始截取字符串
print(str[2:6])     #打印从索引为2的字符开始到索引为5的字符结束的所有字符串
>>>'llo,'           #逗号是有索引的，切片位置满足2≤x<6的关系，所以索引6取不到
print(str[:8])      #打印从索引为0的字符开始到索引为7的字符结束的所有字符串
>>>'hello,wo'       #由于索引为8的字符取不到，所以只能取到o
#对字符串进行切片操作，同时还使用步长
print(str[:8:2])    #同上面的截取，只是增加了一个步长2
>>>'hlow'           #从结果可以看出，截取字符串时每隔一个字符截取
print(str[:8:3])    #打印索引为0~7的字符，每隔2个字符取字符
>>>'hlw'
print(str[::-1])    #步长的另类用法
>>>!dlrow,olleh     #字符串反向了
```

（4）转义字符

当需要在字符中使用特殊字符时，Python 可使用反斜杠（\）转义字符，转义字符如表 2-9 所示。

表 2-9　转义字符

转义字符	描述
\（在行尾时）	续行符
\\	反斜杠符号
\'	单引号
\"	双引号
\a	响铃
\b	退格（Backspace）
\e	转义
\000	空
\n	换行
\v	纵向制表符
\t	横向制表符
\r	回车
\f	换页
\oyy	八进制数，yy 代表字符，如\o12 代表换行
\xyy	十六进制数，yy 代表字符，如\x0a 代表换行
\other	其他的字符以普通格式输出

（5）字符串的内置函数

```
string = 'hello'
string.capitalize()         #将字符串首字母改为大写，即Hello
string.center(10,'*')       #在10个字符的范围内将hello放在中间，左右填充*，即**hello***
string.count('l')           #在字符串中统计l出现的次数，即2
u = string.encode('utf-8')  #将字符串以UTF-8的编码格式转码
str = u.decode('utf-8')     #将已用UTF-8编码的数据转换为字符串
string.find('o')            #在字符串中查找o的索引位置，未找到就返回-1
string.index('o')           #在字符串中查找o的索引位置，未找到就抛出异常
string.isalnum()            #如果字符串是字母和数字的组合，则返回true
string.isalpha()            #如果字符串是纯字母，则返回true
string.isdigit()            #如果字符串是纯数字，则返回true
string.isspace()            #如果字符串以空格开头，则返回true
string.upper()              #将字符串全部改为大写，HELLO
string.isupper()            #如果字符串全是大写，则返回true
string.lower()              #将字符串全部改为小写，hello
string.islower()            #如果字符串全是小写，则返回true
string.replace('l','m')     #将字符串中的l替换成m，即hemmo
string.split('e')           #从字符e处分隔字符串
string.endswith('o')        #判断字符串是否以o结尾
string.startswith('h')      #判断字符串是否以h开头
string.strip('h')           #去掉字符串中的h
```

3. 列表类型

列表是最常用的 Python 数据类型，它以一个方括号内使用逗号为分隔符将值区分开的形式出现。列表的数据项不需要具有相同的类型。

（1）创建列表

创建列表时，只要把以逗号分隔的不同的数据项使用方括号括起来即可。

```
li= [1,2,3,4]           #定义一个全是整型元素的列表
li1 = ['a','b','c']     #定义一个全是字符串元素的列表
```

```
li2 = [1,'a',2,'b',3.12] #定义一个包含整型、浮点型和字符串类型的元素的列表
```

（2）列表嵌套

列表嵌套即在列表中创建其他列表。

```
a = ['a','b',12]
b = [1,'c','d']
c = [a,b]   #将列表a和列表b作为元素放到列表c中
print(c)
>>>[['a','b',12],[ 1,'c','d']]
#在嵌套列表中取某个元素，需要使用索引的方式
print(c[0][0])   #取列表c中第一个元素中的第一个元素
>>>'a'
print(c[1][2])   #取列表c中第二个元素中的第三个元素
>>>'d'
c[1][1] = 'e'   #修改列表指定位置上元素的值
```

（3）列表切片

列表切片和字符串切片相同。实际上，凡是具有索引的数据类型都可以使用切片的方式来获取数据中间的某一段。

```
#定义一个列表
li = ['good',111,'woniuxy',2018,'a','123']
print(li[1])   #取索引为1的元素
>>>111
print(li[-1])   #取倒数第一个元素
>>>'123'
print(li[1:5])   #使用指定位置截取
>>>[111,'woniuxy',2018,'a']
print(li[1:5:2]) #使用步长截取
>>>[111,2018]
print(li[::-1])   #列表通过步长的方式反向
>>>['123','a',2018,'woniuxy',111,'good']
```

（4）列表内置函数的使用

```
li = [1,2,3]
li.append(4)          #在列表中追加一个整型元素4
li.count(3)           #统计列表中元素3出现的次数
li.extend([4,5])      #在列表中添加元素，会按索引添加[1,2,3,4,5]
li.index(3)           #查找元素3的索引位置
li.insert(2,100)      #在指定索引2位置上插入元素100
li.pop(2)             #移除指定索引2位置上的元素，默认移除最后一个元素
li.remove(3)          #移除指定元素3
li.reverse()          #将列表反向
li.sort()             #重新排列列表，默认从小到大排列
```

4. 元组类型

元组与列表类似，不同之处在于元组的元素不能修改。

（1）创建元组

创建元组时，只要把以逗号分隔的元素使用小括号括起来即可。

V2-7　数据类型
（元组、集合、字典）

```
tup = (1,2,3,4,5)       #创建一个全是整型的元组
tup1 = ('a','b','c')    #创建一个全是字符串的元组
tup2 = ('a',1,'b')      #创建一个包含字符串和整型的元组
tup3 = (['a','b'],11,'woniu')   #创建一个包含列表的元组
tup4 = ((1,2,3),[22,33,44],'hello')   #创建一个包含列表和元组的元组
```

前面说过，元组和列表最大的不同是元组无法修改。

```
tup = ('a','b','c')
tup[1] = 'e'   #尝试修改元组索引为1的元素的值
```

修改元组元素的结果如图 2-25 所示。

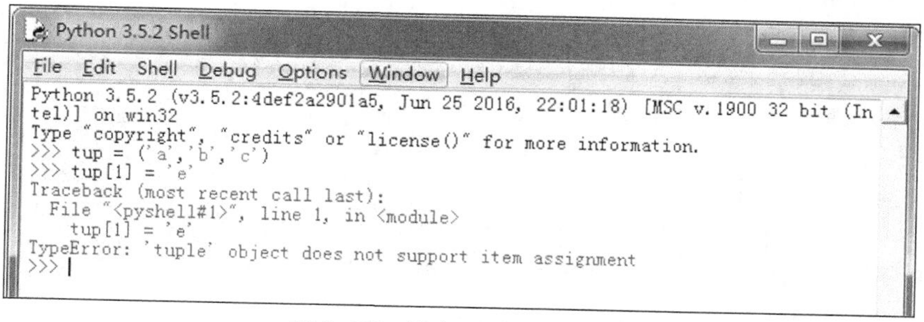

图 2-25　修改元组元素的结果

（2）元组的连接和切片

```
#定义元组
tup = ('google','baidu',2018,2000,'woniuxy')
tup1 = (1,2,3,4,5)
tup2 = tup + tup1        #元组的连接
print(tup2)
>>>('google','baidu',2018,2000,'woniuxy',1,2,3,4,5)
print(tup2[:5])          #元组切片
>>>('google','baidu',2018,2000,'woniuxy')
print(tup2[:5:2])        #带步长的切片
>>>('google',2018,'woniuxy')
```

（3）元组的内置函数

```
tup = (1,2,3)
tup.count(3)             #统计元素3在元组中出现的次数
tup.index(3)             #查找元素3的索引位置
```

5. 集合类型

集合是一种序列，可以存放任意数据类型，但集合中的元素不允许重复，每个元素用逗号（,）分隔，整个集合放在大括号({})中。

（1）集合的定义

集合可用{}定义，也可使用 set()函数并像以下代码一样提供一系列的项。

```
#定义集合
s = {1,2,3,4}            #定义全是整型数据的集合
s1 = {'a','b','c'}       #定义全是字符串类型的集合
s2 = set('abc')          #通过set()函数定义一个集合，可拆分字符串
s3 = set(['hello','world','哈哈'])    #通过set()函数拆分列表，注意，set()函数只接收一个参数
```

（2）集合的操作

集合可以进行并集、交集、差集和对称差集的操作。

```
t = set([3,4,,5,9,10])
s = {3,6,9,11}
a = t | s                # t 和 s的并集
b = t & s                # t 和 s的交集
c = t - s                # 求差集（项在t中，但不在s中）
d = t ^ s                # 对称差集（项在t或s中，但不会同时出现在二者中）
```

（3）集合内置函数的使用

```
t.add('x')               # 添加一项
s.update([10,37,42])     # 在s中添加多项
t.remove('H')            # 使用remove()删除一项
len(s)                   # 求set的长度
s.issubset(t)            # s <= t，测试是否 s 中的每一个元素都在 t 中
```

```
s.issuperset(t)        # s >= t, 测试是否 t 中的每一个元素都在 s 中
s.union(t)             # s | t, 返回一个新的 set, 其中包含 s 和 t 中的每一项
```

6. 字典类型

字典是另一种可变容器模型，且可存储任意类型的对象。字典的每个键值（key=>value）对用冒号（:）分割，每个对之间用逗号（,）分割。

（1）字典的定义

整个字典包括在大括号（{}）中。

```
dict = {key1:value1,key2:value2,…,keyn:valuen}
```

键必须是唯一的，但值不必唯一。值可以取任何数据类型，但键必须是不可变的，如字符串、数字或元组。

（2）字典的操作

```
#定义一个字典
dict = {'lily':18,'wangcao':22,24:'xiaoming'}
dict['zhangsan'] = 32          #在字典中添加一个键值对zhangsan:32
print(dict['lily'])            #通过键查找值
>>>18
dict.clear()                   #清空字典
del dict                       #删除字典
```

（3）字典内置函数的使用

```
dict = {}
dict = dict.fromkeys([1,2,3],'a')  #生成一个新的字典{1:'a',2:'a',3:'a'}
dict.get(2)                        #通过键找值，返回a。如果没有此键，则无返回
dict.items()                       #返回所有键值对dict_items([(1, 'a'), (2, 'a'), (3, 'a')])
dict.keys()                        #返回所有的键 dict_keys([1, 2, 3])
dict.values()                      #返回所有的值 dict_values(['a', 'a', 'a'])
dict.pop(3)                        #移除键为3的键值对
dict.setdefault(3,'d')             #修改键为3的值为d，如果没有键3，则添加键值对
dict.update({4:'e',5:'f'})         #将字典添加到另一个字典中
{1:'a',2:'a',3:'d',4:'e',5:'f'}
```

2.2.3 控制结构

利用程序完成任何工作都离不开 3 种结构，即顺序结构、分支结构和循环结构。

1. 顺序结构

顺序结构是程序中最简单的一种结构，程序就是按从上到下、从左到右的顺序运行的。前面学习的文件操作都是按照这种结构运行代码的。

V2-8 控制结构

2. 分支结构

分支结构也称选择结构，当程序运行到分支结构的地方时，会根据不同的情况运行不同的代码，下面详细介绍 Python 的分支结构。

（1）Python 分支结构的特点

Python 使用 if-elif-else 结构描述多分支的特征。elif 是 else if 的缩写，elif 在程序中可以出现 0 到多个，else 可选。在 Python 中，没有 switch-case 的结构。分支结构如图 2-26 所示。

① 分支语句的结构如下。

```
if <条件1>:
        <语句1>     #当满足条件1时，运行语句1，完成后退出全部分支结构
elif <条件2>
        <语句2>     #当满足条件2时，运行语句2，完成后退出全部分支结构
…                   #可能会出现多个分支结构
else:
        <语句n>     #当前面条件都不满足时，运行语句n，完成后退出全部分支结构
```

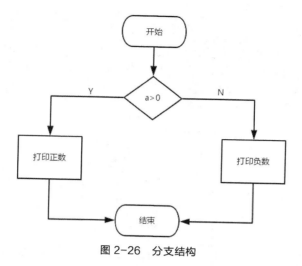

图 2-26　分支结构

② 分支结构代码示例如下。

```
age = int(input('输入你的年龄：'))     #等待用户输入一个数字作为年龄
if age>= 18 and age<60:
        print('您已经成年，可以考取驾照了！')
elif 60<=age<70:
        print('您还有机会考取驾照，但需要每年体检！')
elif age>=70:
        print('很遗憾，您不能再驾驶机动车了！')
else:
        print('您还未成年，不允许驾驶机动车！')
```

（2）分支结构嵌套

```
#分支结构中还可能出现分支结构的情况
if <条件1>:
        if  <条件2>:
                <语句1>
        elif <条件3>:
                <语句2>
        else:
                <语句3>
else:
        <语句4>
```

分支结构嵌套示例如下。

```
num=int(input("输入一个数字："))
if num%2==0:
        if num%3==0:
                print("你输入的数字可以整除 2 和 3")
        else:
                print("你输入的数字可以整除 2，但不能整除 3")
else:
        if num%3==0:
                print("你输入的数字可以整除 3，但不能整除 2")
        else:
                print("你输入的数字不能整除 2 和 3")
```

3．循环结构

前面学习了输入输出，这里设置了一个场景，用户使用键盘输入，在后台输出结果。实现起来比较简单，代码如下。

```
a = input('输入内容：')
print(a)
```

上面的代码只能运行一次，即用户输入一次程序就结束了。现在修改一下场景，程序接收用户的输入并输出输入的内容，直到用户输入"QUIT"时才结束程序。上面的代码必须要修改才能实现新的应用场景，这里必须引入循环结构。循环结构如图 2-27 所示。

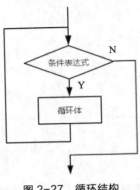

图 2-27 循环结构

（1）for 循环结构的使用

Python 中，for 循环结构一般是在明确循环次数的情况下使用的，for 循环结构的语法如下。

```
for iterating_var in sequence:  #for循环结构采用for…in的方式实现
    statements(s)
```

for 循环结构可以将 sequence 这种可迭代对象中的每一个元素都取出来，例如，sequence 是一个字符串。

```
for i in 'woniuxueyuan':  #从字符串woniuxueyuan中取出每一个字符
    print(i)
```

其运行结果如图 2-28 所示。

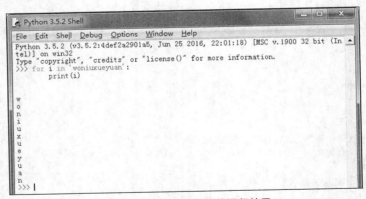

图 2-28 for 循环结构的运行结果

for 循环可以直接从序列中取出元素，前面学习的数据类型除了数字类型不能迭代之外，其他类型均可以。下面先使用列表实现。

```
list = [1,2,3,4,5,6]
for i in list:           #遍历列表list
    print(i,end='')      #不换行打印结果
>>>123456
s = {1,2,3,4,5,6}
for i in s:              #遍历集合
```

```
        print(i,end='')              #不换行打印结果
>>>123456
d = {1:'a',2:'b',3:'c',4:'d'}
for i in d:                          #遍历字典
        print(i,end='')              #不换行打印结果
>>>1234      #字典遍历后只能得到键
```

前面提到 for 循环不能直接取数字类型的元素，因为数字类型不能被迭代，要想取一个数字范围内的元素，可以使用 Python 提供的函数 range()，这样可以解决问题。

```
#range()函数的使用
for i in range(10):                  #取0~9中的所有整型数字
        print(i,end='')
>>>0123456789          #range()的取值范围和字符串切片一样
for i in range(5,11):                #取5~10中的所有整型数字
        print(i,end='')
>>>5678910
for i in range(5,11,2):              #使用步长取5~10中的整型数字
        print(i,end='')
>>>579                               #步长为2，每隔一个元素取一次值
list = [1,2,3,4,5,6]
for i in range(len(list)):           #range()和len()结合使用，获取列表索引
        print(i,end='')
>>>012345
```

（2）while 循环结构的使用

在 Python 中，while 循环和 for 循环一样，但如果需要进行不定次数的循环，则建议使用 while True 结构，注意，Python 中没有 do-while 循环。

```
while 条件：      #当条件为True的时候，运行下面的语句
    语句
```

while 循环结构示例如下。

```
#解决前面提到的问题，用户可以不停输入内容，直到输入QUIT时退出程序
while True:
    i = input('输入：')
    if i != 'QUIT':         #加入条件判断，当输入不是QUIT的时候，输出结果
            print(i)
    else:
            break
```

（3）break 和 continue 语句的使用

break 语句用于跳出整个循环，continue 语句用于跳出当前循环，并继续进行下一次的循环。

```
print('break demo begin')
sites = ['baidu','google','taobao','woniuxy']
for site in sites:
    if site == 'taobao':
            print('到淘宝了，跳出循环!')
            break
    print('循环数据' + site)
print('完成循环!')
print('continue demo begin')
for s in sites:
    if s == 'taobao':
            print('到淘宝了，继续下次循环!')
            continue
    print('循环数据', s)
print('完成循环!')
```

其运行结果如图 2-29 所示。

```
break demo begin
循环数据baidu
完成循环！
循环数据google
完成循环！
到淘宝了，跳出循环！
continue demo begin
循环数据 baidu
完成循环！
循环数据 google
完成循环！
到淘宝了，继续下次循环！
循环数据 woniuxy
完成循环！

Process finished with exit code 0
```

图 2-29　break 和 continue 语句的运行结果

（4）循环+else 结构

Python 中还有一种特殊的结构，即在循环结构的后面加上 else，这种结构不太容易理解，不妨看看下面这段代码。

```
print('循环开始')
for i in range(3):
    print(i)
print('循环结束！')
print('含else的循环开始！')
for i in range(3):
    print(i)
else:
    print('循环已经结束，这里有 else！')
```

在 PyCharm 中运行代码，其运行结果如图 2-30 所示。

```
"C:\Program Files\Python35-32\python3.exe
循环开始
0
1
2
循环结束！
含else的循环开始！
0
1
2
循环已经结束，这里有 else！

Process finished with exit code 0
```

图 2-30　运行结果

从上面的例子可以看出，这两种循环没有区别，因为循环结束都会运行循环后面的代码，这样，带else 的循环结构就没有任何意义了。真的是这样吗？对前面的代码进行一些调整，修改后代码如下。

```
print('循环开始')
for i in range(3):
    print(i)
    if i == 2:
        print('到2了，退出循环！')
        break
print('循环结束！')
print('含else的循环开始！')
for i in range(3):
    print(i)
    if i == 2:
        print('到2了，退出循环！')
```

```
            break
else:
    print('循环已经结束，这里有 else！')
```

在循环中间加入 break 语句以后，再来对比两种循环的运行结果，如图 2-31 所示。

```
"C:\Program Files\Python35-32\pytho|
循环开始
0
1
2
到2了，退出循环！
循环结束！
含else的循环开始！
0
1
2
到2了，退出循环！

Process finished with exit code 0
```

图 2-31 加入 break 语句以后两种循环的运行结果

从上面的结果可以看出，当循环中出现 break 语句后，在带 else 结构的循环中，else 后面的代码不会被运行了。大家可以将 break 改成 continue 再试试，并分析结果。

2.2.4 函数

函数是组织好的可重复使用的用来实现单一或相关联功能的代码段。函数能提高应用的模块性和代码的重复利用率。除了前面已经学习过的内置函数（如 print()、len() 等）之外，Python 允许用户自己定义一些函数，这种函数称为自定义函数。

V2-9 函数

1. 自定义函数定义的规则

（1）函数代码块以 def 关键词开头，后接函数标识符名称和小括号()。

（2）任何传入参数和自变量都必须放在小括号中，小括号之间可以定义参数。

（3）函数的第一行语句可以选择性地使用文档字符串来存放函数说明。

（4）函数内容以冒号开始，并进行缩进。return [返回值]用于结束函数，并选择性地返回一个值给调用方。

（5）无表达式的 return 相当于返回 None。

Python 定义函数时使用 def 关键字，函数名为用户自定义名称，参数列表为传给此函数使用的参数，函数体的一般格式如下。

```
def 函数名(参数列表):        #参数列表中放入形式参数，如果不需要则不放入
    '''
        函数说明
    '''
    函数体
    return 返回值            #默认返回None，也就是说，在无返回值的时候可以不写return
```

定义函数代码示例如下。

```
def add(a,b):              #定义一个加法的函数，接收两个参数传入值
    '''
        做加法运算的函数
    '''
    return a+b             #直接将两个参数相加的结果返回给调用者
```

2. 自定义函数的使用

前面已经定义了一个 add() 的函数，如何使用呢？在 PyCharm 中输入相同的代码，单击运行按钮，

不会有任何结果。既然是函数，就和内置函数一样需要调用。自定义函数示例代码如下。

```
#内置函数的使用
print('hello!')
#自定义函数的使用
r = add(3,5)                    #add()函数有返回值，可以用一个变量r来接收这个返回值
print(r)
>>>8
```

3．自定义函数参数的各种形式

（1）设置参数的默认值

前面在学习内置函数 print()的时候发现很多参数有默认值，在使用内置函数的时候，如果不需要传参数，则可以直接使用内置函数的默认值，例如，sep 的默认值为空格，end 的默认值是'\n'。如果自定义函数需要定义默认值，又应该怎样实现呢？

```
def add(a=1,b=1):
    #定义一个带默认值的加法函数
    return a+b
print(add())                    #调用add()函数，使用默认值
>>>2
print(add(3))                   #调用add()函数，只给第一个参数传值
>>>4
print(add(b=4))                 #调用add()函数，指定给b参数传值
>>>5
```

要想使用含默认值参数的定义方式，给默认值的参数一定要放在不给默认值的参数的后面，例如，def show(y, x=1)，如果将 x=1 和 y 交换位置变为 def show(x=1, y)，则解释器会报错。在使用参数的时候，也会出现问题。当只给函数传递一个值时，如 show(3)，这个时候会默认将值 3 传递给第一个参数 x，这样 y 没有得到实际参数，整个函数无法使用。

（2）设置不定长参数

有时候可能需要一个函数处理比其声明时更多的参数。这些参数称为不定长参数，和前面学习的参数不同，不定长参数声明时不会命名。加了星号（*）的变量名会存放所有未命名的变量参数。如果在函数调用时没有指定参数，则其为一个空元组。也可以不向函数传递未命名的变量。不定长参数使用示例代码如下。

```
def print_info(a,*b):
    print('This:')
    print(a)
    for var in b:
        print('var:',var)
print_info(4)
print_info(7,'woniuxy',20)
```

其运行结果如图 2-32 所示。

```
This:
4
This:
7
var: woniuxy
var: 20

Process finished with exit code 0
```

图 2-32　不定长参数使用示例代码的运行结果

4. 匿名函数 lambda 的使用

lambda 关键词能创建小型匿名函数。lambda 函数能接收任何数量的参数，但只能返回一个表达式的值，它的一般形式如下。

```
lambda [arg1 [,arg2,...,argn]] : expression
```

匿名函数的使用示例代码如下。

```
fun = lambda x:x*2        #定义一个匿名函数fun，接收一个变量
fun(3)                    #调用fun函数，并传实参3
>>>6
```

lambda 定义的是单行函数，如果需要复杂的函数，则应该定义普通函数；lambda 参数列表可以包含多个参数，如 lambda x,y: x + y。

2.2.5 模块和包

在 Python 中，通常会把功能类似的代码归类并放在不同的文件中，而这里所指的文件就是 Python 模块（Module），这样做最大的好处就是易于使用和维护。由于代码中的函数存放在不同的 Python 文件中，因此函数名称即使相同也不会被重写。例如，Dict 中的 update()函数和 hashlib.md5 中的 update()函数的名称是一样的，但其功能不同。

V2-10　模块和包

同样的道理，如果出现 PY 文件重名的情况，则 Python 可以通过将其放在不同的包（Package）中来避免重名模块引用不便的问题。

将相关功能集合在一起，就构成了 Python 的一大特色，称为库（Library）。

1. 模块

（1）模块引用

前面已经提到，所有的 PY 文件都是模块，无论是自定义的模块，还是已经存放在 lib 中的模块，都可以通过如下方式引用。

① import 模块名。

```
#math模块引用
import math
#math模块中函数的查看
print(help(math))
#math模块中函数的使用（求平方根）
print(math.sqrt(4))
```

通过上面的例子可以看出，模块的引用和使用非常简单，但要引入多个模块时应该如何处理呢？

```
#一次引入多个模块
import math,os,sys
#各模块中函数的使用
print(math.pi)
print(os.path)
print(sys.platform)
#分开引入多个模块
import math
import os
import sys
#调用函数
print(math.pi)
print(os.path)
print(sys.platform)
```

上面两种引入的方式得到的结果是一致的，但在 Python 程序编写中推荐使用后者，即分开引入多个模块。在包和库的使用中也推荐使用这种方式。

使用 import 的方式会在书写代码时出现如下小问题。

```
#使用Selenium中的Select下拉列表
import selenium.webdriver.support.ui
selenium.webdriver.support.ui.Select()
#遇到这种多级目录结构时，引入模块后需要写很长的包、模块名称，此时可以使用as关键字
import selenium.webdriver.support.ui as ui
ui.Select()
```

② from 模块名 import 函数。

```
#引入模块中的函数
from math import sqrt
print(sqrt(4))
```

这种方式的引入，可以在调用函数时直接使用函数，而不再需要写出模块名。

（2）常用模块

① 内置模块：内置模块是在 Python 程序安装时，一起安装在计算机硬盘中的。在 Python 中编程时，可以直接通过 import 关键字引入内置模块。常用的内置模块如下。

a. 时间模块。

```
#时间模块
import time
print(time.clock())                  #返回处理器时间 8.210490708187666e-07

print(time.process_time())           #返回处理器时间 0.09360059999999999

print(time.time())                   #返回当前系统时间戳 1529570636.2129023

print(time.ctime())                  #返回当前系统时间 Thu Jun 21 16:43:56 2018

print(time.ctime(time.time()))       #转换成字符串格式 Thu Jun 21 16:45:20 2018

print(time.gmtime(time.time()))
#将时间戳转换成struct_time格式 time.struct_time(tm_year=2018, tm_mon=6, tm_mday=21,
#tm_hour=8, tm_min=45, tm_sec=20, tm_wday=3, tm_yday=172, tm_isdst=0)

print(time.localtime(time.time()))
#将时间戳转换成struct_time格式,本地时间 time.struct_time(tm_year=2018, tm_mon=6,
#tm_mday=21, tm_hour=16, tm_min=45, tm_sec=20, tm_wday=3, tm_yday=172, tm_isdst=0)

print(time.mktime(time.localtime()))
#与time.localtime()功能相反，将struct_time格式转换成时间戳格式  1529570720.0

time.sleep(4)  #sleep 每隔4s运行一次

print(time.strftime("%Y-%m-%d %H:%M:%S",time.gmtime()) )
#将struct_time格式转换成指定的字符串格式  2018-06-21 08:45:24

print(time.strftime("%X",time.gmtime()))
#将struct_time格式转换成指定的字符串  08:47:39
```

b. 随机模块。

```
import random
print(random.random())    #产生0~1中的随机数
```

```
print(random.randint(1,10))          #产生指定的1~10中的随机整数

print(random.randrange(1,10))        #同randint()

print(random.choice([1,2,3,4]))      #从容器中随机取出一个元素
```
　　c. 系统操作模块。

```
import os
#获取当前工作目录(当前工作目录默认是当前文件所在的文件夹)
os.getcwd()

#获取指定文件夹中所有内容的名称列表
os.listdir(文件路径)

#获取文件或者文件夹的信息
os.stat()

#执行系统命令
os.system('cmd命令')

#退出终端的命令
os.exit()
```
　　d. 系统信息模块。

```
import sys
print(sys.argv)          #返回当前程序路径

print(sys.path)          #返回模块的搜索路径,初始化时使用PYTHONPATH环境变量的值

print(exit())            #退出程序,正常退出时使用exit(0)

print(sys.version)
#3.6.5 (v3.6.5:f59c0932b4, Mar 28 2018, 16:07:46) [MSC v.1900 32 bit (Intel)]

print(sys.maxsize)       #2147483647,即最大的int值

print(sys.platform)      #win32,即操作系统的类型
```
　　e. json 模块。

```
import json
#将字符串转换成Python识别的字符
li = "[1,2,3,4,5,6,7,8,9]"
dic = "{"A1":"123","B1":"123"}"
print(json.loads(li),type(json.loads(li)))       #列表类型
print(json.loads(dic),type(json.loads(dic)))     #字典类型

#将Python字符转换成其他语言识别的字符
li = [1,2,3,4,5,6,7,8,9]
dic = {"A1":"123","B1":"123"}
print(json.dumps(li),type(json.dumps(li)))       #转换成字符串
print(json.dumps(dic),type(json.dumps(dic)))     #转换成字符串
```
　　② 开源模块：通过安装的方式将开源模块添加到 Python 文件中后，模块会自动安装到 sys.path 的某个目录中，一般位于 lib 的 set-package 中。可以通过 pip list 的方式来查看开源模块。

2. Python 包

　　包是一个有层次的文件目录结构，它定义了由 n 个模块或 n 个子包组成的 Python 应用程序运行环境。

包是一个包含__init__.py 文件的目录，该目录中一定会有__init__.py 文件和其他模块或子包。

（1）包的引用

在 Python 中，包的引用和模块的引用是一样的，都可以使用 import 包名.模块名 或者 from 包名.模块名 import 类名的方式来实现。

```
#直接引入模块
import selenium.webdriver.support.ui
#直接引入包
from selenium.webdriver.support.ui import Select
#引入所有的包
from selenium.webdriver.support.ui import *
```

包的引用还可以使用其他方式，如下所示。

① 引入某一特定路径下的模块，使用 sys.path.append（路径）。

② 将一个路径加入到 Python 系统路径中，避免每次都通过代码指定路径。可利用系统环境变量 export PYTHONPATH=$PYTHONPATH:路径实现。

③ 在 Python 代码调用之前使用 if __name__ == '__main__'，保证写包既可以引入又可以独立运行。多次引入并不会多次执行模块，只有被调用的时候才执行一次。

（2）包的组织

为了组织好模块，将多个模块分为一个包。包是 Python 模块文件所在的目录，且该目录中必须存在 __init__.py 文件。常见的包结构如下。

```
A
├── __init__.py
├──a1.py
└──a2.py
B
├── __init__.py
├──b1.py
└──b2.py
main.py
```

如果 main.py 想要引用 A 中的模块 a1，则可以使用如下方式。

```
from A import a1
import A.a1
```

如果 A 中的 a1 需要引用 B，那么默认情况下，Python 是找不到 B 的。此时，可以在 A 的__init__.py 中添加 sys.path.append（路径），并在该包的所有模块中添加* import __init__。

2.2.6　面向对象

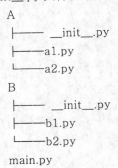

将数据与功能组合到一起，封装到对象中，这称为面向对象程序设计（Object Oriented Programming，OOP）。大多数时候可以使用过程性编程，但当编写大型程序或问题更倾向于以面向对象方式解决时，就可以使用 OOP 技术。类和对象是 OOP 的两个重要特征。类用于创建新的类型，而对象是类的实例。

V2-11　面向对象

1．类和对象

类（class）：用来描述具有相同属性和方法的对象的集合。它定义了该集合中每个对象所共有的属性和方法。

通俗地说，类就是一个对象的模板，其定义格式如下。

```
class className:              #通过class关键字来定义一个类
    <statement-1>             #类结构
```

```
    <statement-2>
    ...
    <statement-N>
```

类定义的示例代码如下。

```
class student:                      #定义一个学生类
    name = 'xiaoming'               #定义类变量
    age = 19
    sex = 'male'
    def meal(self):                 #定义方法：吃饭
        print('%s正在吃饭'%self.name)
    def study(self):                #定义方法：学习
        print('%s正在学习'%self.name)
    def sleep(self):                #定义方法：睡觉
        print('%s正在睡觉'%self.name)
```

2．属性和方法

（1）类属性

类变量在整个实例化的对象中是公用的。类变量定义在类中且在函数体之外。类变量通常不作为实例变量使用。类变量可以理解为静态变量，在类外面可以使用类名直接调用，如 student.name => 'xiaoming'。

（2）实例属性

定义在方法中的变量只作用于当前实例的类。和类变量不同，实例变量只有在类实例化后或实例化对象调用其方法后才会出现在内存中。修改上面的代码。

```
class student:                      #定义一个学生类
    def __init__(self):             #定义一个初始化方法，会在实例化对象的时候被调用
        self.name = 'xiaoming'      #定义实例变量
        self.age = 19
        self.__sex = 'male'         #定义一个私有变量
        self.meal()                 #在初始化方法中自动调用后面的方法
    def meal(self):                 #定义方法：吃饭
        print('%s正在吃饭'%self.name)
```

（3）私有属性

__private__attrs：以两个下划线开头，声明该属性为私有，不能在类的外部被使用或直接访问。例如，实例变量代码示例中的 self.__sex，私有属性出现在类中，只能在类的内部被调用，也就是说，在类的外部隐藏了该属性的实现。在类的外面，无论是对象还是类名都无法调用。

（4）方法

类中的方法有多种，如初始化方法、析构方法、私有方法和静态方法等。这里对其进行简单介绍。

① def __init__（self）：初始化方法，也有人称之为构造方法，其特点是在类实例化的时候会自动被调用，所以此方法中一般会出现实例变量和方法的调用。

② def __del__（self）：析构方法，其作用是通知垃圾回收机制摧毁对象回收系统资源，特点是当调用方法结束后会自动调用该方法。即使调用此方法，对象也不会立即被摧毁，而是等到引用计数器清零以后再摧毁。如果在清零过程中又有该对象的使用，则引用计数器被重置。

③ def __方法名（self）：私有方法，作用是隐藏类的内部方法实现，因为私有方法只能在类的内部被调用，离开类以后就会被隐藏，其示例代码如下。

```
class student:
    def __init__(self):
        self.name = 'xiaoming'
        self.age = 19
        self.sex = 'male'
```

```
        self.meal()               #在初始化方法中自动调用后面的方法
        self.__study()            #私有的方法只能在类的内部被调用
    def meal(self):               #定义方法：吃饭
        print('%s正在吃饭'%self.name)
    def __study(self):            #定义一个私有的学习方法
        print('%s正在学习'%self.name)
```

④ 静态方法：要在类中使用静态方法，需在类成员函数前面加上@staticmethod 标识符，以表示下面的成员函数是静态函数。使用静态方法的好处是，不需要实例化类即可使用静态方法。另外，多个实例对象共享此静态方法，其示例代码如下。

```
class student:
    def __init__(self):
        self.name = 'xiaoming'
        self.age = 19
        self.sex = 'male'
        self.meal()               #在初始化方法中自动调用后面的方法
        self.__study()            #私有的方法只能在类的内部被调用
    def meal(self):               #定义方法：吃饭
        print('%s正在吃饭'%self.name)
    def __study(self):            #定义一个私有的学习方法
        print('%s正在学习'%self.name)
    @staticmethod                 #静态方法的注解，告诉解释器这是一个静态方法
    def sleep():                  #静态方法参数列表中没有self关键字
        print('有人在睡觉')
```

（5）对象的使用

对象是类的实例，其本质是在实例化过程中自动调用初始化方法，而得到类的对象。实例化对象示例代码如下。

```
class student:
    def __init__(self):
        self.name = 'xiaoming'
        self.age = 19
        self.sex = 'male'
    def meal(self):               #定义方法：吃饭
        print('%s正在吃饭'%self.name)
    def __study(self):            #定义一个私有的学习方法
        print('%s正在学习'%self.name)
    @staticmethod                 #静态方法的注解，告诉解释器这是一个静态方法
    def sleep():                  #静态方法参数列表中没有self关键字
        print('有人在睡觉')
stu = student()                   #实例化类得到对象，将对象赋值给一个变量stu
stu.meal()                        #对象可以调用meal()方法
stu.__study()                     #对象无法调用类的私有方法
stu.sleep()                       #对象可以调用静态方法
```

其运行结果如图 2-33 所示。

```
"C:\Program Files\Python35-32\python3.exe" C:/Users/Administrat
Traceback (most recent call last):
  File "C:/Users/Administrator/PycharmProjects/t_20171011_27/Se
    stu.__study()         #对象无法调用类的私有方法
AttributeError: 'student' object has no attribute '__study'
xiaoming正在吃饭
有人在睡觉

Process finished with exit code 1
```

图 2-33　实例化对象示例代码运行结果

3. 面向对象的特性

（1）封装

封装（Encapsulation）又称隐藏实现（Hiding the Implementation），即只公开代码单元的对外接口，而隐藏其具体实现。

例如，手机的键盘、屏幕、听筒等就是其对外接口。使用者只需要知道如何按键就可以使用手机，而不需要了解手机内部的电路是如何工作的。封装机制就像手机一样只将对外接口暴露，而不需要用户去了解其内部实现。细心观察就会发现，现实中很多东西具有这样的特点。

（2）继承

在 Python 中，可以让一个类去继承一个类，被继承的类称为父类、超类或基类，继承的类称为子类。Python 支持多继承，能够让一个子类有多个父类。其继承语法如下。

```
class DerivedClassName(BaseClassName1):
    <statement-1>
    .
    .
    .
    <statement-N>
```

需要注意小括号中基类的顺序，若基类中有相同的方法名，而在子类使用时未指定，则 Python 会从左至右搜索，即方法在子类中未找到时，从左到右查找基类中是否包含方法。BaseClassName（示例中的基类名）必须与派生类定义在一个作用域中。除了类外，还可以使用表达式，当基类定义在另一个模块中时，这一点非常有用，如下所示。

```
class DerivedClassName(modname.BaseClassName):
```

以下是继承的示例代码。

```
class people:
    #定义初始化方法
    def __init__(self,n,a,w):
        self.name = n
        self.age = a
        self.weight = w
    #定义方法speak
    def speak(self):
        print('%s说：我%d岁。'%(self.name,self.age))
    #定义一个子类继承people类
class student(people):
    grade = 0
    def __init__(self,n,a,w,g):
        #调用父类的构造方法
        people.__init__(self,n,a,w)
        self.grade = g
    #重写父类方法
    def speak(self):
        print('%s说：我%d岁了，我在读%d年级'%(self.name,self.age,self.grade))
s = student('xiaoming',12,45,6)
s.speak()
```

第 1～9 行：定义了一个 people 类，并定义了其属性和方法。从第 3 行开始定义了初始化方法（也称构造方法），对类的属性进行初始化。从第 8 行开始定义了一个 speak 方法，输出了一些信息。

第 11～19 行：定义了一个新的类 student，并且继承于 people 类，新增了一个属性 grade，定义了一个子类的构造方法，并调用了父类中的构造方法进行部分属性的初始化。第 18 行重写了父类的方法 speak，即实例化 student 后调用 speak 时，调用的是子类中的 speak，而不是父类中的 speak。

第 20、21 行：先实例化了一个 student 对象 s，再调用 speak 方法。

其执行结果如图 2-34 所示。

```
"C:\Program Files\Python35-32\python3.ex
xiaoming说: 我12岁了，我在读6年级

Process finished with exit code 0
```

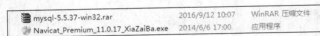

图 2-34　继承示例代码的执行结果

先尝试将子类中的 speak 方法注释掉，再查看运行结果，会发生什么变化？

（3）多态的实现

多态即多种形态。在运行时可以确定其状态，在编译阶段无法确定其类型，这就是多态。Python 中的多态和 Java 及 C++中的多态有一些不同，Python 中的变量是弱类型的，在定义时不用指明其类型，它会根据需要在运行时确定变量的类型（笔者认为这也是多态的一种体现），并且 Python 本身是一种解释型语言，不进行预编译，因此它只在运行时确定其状态，故也有人说 Python 是一种多态语言。

Python 中很多地方可以体现多态的特性，如内置函数 len(object)。len 函数不仅可以计算字符串的长度，还可以计算列表、元组等对象中数据的个数，这里在运行时通过参数类型确定其具体的计算过程，正是多态的一种体现。

V2-12　Python
连接 MySQL

2.2.7　Python 连接 MySQL

1. MySQL 和 Navicat 安装

（1）下载安装包

在网络中下载 MySQL 的安装包和 Navicat 数据库管理工具的安装包，如图 2-35 所示。

mysql-5.5.37-win32.rar	2016/9/12 10:07	WinRAR 压缩文件	32,115 KB
Navicat_Premium_11.0.17_XiaZaiBa.exe	2014/6/6 17:00	应用程序	28,698 KB

图 2-35　MySQL 的安装包和 Navicat 数据库管理工具的安装包

（2）安装 MySQL

安装过程这里不再叙述，安装过程中需要设置编码格式，应设置为 "UTF-8"。

（3）安装 Navicat

Navicat 是一套多连接数据库开发工具，可以在单一应用程序中同时连接多达 6 种数据库——MySQL、MariaDB、SQL Server、SQLite、Oracle 和 PostgreSQL，可一次快速方便地访问所有数据库。其安装非常简单，指定好安装路径后直接单击【安装】按钮即可，如图 2-36 所示。

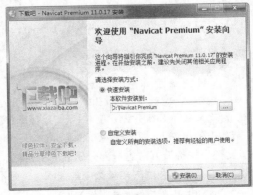

图 2-36　安装 Navicat

2. 通过 Navicat 连接 MySQL 数据库

启动 Navicat 程序，在工具栏中单击【连接】按钮，选择【MySQL】选项，会进入数据库连接配置界面，在这里输入已安装的 MySQL 的用户名和密码，即可通过这个连接对象访问数据库，如图 2-37 所示。

图 2-37　连接 MySQL 数据库

成功连接后，可以进入当前数据库管理界面，如图 2-38 所示。

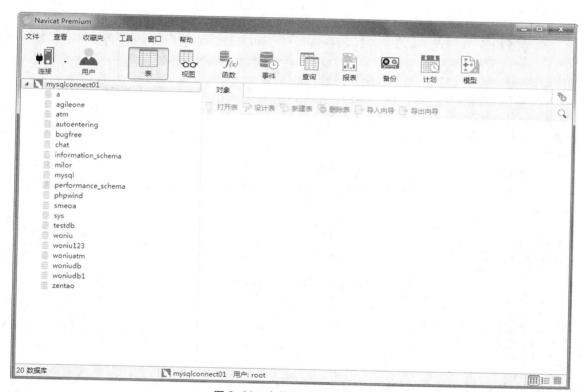

图 2-38　当前数据库管理界面

3. 通过代码连接并操作数据库

Python 连接 MySQL 时，需要先安装扩展包，在命令行窗口中输入 "pip install pymysql" 或者 "Python –m pip install pymysql" 命令，安装过程可自动实现，如图 2-39 所示。

```
Collecting pymysql
  Downloading PyMySQL-0.7.11-py2.py3-none-any.whl (78kB)
    100% |                                     | 81kB 100kB/s
Installing collected packages: pymysql
Successfully installed pymysql-0.7.11
```

图 2-39　安装 PyMySQL

安装完成后，在 PyCharm 中新建一个 Python 文件，注意，在创建 Python 文件的时候不要使用 PyMySQL，因为其和引入的模块同名，会出现找不到函数的问题。

```
import pymysql            #引入Python连接数据库模块
sql = 'CREATE DATABASE woniudb;USE woniudb;CREATE TABLE class(…)' #表创建省略
db = pymysql.connect('localhost','root','123456')        #建立一个数据库连接对象
cur = db.cursor()        #得到一个游标对象
cur.execute(sql)         #通过游标对象执行SQL语句
db.commit()              #通过连接对象提交事务
db.close()               #关闭连接
```

使用 PyMySQL 的 connect() 方法创建一个连接对象。connect() 方法的参数如下。

（1）主机地址：用户要连接的数据库地址，可以是本机，也可以是网络中的其他数据库，必填。

（2）用户名和密码：登录数据库的用户名和密码，必填。

（3）数据库：在 MySQL 中创建的 databasename。这里直接使用就可以不在代码中调用"use databasename"命令。

（4）字符编码：由于安装时没有设置编码格式，故在使用中文的时候会出现乱码的情况，此时，可以在 connect() 方法中加入 charset='utf8' 参数。当然，还需要在建表的时候在表的外面加上默认编码方式：ENGINE=InnoDB DEFAULT CHARSET=UTF8。

在上面的代码中出现了用连接对象调用 cursor() 的方法生成游标对象，什么是游标（Cursor）呢？

游标是处理数据的一种方法，为了查看或者处理结果集中的数据，游标提供了在结果集中一次一行或者多行前进或向后浏览数据的能力。可以把游标当作一个指针，它可以指定结果中的任何位置，并允许用户对指定位置的数据进行处理。

经过实际运行后，大家会发现上面的代码只能执行数据库的增加、删除、修改操作，如 INSERT、DELETE、UPDATE，但查询操作没有得到任何结果的返回。要解决这个问题，需要使用函数 fetchone()、fetchmany()、fetchall()。

```
import pymysql            #引入Python连接数据库模块
sql = 'SELECT * FROM class'
db = pymysql.connect('localhost','root','123456','woniudb')        #建立一个数据库连接对象
cur = db.cursor()        #得到一个游标对象
cur.execute(sql)         #通过游标对象执行SQL语句，返回执行结果
db.commit()              #通过连接对象提交事务
r = cur.fetchone()       #只获取1条查询结果
r1 = cur.fetchmany(3)    #获取3条查询结果
r2 = cur.fetchall()      #获取所有查询结果
db.close()               #关闭连接
print('r:',r,'r1:',r1,'r2:',r2)
```

通过上面的例子，可以很清楚地看到，3 种方式获取的内容是不同的，需要根据自己编码的实际需求来确定使用哪种方式。也可以将上面的操作封装在函数或者类中，再通过调用的方式来实现自己需要的操作。

```
import pymysql
class mysql_connect:
    def db_con(self, host='localhost',username = 'root',password = '123456',database = None)
```

```
        db = pymysql.connect(host,username,password,database,charset='utf8')
        return db
    def db_excute(sql,DB=None):
        db = db_connect(database=DB)
        cur = db.cursor()
        cur.execute(sql)
        db.commit()
        db.close()
    def db_select_all(sql):
        db = db_connect(database='ATM')
        cur = db.cursor()
        cur.execute(sql)
        db.commit()
        r = cur.fetchall()
        db.close()
        return r
    def db_select_one(sql):
        db = db_connect(database='ATM')
        cur = db.cursor()
        cur.execute(sql)
        db.commit()
        r = cur.fetchone()
        db.close()
        return r
```

　　从上面的例子可以发现，cursor()方法可以在不同的方法中多次被调用而生成不同的游标对象。每一次实例化的游标对象只能被使用一次，所以执行 SQL 语句时，需要实例化游标对象。但是，上面的代码明显冗余，可以进一步优化代码，将连接数据库和实例化游标对象放在一个方法中，使用该对象执行 SQL 语句时只需要调用这个方法就可以实现。修改后的代码如下。

```
import pymysql
class mysql_connect:
    def db_con(self, host='localhost',username = 'root',password = '123456',database = None)
        db = pymysql.connect(host,username,password,database,charset='utf8')
        cur = db.cursor()
        return db,cur
    def db_excute(sql,DB=None): #执行数据库增、删、改操作
        db,cur= db_connect(database=DB)
        cur.execute(sql)
        db.commit()
        db.close()
    def db_select_all(sql):     #查询全部信息
        db,cur = db_connect(database='ATM')
        cur.execute(sql)
        db.commit()
        r = cur.fetchall()
        db.close()
        return r
    def db_select_one(sql):     #查询单条信息
        db,cur = db_connect(database='ATM')
        cur.execute(sql)
        db.commit()
        r = cur.fetchone()
        db.close()
        return r
```

2.2.8 多线程

1. 多线程概念

V2-13 多线程

前面已经学习了很多程序的基础知识，但这些只是单线程的模式，整个程序只有一个主线程在运行，就好比吃饭的时候不能洗澡，开车的时候不能跑步一样，因为这些都是毫不相干的事情，没有办法同时完成。但是，很多时候需要多个事件一起运行，如玩 PC 游戏或 App 游戏时，游戏中会绘制游戏场景，还能播放背景音乐，一边要接收用户输入的命令，一边要控制 NPC 按照既定线路运行，这些都是同时运行的。这是怎么实现的呢？

试试自己能不能一只手画画，另一只手写字。左右手互搏术只有小说中的人物能够做到，因为人的大脑是单线程的，没有办法同时专注于多件事情。要同时完成前面所说的事情，可以找多个人来一起完成，而计算机要同时完成多个事情，也可以使用多个线程来完成。

多线程类似于同时运行多个不同程序，多线程运行有如下优点。

（1）可以把长时间运行的程序中的任务放到后台处理。

（2）用户界面更加吸引人，例如，当用户单击了一个按钮去触发某些事件的处理时，可以弹出一个进度条来显示其处理进度。

（3）程序的运行速度可能加快。

（4）在一些等待的任务实现上，如用户输入、文件读写和网络收发数据等，线程就比较有用了。在这种情况下，可以释放一些珍贵的资源，如占用的内存等。

线程在运行过程中与进程是有区别的。每个独立的线程都有程序运行的入口、顺序执行序列和程序的出口。但是线程不能够独立运行，必须依存在应用程序中，由应用程序提供多个线程执行控制。

2. 实例

Python 3 中处理线程的两个模块为_thread 和 threading。但实际上，_thread 是已废弃的模块，以了解为主；threading 才是推荐使用的模块，下面以 threading 为例进行介绍。

```python
import threading
import time

class MyThread (threading.Thread):
    def __init__(self, thread_id, name, delay):
        threading.Thread.__init__(self)
        self.threadID = thread_id
        self.name = name
        self.delay = delay

    # 重写run方法
    def run(self):
        print("开始线程: " + self.name)
        self.printTime(self.name, 5)
        print("退出线程: " + self.name)

    # 输出当前的时间
    def printTime(self, thread_name, counter):
        while counter:
            time.sleep(self.delay)
            print("%s: %s" % (thread_name, time.ctime(time.time())))
            counter -= 1

# 创建新线程
```

```
thread1 = MyThread(1, "Thread-1", 1)
thread2 = MyThread(2, "Thread-2", 2)

# 启动线程
thread1.start()
thread2.start()
```

下面对以上代码进行详细解释。

（1）导入 threading 和 time 模块。

（2）定义了类 MyThread，其继承于 threading.Thread。

（3）定义了构造方法，传入了 3 个参数：线程 ID、线程名、延迟时间。

（4）重写父类中的 run 方法，实现每个线程运行的操作，调用 printTime 方法输出时间。

（5）定义了 printTime 方法，用于输出当前时间。

（6）类外先分别实例化了两个 MyThread 对象，再分别启动两个线程。

从下面的运行结果可以看到，并不是线程 Thread-1 输出了 5 次时间后 Thread-2 才开始运行，而是两个线程分别输出信息，没有先后顺序，它们是同时运行的。这段代码可以多次运行，每次输出的顺序可能都不一样。

```
开始线程: Thread-1
开始线程: Thread-2
Thread-1: Sun Jun 24 02:26:05 2018
Thread-2: Sun Jun 24 02:26:06 2018
Thread-1: Sun Jun 24 02:26:06 2018
Thread-1: Sun Jun 24 02:26:07 2018
Thread-2: Sun Jun 24 02:26:08 2018
Thread-1: Sun Jun 24 02:26:08 2018
Thread-1: Sun Jun 24 02:26:09 2018
退出线程: Thread-1
Thread-2: Sun Jun 24 02:26:10 2018
Thread-2: Sun Jun 24 02:26:12 2018
Thread-2: Sun Jun 24 02:26:14 2018
退出线程: Thread-2
```

下面介绍使用 threading 模块的第二种方式，即实例化 threading 模块中的 Thread 类，并传入两个参数——target，线程运行的函数名；args，对运行函数传入的参数，以元组的形式存放。

```
import threading
import time

# 线程运行的函数
def printTime(name,daley):
    print("开始线程: " + name)
    for i in range(5):
        time.sleep(daley)
        print("%s: %s" % (name, time.ctime(time.time())))
    print("退出线程: " + name)

# 创建两个线程方法
t1 = threading.Thread(target = printTime, args = ('Thread-1',1))
t2 = threading.Thread(target = printTime, args = ('Thread-2',1))
t1.start()
t2.start()
```

运行结果如下，两个线程依然是同时运行的，没有先后顺序。

```
开始线程: Thread-1
开始线程: Thread-2
Thread-2: Sun Jun 24 02:52:22 2018
```

```
Thread-1: Sun Jun 24 02:52:22 2018
Thread-2: Sun Jun 24 02:52:23 2018
Thread-1: Sun Jun 24 02:52:23 2018
Thread-1: Sun Jun 24 02:52:24 2018
Thread-2: Sun Jun 24 02:52:24 2018
Thread-2: Sun Jun 24 02:52:25 2018
Thread-1: Sun Jun 24 02:52:25 2018
Thread-2: Sun Jun 24 02:52:26 2018
退出线程: Thread-2
Thread-1: Sun Jun 24 02:52:26 2018
退出线程: Thread-1
```

第3章
基于图像识别的自动化测试

本章导读

■用户界面（User Interface，UI）自动化是指基于用户界面的自动化测试，其主要工作是对 UI 层的功能进行测试。从测试脚本开发的层次来说，UI 测试是比较容易上手的，但其中的定位和验证却是技术上的难点，更不用说框架的设计了。所以会有这种说法：UI 自动化，听起来神秘，学起来简单，实践起来困难。

UI 自动化有 3 种实现方式：基于图像识别，基于页面元素，基于元素坐标。

本章将介绍一些基于图像识别的工具，并介绍如何通过 Python 代码来实现图像识别。

学习目标

（1）理解SikuliX自动化工具的工作原理。

（2）熟练使用SikuliX工具完成对蜗牛进销存系统的练习操作。

（3）熟悉Python的图像识别原理及代码实现。

（4）熟练使用Python完成随机UI测试。

V3-1　SikuliX 的
使用

3.1　SikuliX 基础应用

　　Sikuli 由麻省理工学院开发，它的工作模式与人眼一样，直接识别图像。在墨西哥惠乔尔人（Huichol）的语言中，Sikuli 是上帝之眼的意思。Sikuli 是基于 Jython 的，因此 Sikuli 脚本中使用的语言是 Python，Sikuli 的技术架构如图 3-1 所示。

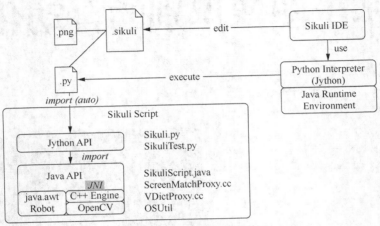

图 3-1　Sikuli 的技术架构

　　Sikuli IDE 和 Sikuli Script 就是现在的 SikuliX，本书使用的版本是 SikuliX 1.1.1，其兼容 Sikuli Java API，支持 Python 和 Ruby。SikuliX 通过定位图像和键盘鼠标来操作 GUI（图形化用户界面），能很好地实现 Flash 和桌面类应用的自动化，目前暂不支持移动端的使用。

　　与其他的 UI 自动化工具相比，SikuliX 的优势在于，它是基于图片的颜色和形状来识别定位的，所以即使页面中的元素没有 ID、Name 等常规属性，也可以通过图像识别进行 UI 的交互操作。

3.1.1　SikuliX 下载和安装

1. SikuliX 下载

下载 SikuliX，如图 3-2 所示。

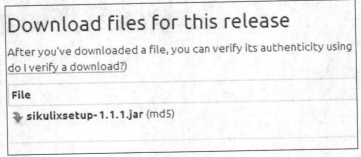

图 3-2　SikuliX 下载

2. SikuliX 安装

在计算机中新建文件夹，如 D:\\SikuliX，将下载好的 sikulisetup-1.1.1.jar 放到该文件夹中，双击运行该文件。如果不能运行 JAR 文件，则可以在命令行窗口中输入 "java-jar SikuliXsetup-1.1.1.jar" 命令，进入软件安装界面，如图 3-3 所示。注意，在安装过程中，需要用户确定安装的工具，这里请按图 3-3 进行设置，如有需要可选取 Tesseract。

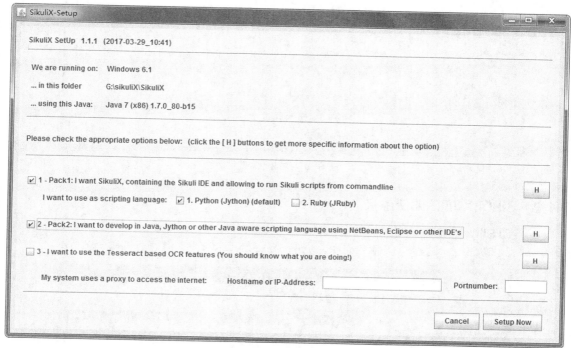

图 3-3　软件安装界面

单击【Setup Now】按钮，打开提示对话框，单击【Yes】按钮即可，如图 3-4 所示。安装完成后，会有提示信息，如图 3-5 所示。

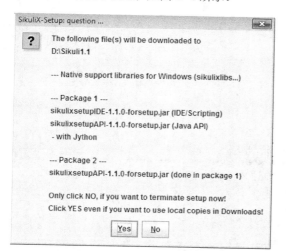

图 3-4　提示对话框

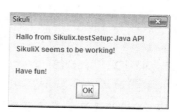

图 3-5　提示信息

安装完成后会在文件所在的文件夹中生成 runsikulix.cmd、sikulix.jar、sikulixapi.jar、SikuliX-1.1.1-SetupLog.txt、sikulixsetup-1.1.1.jar 文件，如图 3-6 所示。

图 3-6　生成的文件

3.1.2　SikuliX IDE 的使用

1. 启动 SikuliX IDE

双击 runsikulix.cmd 文件，初始化完成后，进入 SikuliX IDE 的工作界面，如图 3-7 所示。

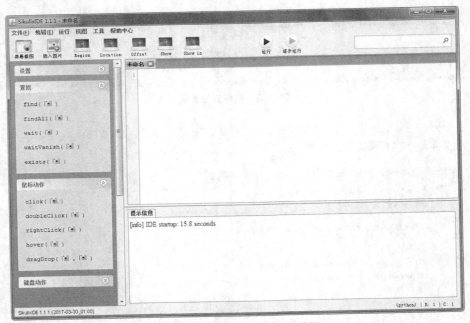

图 3-7　SikuliX IDE 的工作界面

2. SikuliX IDE 功能介绍

SikuliX IDE 提供了很多实用功能，其工具栏如图 3-8 所示。

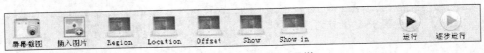

图 3-8　SikuliX IDE 工具栏

（1）屏幕截图（Take screenshot）：单击该按钮，进入屏幕截图状态，拖曳辅助线选中需要截取的界面元素，释放鼠标左键的同时，自动将该截图插入到编辑区中光标的当前位置。按 Ctrl+Shift+2 组合键也可激活截图状态，以完成对弹出菜单、下拉列表等控件的实时截图。该组合键亦可通过主菜单 File>Preferences 进行自定义。

（2）插入图片（Insert image）：除直接截图外，用户也可通过单击该按钮导入已有的 PNG 格式的图片文件。

（3）指定查找区域（Region）：给定一个查找范围。在使用的时候，SikuliX IDE 会在指定区域中查找图片。

（4）指定查找区域坐标（Location）：给定一个查找的坐标偏移量，即距屏幕左上角的 x、y 方向的坐标偏移范围。

（5）显示截图在应用程序中的位置（Show）：将光标移动到需要查看的截图后面，单击该按钮，将会在应用程序上显示截图的位置，以红色的边框展示。

（6）在一定的区域内显示截图在程序中的位置（Show in）：将光标移动到截图后面，单击该按钮，会进入选择区域界面（灰色），按住鼠标左键不放，拖动查找的范围后，即可在框起来的区域中显示截图的位置，也以红色的边框展示。

（7）坐标限定（Offset）：使用 Offset 功能，SikuliX 会调用 asoffset()函数返回一个限定区域的坐标偏移量。

（8）运行（Run）：单击该按钮，执行当前脚本。

（9）逐步运行（Run in slow motion）：单击该按钮，以较慢的速度执行当前脚本，以红色圆形外框显式标识每一次图像查找定位动作，便于程序调试中进行焦点追踪。

3. SikuliX IDE 常用函数的使用

SikuliX IDE 中列出了在界面自动化中常用到的函数，如图 3-9 所示。

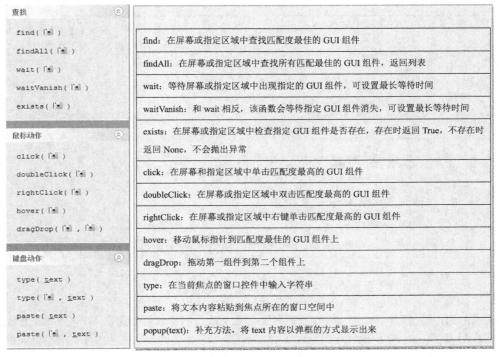

图 3-9　SikuliX IDE 常用的函数

4．利用 SikuliX IDE 脚本实现 C/S 架构和 B/S 架构的自动化

这里以 QQ 音乐的自动播放和百度搜索自动化为例进行介绍。

（1）实现 QQ 音乐播放器自动播放音乐（C/S 架构，其特点是在客户端以安装客户端的方式实现）。

通过 SikuliX IDE 来实现整个操作时，首先需要编写自动化脚本，前面已经提到了很多便捷的方法，这里可以尝试使用一下，如图 3-10 所示。

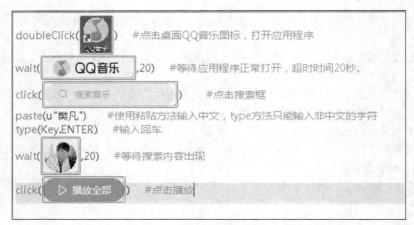

图 3-10　实现 QQ 音乐播放器自动播放音乐

（2）实现百度搜索（B/S 架构，即常用的浏览器和服务器交互的结构，在客户端是以浏览器来访问并操作的）。

和打开 QQ 音乐一样，只是这个过程变成了打开浏览器，输入的是网址，如图 3-11 所示。

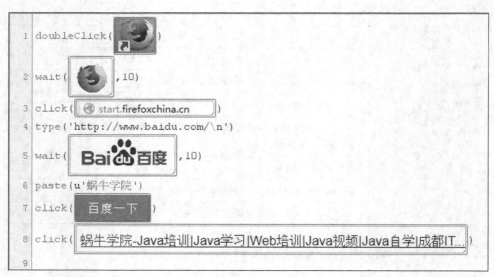

图 3-11　实现百度搜索

从上面的两个例子可以看出，SikuliX IDE 功能很强大。它不仅可以操作 Web 页面，还可以操作系统中的应用程序（如 QQ）。大家可以尝试使用 SikuliX 操作自己的 QQ 空间或其他自己感兴趣的应用软件。

3.2　利用 SikuliX 测试进销存系统

前面实现的 QQ 音乐的自动播放和百度搜索都只是实现自动化运行，现在需要准备一个待测试的系统，专门用于整个自动化测试技术的实施。这里准备使用的是一个商品进出库管理系统——蜗牛进销存系统，如图 3-12 所示。

图 3-12　蜗牛进销存系统

蜗牛进销存系统将在后面的自动化学习中使用，所以需要在自己的计算机中部署该系统。蜗牛进销存系统是部署在 Apache 的 Tomcat 上的。

3.2.1　在 MySQL 中配置蜗牛进销存系统数据库

MySQL 数据库和 Navicat 安装完成后，将蜗牛进销存系统数据库文件导入并运行该数据库。过程为 Navicat→localhost_3306→查询→新建查询→载入→运行，如图 3-13 所示。

图 3-13　导入并运行蜗牛进销存系统数据库

执行成功后，蜗牛进销存系统数据库结构如图 3-14 所示。

图 3-14　蜗牛进销存系统数据库结构

3.2.2　Tomcat 的下载和安装

Tomcat 是 Apache 软件基金会（Apache Software Foundation）的 Jakarta 项目中的一个核心项目，由 Apache、Sun 和其他公司及个人共同开发而成。Tomcat 服务器是一个免费的开放源代码的 Web 应用服务器，是开发和调试 JSP 程序的首选。

1. 下载及安装

进入 Tomcat 的官方网站，如图 3-15 所示。选择 Tomcat 版本（建议使用 Tomcat 8），下载列表中提供了两种安装方式的文件。

从图 3-16 中可以看到，Tomcat 的安装包有两种，一种是普通安装版本，另一种是解压安装版本。它们使用起来是一样的，只是普通安装版本中有一些界面可提供对 Tomcat 的快捷设置，且普通安装版本会将 Tomcat 作为系统服务进行注册。

2. Tomcat 文件夹

安装完成后会在指定路径中看到 Tomcat 的文件夹，如图 3-17 所示。

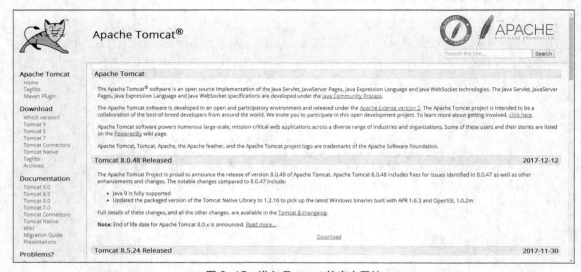

图 3-15　进入 Tomcat 的官方网站

| apache-tomcat-8.5.24.exe | 2018/1/11 9:44 | 应用程序 | 9,584 KB |
| apache-tomcat-8.5.24-windows-x86.zip | 2018/1/11 9:43 | WinRAR ZIP 压缩... | 10,535 KB |

图 3-16　Tomcat 的安装包

名称	修改日期	类型	大小
apache-tomcat-8.5.24	2017/11/27 13:33	文件夹	

图 3-17　Tomcat 的文件夹

Tomcat 文件结构如图 3-18 所示。

名称	修改日期	类型	大小
bin	2017/11/27 13:31	文件夹	
conf	2017/11/27 13:31	文件夹	
lib	2017/11/27 13:31	文件夹	
logs	2017/11/27 13:30	文件夹	
temp	2017/11/27 13:31	文件夹	
webapps	2017/11/27 13:31	文件夹	
work	2017/11/27 13:30	文件夹	
LICENSE	2017/11/27 13:31	文件	57 KB
NOTICE	2017/11/27 13:31	文件	2 KB
RELEASE-NOTES	2017/11/27 13:31	文件	8 KB
RUNNING.txt	2017/11/27 13:31	文本文档	17 KB

图 3-18　Tomcat 文件结构

（1）bin：用于存放一些启动运行 Tomcat 的可执行程序和相关内容。

（2）conf：用于存放 Tomcat 服务器的全局配置。

（3）lib：用于存放 Tomcat 运行或者站点运行所需的 JAR 包，Tomcat 上的所有站点共享这些 JAR 包。

（4）webapps：默认的站点根目录，可以更改。

（5）work：用于存放服务器运行时的资源，简单来说，就是存储 JSP、Servlet 翻译、编译后的结果。

其他文件主要用于日志和授权管理，这里不再介绍。

 蜗牛进销存系统的解压包直接放在 webapps 文件夹中即可。

3．Tomcat 的启动和使用

启动 Tomcat 需要找到 bin 文件夹中的 startup.bat 文件，单击此文件即可，如图 3-19 所示。如果要关闭 Tomcat，则需要运行图 3-19 中的 shutdown.bat 文件。

shutdown.bat	2017/11/27 13:31	Windows 批处理...	2 KB	
shutdown.sh	2017/11/27 13:31	SH 文件	2 KB	
startup.bat	2017/11/27 13:31	Windows 批处理...	2 KB	
startup.sh	2017/11/27 13:31	SH 文件	2 KB	
tcnative-1.dll	2017/11/27 13:31	应用程序扩展	1,268 KB	

图 3-19　启动 Tomcat

在启动过程中，有可能会出现一些异常情况，需检查自己的环境变量是否配置了 JAVA_HOME，蜗牛进销存系统建议使用 JDK8。JAVA_HOME 配置如图 3-20 所示。

图 3-20　JAVA_HOME 配置

4. 蜗牛进销存系统的访问

正常启动 Tomcat 后，如果没有在命令中看见 error，即可在浏览器上通过输入 http://localhost:8080/WoniuSales/访问蜗牛进销存系统，如图 3-21 所示。

图 3-21　访问蜗牛进销存系统

首次访问需要用户名、密码及验证码，这些信息可以在数据库的 user 表中得到，如图 3-22 所示。

userid	username	password	realname	pho
2	boss	boss123	老板	177
3	zhangsan	zs123	张三	186
4	lisi	ls123	李四	138
5	wangwu	ww123	王五	186
▶ 1	admin	admin123	管理员	186

图 3-22　用户名、密码及验证码

3.2.3　基于 SikuliX 的蜗牛进销存系统的测试

目前，SikuliX 的基本配置和操作大家已经熟悉了，前面也已经学习了 SikuliX IDE 的基本用法，现在可以用它来完成一个小测试了。

在蜗牛进销存系统中，对"会员管理"模块进行测试。先看看该模块中有什么。其中包含手机号码、会员昵称、小孩性别、出生日期、母婴积分和童装积分。从按键上可以看出，此模块功能不多，具有新增、修改和查询功能。在页面中还有一条提示信息："注意：查询功能只支持通过手机查询，修改功能不能修改积分，可以修改其他基本信息。"，如图 3-23 所示。

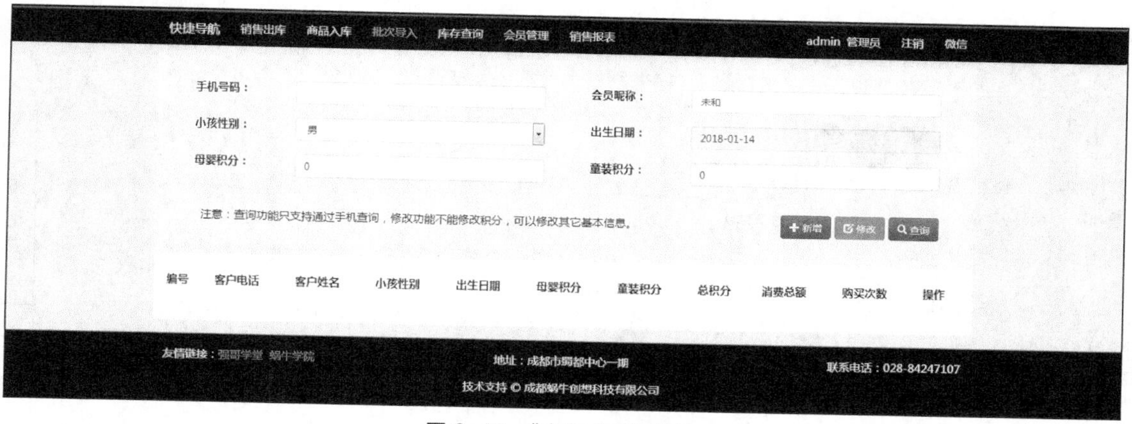

图 3-23 "会员管理"模块

3.2.4 使用 SikuliX IDE 进行测试

前面已经使用 SikuliX IDE 完成了界面自动化功能的实现。作为测试,自动化脚本的实现只是工作的一部分,下面来讲解具体的测试实例。

1. 查询功能只支持通过手机查询

在会员信息中任选一条,分别用手机号码、会员昵称等条件进行查询,如图 3-24 所示。查看实际结果是否和预期相同。

调用 SikuliX 中提供的函数,对系统进行测试,如图 3-25 所示。

在成功登录后,通过手机号码和昵称来进行测试。

使用手机号码测试时,如果输入手机号码后查询出了对应的会员信息并且只有当前会员的信息,那么测试成功;如果查询出了其他会员信息,那么测试失败。

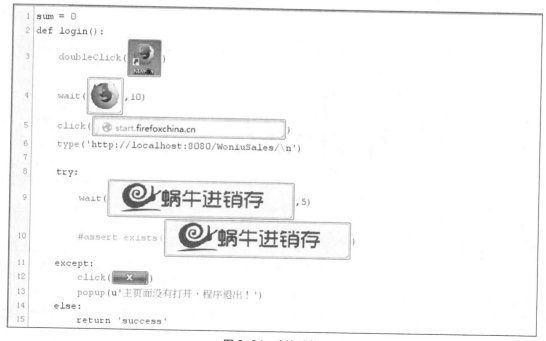

图 3-24 查询功能

```
16  def casmanage_search(phone=None,name=None,sex='男',s1=None,s2=None):
17      global sum
18      click(  会员管理  )
19      if phone != None:
20          doubleClick(手机号码:                              )
21          type(phone)
22      if name != None:
23          doubleClick(会员昵称:    未和                     )
24          paste(name)
25      if sex != '男':
26          click(  男                              ▼ )
27          find( 女 )
28
29          click( 女 )
30      if s1 != None:
31          click(母婴积分:        0                )
32          type(s1)
33      if s2 != None:
34          click(童装积分:        0                )
35          type(s2)
36      click(  Q 查询  )
37      if exists(  ):
```

```
38          while 1:
39                                    .doubleClick(▣)
40              if exists( 联系电话：028-84247107 ):
41                  break
42          li = findAll(次        修改        )
43          for i in li:
44              i.hover(i)
45              sum = sum+1
46      return sum
```

图 3-24　查询功能（续）

使用昵称测试时，如果输入会员昵称，查询后出现多条会员信息（这里要保证会员昵称没有重复），那么测试成功；如果查询结果只有当前会员信息，那么说明该系统能够通过会员昵称进行查询，测试失败。

查询功能测试结果如图 3-26 所示。

```
47  l = login()
48  if l == 'success':
49      s = casmanage_search('18781163070')
50      if s == 1:
51          print('test1 success!')
52      s1 = casmanage_search(name = u'海峰')
53      if s1 == 1:
54          print('test2 failed!')
55      else:
56          print('test2 success!')
```

图 3-25　对系统进行测试

```
提示信息
[log] DOUBLE CLICK on L(267,38)@S(0)[0,0 1600x900] (611 msec)

[log] CLICK on L(161,71)@S(0)[0,0 1600x900] (522 msec)
[log] TYPE "http://localhost:8080/WoniuSales/#ENTER."
[log] CLICK on L(732,204)@S(0)[0,0 1600x900] (523 msec)
[log] DOUBLE CLICK on L(527,294)@S(0)[0,0 1600x900] (557 msec)
[log] TYPE "18781163070"
[log] CLICK on L(1301,477)@S(0)[0,0 1600x900] (537 msec)
test1 success!
[log] CLICK on L(740,204)@S(0)[0,0 1600x900] (537 msec)
[log] DOUBLE CLICK on L(1105,296)@S(0)[0,0 1600x900] (557 msec)
[log] CLICK on L(1301,477)@S(0)[0,0 1600x900] (523 msec)
[log] DOUBLE CLICK on L(1593,850)@S(0)[0,0 1600x900] (579 msec)
[log] DOUBLE CLICK on L(1593,850)@S(0)[0,0 1600x900] (571 msec)
[log] DOUBLE CLICK on L(1593,850)@S(0)[0,0 1600x900] (553 msec)
[log] DOUBLE CLICK on L(1593,850)@S(0)[0,0 1600x900] (730 msec)
[log] DOUBLE CLICK on L(1593,850)@S(0)[0,0 1600x900] (548 msec)
[log] DOUBLE CLICK on L(1593,850)@S(0)[0,0 1600x900] (567 msec)
test2 success!
```

图 3-26　查询功能测试结果

2．修改功能不能修改积分，可以修改其他基本信息

任意选中一条会员信息，修改其会员积分，保存后查看是否可以修改，如图 3-27 所示。如果能修改，则说明有 Bug，如果不能修改，则说明程序无问题。

图 3-27　修改会员积分

```
15  def change(phone,s1=None,s2=None):
16      click( 会员管理 )
17      doubleClick( 手机号码:                    )
18      type(phone)
19      click( Q 查询 )
20                    .click( 修改 )
21      if s1 != None:
22          doubleClick( 母婴积分:      0           )
23          type(s1)
24      if s2 != None:
25          doubleClick( 童装积分:      0           )
26          type(s2)
27      click( ✎ 修改 )
28      find(              )
29      click(   OK   )
30      click( Q 查询 )
```

```
31      if exists( 母婴积分:      9999           ):
32          return 'f'
33      elif exists( 童装积分:      8888           ):
34          return 'f'
35      else:
36          return 's'
37  l = login()
38  if l == 'success':
39      r = change('18781163070','9999','8888')
40      if r == 'f':
41          print('test failed!')
42      else:
43          print('test success!')
```

图 3-27 修改会员积分（续）

通过修改后的查询，检查是否出现了用户积分被修改的情况，如果出现了这种情况，则和预期不符。修改会员积分测试结果如图 3-28 所示。

```
[log] TYPE 8888
[log] CLICK on L(1223,479)@S(0)[0,0 1600x900] (522 msec)
[log] CLICK on L(973,387)@S(0)[0,0 1600x900] (529 msec)
[log] CLICK on L(1299,478)@S(0)[0,0 1600x900] (521 msec)
test failed
```

图 3-28 修改会员积分测试结果

3.2.5 通过 Python 代码来实现 SikuliX 的调用

UI 自动化实现有 3 种：基于坐标，基于图像，基于元素。本章介绍的自动化工具 SikuliX 不仅是一个 IDE 的工具，还提供了 SikuliX.jar 的 Java 包供 Java 程序调用，能够以 Java 代码的方式来实现自动化。

Python 语言之所以被称为"胶水语言"，是因为它可以直接调用其他编程语言。当想要通过 Python 来调用 SikuliX.jar 时，可以通过第三方包 JPype 执行 Java 代码的方式来实现。

V3-2　Python 调用
SikuliX 的 JAR 包

1. 在 Python 中安装 JPype1 扩展包

在命令提示符中执行"pip install jpype1"或者"python3 –m pip install jpype1"命令，安装 JPype1 扩展包，由于使用的是 Python 3.x 版本，所以没有使用 JPype 包，而使用了 JPype1 包，如图 3-29 所示。

```
C:\Users\Administrator>python3 -m pip install jpype1
Collecting jpype1
  Using cached JPype1-0.6.2.tar.gz
Installing collected packages: jpype1
  Running setup.py install for jpype1 ... done
Successfully installed jpype1-0.6.2
```

图 3-29　安装 JPype1 扩展包

当本机上没有 jpype-0.6.2 包时，系统会自动在网络中搜索镜像文件并进行安装，在安装过程中会出现一些错误，如图 3-30 所示。

```
    building '_jpype' extension
    error: Unable to find vcvarsall.bat

    ----------------------------------------
Command "c:\users\xyb-c308\appdata\local\programs\python\python35\python.exe -u
-c "import setuptools, tokenize;__file__='C:\\Users\\xyb-C308\\AppData\\Local\\T
emp\\pip-build-cnhdb_jq\\jpype1\\setup.py';f=getattr(tokenize, 'open', open)(__f
ile__);code=f.read().replace('\r\n', '\n');f.close();exec(compile(code, __file__
, 'exec'))" install --record C:\Users\xyb-C308\AppData\Local\Temp\pip-h1e28641-r
ecord\install-record.txt --single-version-externally-managed --compile" failed w
ith error code 1 in C:\Users\xyb-C308\AppData\Local\Temp\pip-build-cnhdb_jq\jpyp
e1\
```

图 3-30　安装过程中出现的一些错误

如果出现上面的问题，则说明需要在系统中安装 Visual C++ Build Tools 2015。

2. 编写 Python 调用 SikuliX 的代码

（1）安装好 JPype1 包后，即可编写 Python 调用 Java 的代码，查看调用能否成功。

```
import jpype        #引入JPype模块

jvmPath = jpype.getDefaultJVMPath()        #指定JVM的默认路径
jpype.startJVM(jvmPath)        #通过JPype启动JVM
jpype.java.lang.System.out.println( 'hello world! ')        #通过JPype执行Java代码
jpype.shutdownJVM()        #关闭JVM
```

当环境没有问题，能够正常调用 JVM 时，上述代码在 Python 中的运行结果如图 3-31 所示。

（2）由于需要通过 Java 来调用 SikuliX.jar 的 Java 包，需要注意自己计算机上 Java 的版本，SikuliX 1.1.1 是支持 JDK8 的，因此可以在 Java 官网下载 JDK8。

```
    "C:\Program Files\Python35-32\python3.exe" C:/Users/Admini
    hello world!
    JVM activity report       :
        classes loaded       : 31
    JVM has been shutdown
    Picked up JAVA_TOOL_OPTIONS: -agentlib:jvmhook
    Picked up _JAVA_OPTIONS: -Xrunjvmhook -Xbootclasspath/a:C:

    Process finished with exit code 0
```

图 3-31　代码在 Python 中的运行结果

　　① 配置 Java 环境变量：右键单击计算机，进行属性>高级系统设置>环境变量操作。建议设置系统变量，一般 Path 变量是存在的。

　　② 新建系统变量 JAVA_HOME。

　　变量名：JAVA_HOME。

　　变量值：C:\ProgramFiles\Java\jdk1.8.0（此处是 JDK 安装目录，建议使用默认的 C 盘即可）。

　　③ 新建系统变量 CLASSPATH。

　　变量名：CLASSPATH。

　　变量值：.;%JAVA_HOME%\lib\dt.jar;%JAVA_HOME%\lib\tools.jar。

　　④ 添加 Path 变量内容。

　　这个变量一般在系统中已经存在，所以需要对其进行编辑，在最后加上如下变量值。

　　变量值：.;%JAVA_HOME%\bin;%JAVA_HOME%\jre\bin。

　　添加完成之后，确认保存设置。

　　（3）通过 Python 调用 SikuliX.jar 来操作蜗牛进销存系统。

　　想要用 Python 调用 JAR 的 Java 包，不仅需要通过 JPype 模块，还需要明确引入 SikuliX.jar 的扩展包。前面直接调用 Java 的代码明显不能满足要求，缺乏引入指定 JAR 包的方法。在 startJVM()函数中，不仅有指定 JVM 路径的参数，还有 args 参数，可以将指定的扩展包交给 JVM 编译，在代码中就可以加入 SikuliX.jar 的包，其作用相当于在 Java 代码中 import SikuliX。既然可以引入 JAR 包，执行 SikuliX 操作就可以用两种方式来实现。第一种：在 Java 中直接调用 SikuliX.jar，将 SikuliX 的操作代码打包成 JAR 文件，在 Python 中调用。第二种：在 Python 中通过 JPype 引入 SikuliX.jar，在后面直接调用 Java 代码并使用 SikuliX 来操作页面。这里只演示后者。

```python
import jpype       #引入JPype模块来执行Java代码
import os,time

jvmpath = jpype.getDefaultJVMPath()         #指定Java的JVM路径
jarpath = os.path.join(os.path.abspath('.'), 'G:/SikuliX/SikuliX/SikuliX/')
#指定JAR包路径
if not jpype.isJVMStarted():        #判断JVM是否启动
        jpype.startJVM(jvmpath,'-Djava.class.path=%s'%(jarpath+'SikuliX.jar'))
system = jpype.java.lang.System      #为System调用定义一个变量，方便后面使用
javaclass = jpype.JClass('org.Sikuli.script.Screen')     #引入SikuliX中的Screen类
s = javaclass()        #实例化Screen类得到对象
s.doubleClick('D:/Sikulitest/1515658316113.png')        #通过Screen对象进行操作
time.sleep(10)          #SikuliX包中没有Sikuli-script包中的wait()函数，以线程休眠代替
s.click('D:/Sikulitest/1515660994865.png')
s.type('http://localhost:8080/WoniuSales/\n')
time.sleep(2)
s.click('D:/Sikulitest/1515738489187.png')
time.sleep(2)
```

```
s.click('D:/Sikulitest/1515738607167.png')
s.type('18781163070')
s.click('D:/Sikulitest/1515739177258.png')
jpype.shutdownJVM()              #关闭JVM
```

这里只是实现了 Python 代码的 JAR 包调用，省略了具体用于测试的验证点插入，只是在使用的时候需要注意一些 IDE 中的方法代码中可能没有，如 wait()，可以使用 time 的 sleep() 函数来解决。如果想要得到与 wait() 方法相同的效果，即在一个超时时间范围内一直等待，就需要自己封装一个方法来实现。

```
def wait_element(n,img):                #n是自定义超时时间，数据类型为int，img是要等待的元素
    if type(n) == int:
        for i in range(n):
            if exists(img):             #如果存在该图片，则等待结束
                break
            else:
                time.sleep(1)           #如果不存在，则1s后再查找
        else:
            return False                #超时后，直接返回元素找不到等信息
    else:
        print('超时时间类型错误,请输入整型')
    return   True
```

这样，在需要的时候调用该方法，一样可以在一个自定义的超时时间范围内等待目标元素出现。

3.2.6　SikuliX 使用的总结

SikuliX 对界面元素识别的容错能力实现了标准的断言，通过对比两张图像是否一致来决定测试结果的正确性等。所以，在相对稳定的项目中，已经可以较好地使用 SikuliX 来完成自动化测试了。

SikuliX 是一款 UI 自动化工具，其基于图像识别，对于使用者来说，SikuliX 上手快、使用简单、操作容易。但是，无论是使用 IDE 直接调用 JyPython，还是通过代码调用 JAR 包来实现自动化，SikuliX 都有一些局限性。SikuliX 只提供了一个 exists() 函数来匹配结果，当使用者想通过界面上元素的内容来进行验证的时候，会发现没有相对应的方法。因为 exists() 方法只能通过图片来进行判断。

此外，由于并不是所有的界面元素都是标准的，因此，从稳定性上来说，SikuliX 也存在问题，如界面元素风格的变化或者大小的变化，或者多个元素的图像非常类似等，都会导致 SikuliX 无法正确识别。所以，仍然有必要继续探寻更加稳定的自动化测试实施方案。对这款工具的使用总结如下。

1. 优点

（1）SikuliX 小巧、便捷、容易上手。

（2）SikuliX 脚本可以不经过 API 的编译器直接自动化搜索到任何能在屏幕上看到的东西。

（3）SikuliX 对各种程序都适用，其在 B/S 和 C/S 结构中使用方法相同。

（4）SikuliX 不存在标准控件和非标准控件的问题，它是通过图片来查找内容的。

（5）SikuliX 相对位置概念较小，要求不高（但是对象本身尺寸有影响）。

（6）SikuliX 可一次编码，多次运行（基于 Java），Python 和 Java 的支持使得它比较容易以编程的方式扩展。

2. 缺点

（1）图片的分辨率、色彩、尺寸、唯一性对 SikuliX 有影响（如果有两张相同的图片，则无法区分具体使用哪一张）。

（2）SikuliX 本身还不完善（处于开发、升级阶段），还有很多程序 Bug，能否继续发展还是未知数。

（3）SikuliX 只认识当前活动的图标（只有当前界面中有图标才可以），如果有遮挡就会发生找不到元素的异常。

（4）SikuliX 提供了用例组织，但是目前还有 Bug 存在。

（5）其脚本基于截图，存储占用空间较大。

（6）其目前还不适合设计成一种测试框架。

（7）在生成测试报告时，直接用 message 会比较弱。

在进行自动化测试时，一般不会单独使用这种基于图像识别的工具来进行测试。但是这种工具是可以和其他工具组合使用的。掌握这种图像识别的技术后，可以将它作为目前主流技术的一个补充来使用。

3.3　利用 Python 开发图像识别测试框架

严格意义上来说，图像识别是一个非常高深的技术领域，涉及计算机视觉、人工智能、各种数学模型和算法等，是一个跨越多个领域的组合学科。但是，本书存在的价值并非要为大家传授这些高深的内容，而是帮助大家既能够更好地理解自动化测试技术的实现原理，又能够学以致用，在关键时刻，利用原生代码实现更强大的自动化功能。

另外，当无法通过一些特征和属性来精确定位到需要操作的界面元素时，SikuliX 能够提供一种根本上的自动化测试解决方案，因为它不需要关注界面是什么类型的、在哪种操作系统中运行，是一种通用的解决方案。但是利用 Python 来调用 SikuliX 是比较麻烦的，因为 SikuliX 目前并没有提供专门的 Python 接口，用户只能使用 JPype 进行跨语言调用。其不仅调用不方便，代码也不符合 Python 的风格，所以本节将带领大家学习基于图像识别的基本原理和算法，利用原生的 Python 代码来实现一个类似于 SikuliX 功能的自动化测试框架。

3.3.1　图像识别的基本思路

V3-3　图像识别之
模板匹配算法

无论何种图像识别技术，其本质都是对图像轮廓的描述、变形后的容错、像素信息的匹配处理等。下面主要研究如何在一个大的界面中，查找一个匹配该界面中某个小区域的特定元素，并定位到该元素上，从而进行相对应的操作，进而达到测试的目的。在利用图像识别原理进行自动化测试开发的过程中，以下 3 个概念需要理解。

1. 模板匹配

事实上，利用图像识别技术来进行自动化测试的过程与对一个系统进行手工测试的过程几乎是一致的，大都会经历如下步骤。

（1）通过人眼观察当前界面，找到需要操作的那个元素的位置。

（2）将光标移动到该位置上，进行相应的鼠标或键盘操作。

（3）通过对界面做出的改变进行判断，看看是否与期望的结果一致。

在整个过程中，其实核心只有 3 个步骤。而对于图像识别的自动化测试来说，找到想找的那个元素所在的位置是最关键的一步，而这一步同样可以应用于步骤（3）的断言上。整个过程称为模板匹配，简单理解就是先对需要操作的元素进行截图（这张小图称为模板），在实际运行过程中，再针对当前屏幕或特定区域截图（大图），在该大图中寻找有没有和用户截取的模板图一致的地方，若有，则表明找到了，进而获取该小图所在的位置坐标即可。

2. 滑动比对

所谓滑动比对，是指将一张小图放在大图区域范围内，按照像素点的顺序，一个点一个点地在大图上移动，并一一对比小图的像素点的颜色值（RGBA，即 Red、Green、Blue 三原色和 Alpha 通道，每种颜色的参数为 0～255，但是有些截图工具保存的图片有可能没有 Alpha 通道数据，需要通过代码进行确认）与大图的颜色值是否一致。如果发现移动到某个区域中后，双方每一个像素点的颜色值都一致，则可以认为匹配成功，此时，将该小图在大图中的位置获取到，便可以进行后续操作。滑动比对的整个过程如图 3-32 所示。

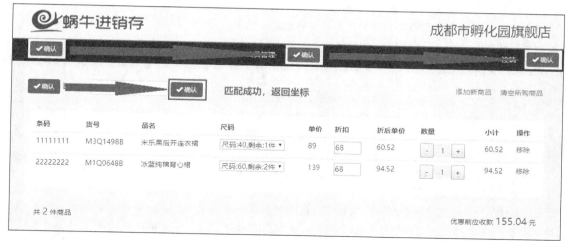

图 3-32　滑动比对的整个过程

当然，在滑动比对的过程中，可以按 x 方向进行横向滑动，也可以按 y 方向进行纵向滑动，这对算法本身的实现和匹配精确度并没有任何影响。

3. 匹配度

匹配度也可以称为相似度（Similarity），主要用于解决图像匹配过程中的容错问题。由于利用图像识别技术解决的是基于 GUI 的自动化测试，因此，这个过程中难免出现界面由于风格变化、颜色变化而引起的色彩的变化，比较容易出现虽然是同一个模板，但是匹配却不成功的情况。例如，针对同一个网页，使用 Chrome 打开该网页或者使用 Firefox 打开该网页时，看到的整体界面风格并不一致，有可能导致图像识别失败。此时，可以通过设置匹配度阈值来解决一些问题，使图像识别更加可靠。对图像识别中的匹配度的处理，可以使用以下几种方法。

（1）利用像素点颜色值的相同占比进行计算，公式为相同像素点/像素点总数量。例如，针对一个宽度为 100、调试为 50 的模板图片，像素点总数量为 5 000 个，如果设置其匹配度为 80%，那么只要这 5 000 个像素点中的 4 000 个像素点的颜色值是一样的，就认为匹配成功。

（2）利用每个像素点的 RGBA 值对应的变化范围进行处理。这种情况要求取得每个像素点的每一个 RGBA 的像素值。例如，模板的像素点的 RGBA 值为（120，200，180，255），而匹配到的某个像素点的 RGBA 值为（110，180，190，250），那么如果设置匹配度为 80%（即允许每个像素点的误差范围在 20% 内），则可以认为这两个像素点是一致的。

（3）利用灰度图进行处理。由于 GUI 是彩色图像，所以对比过程对颜色比较敏感，可以将其转换为灰度图，保留简单的像素值和图片轮廓，使对比过程关注于图片的轮廓。

3.3.2　模板匹配的核心算法

图像识别是一个很大的领域，涉及的应用场景很不一样，对应的算法差异巨大。但是其本质的原理很简单，很多时候更多的工作是做优化、做容错、提升识别的可靠性和准确性。但是这些内容不在本章的探讨范围内。这里针对屏幕截图的图像识别进行处理，其实利用基于像素的对比就已经足够，因为屏幕截图和模板图片都是矩形的、正规的、没有变形的、静态的，所以处理过程是相对比较简单的。

其实针对模板匹配的核心算法的核心就是滑动+比对两个动作。所以整个算法可以设计如下。

（1）根据测试场景对需要操作的元素进行截图，尽量确保每个元素的唯一性。为了使元素的操作作用在正确的位置，截图时要确保模板图片的中心点在当前元素的正确位置。

（2）根据需要对当前屏幕进行截图。

（3）获取到模板图片和屏幕截图的每一个像素点的颜色值，并将其保存到一个列表中，供后续滑动和遍历对比使用。

（4）通过双重循环分别进行 x 轴和 y 轴方向的坐标点的逐点判断（左上角为坐标原点），当定位到第一个点时，对模板图片的所有像素点进行扫描比对，找到其匹配的点。如果没有匹配上，则继续滑动到下一个点进行匹配，如此循环，直到找到一个匹配的点。

（5）根据该匹配的点的位置加上模板图片宽度的一半得到其 x 坐标，加上其高度的一半得到其 y 坐标，将该坐标返回。该坐标对应的位置就是模板图片在大图中的位置的中心点。

（6）获取到坐标后，进行相应的鼠标或键盘操作即可。

但是这个过程中有两个问题：影响匹配效率，影响匹配数量。

1. 关于匹配效率的问题

如果对每一张大图的像素点都依次匹配模板图片的每一个像素点，那么效率将极其低下。这里可以简单分析一下此过程平均需要运算多少次。假设大图的分辨率为 1 440 像素×900 像素（这是目前相对常见的分辨率），而小图的分辨率是 100 像素×40 像素（一个常规按钮的大小），如果按照完全匹配，共需要循环匹配运算约 23 亿次。怎么得到这个结果的呢？来看图 3-33。从第 1 次匹配到最后一次匹配之间，进行了按大图的每个像素点进行滑动比对操作。而整个过程中，x 方向滑动的次数为 1 440-100=1 340 次，y 方向滑动的次数为 900-40=860 次。所以整体需要滑动的次数为 1 340×860=1 152 400 次。每一次滑动需要比对小图的像素 100×40=4 000 次，所以整个过程需要比对 1 152 400×4 000=4 609 600 000（46 亿次数量级）。但是由于并不是每张模板图片都在大图的右下角，所以整体上来说并不能确切地知道每一次的匹配究竟需要多少次，只能按照概率来计算，将其除以 2 算平均值，得到 23 亿次的运算量。显然，结果运算的次数太多。如果模板图片再大一些，或者全屏大图分辨率更大，那么匹配次数将会更多。

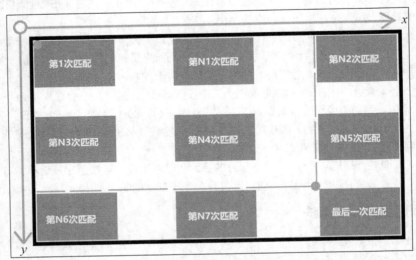

图 3-33 按目标分辨率匹配

那么应该如何来解决匹配性能的问题呢？最简单的解决方案就是减小模板图片的宽和高，使其像素点变少，或者降低全屏大图的分辨率，使其减少。但是这都不是最主要的解决问题的办法，无法达到数量级的性能提升。其实，可以将匹配分为两次进行。第一次对模板图片的小图中最重要的 5 个点（4个顶点加1个中心点）进行匹配，如果与大图中对应位置的5个点一致，则进行全像素匹配，否则，可以直接滑动到下一个像素点。这样就可以大幅减少匹配次数。例如，整张模板图片的5个点与大图中对应位置的点的像素值是一样的可能性有100种，那么需要运算最多4万次即可完成匹配。5个点的计算方式非常简单，假设（X, Y）是目前大图的坐标，（W, H）是模板图片的宽度和高度，则：

如果（X, Y）对应大图左上角顶点，（0, 0）对应模板图片左上角顶点；（$X+W-1$, Y）对应大图右上角顶点，（$W-1$, 0）对应模板图片右上角顶点；（X, $Y+H-1$）对应大图左下角顶点，（0, $H-1$）对应模板图片左下角顶点；（$X+W-1$, $Y+H-1$）对应大图右下角顶点，（$W-1$, $H-1$）对应模板图片右下角顶点；（$X+W/2$, $Y+H/2$）取整对应大图中心点，（$W/2$, $H/2$）取整对应模板图片中心点。

2. 关于匹配数量的问题

这个问题其实很好理解，如果匹配度设置得过低，那么很有可能匹配出多处相同的地方，到底哪一处是需要操作的元素呢？所以，需要调整匹配度，或者重新进行模板截图来保证匹配到的是唯一的一个，这样才能精准地定位元素。

3.3.3 模板匹配的基础代码

由于 Python 的默认库中并没有带有专门处理图像的程序，所以需要下载 Pillow 库来专门进行图像处理。使用 "pip install pillow" 命令下载并完成库的安装，再使用如下代码完成模板匹配的基础功能。

V3-4　图像识别
算法基本实现

```python
from PIL import ImageGrab, Image
import os, time

class ImageFinder:
    # 参数为模块图片的文件路径（即小图，建议使用PNG格式的图片）
    def find_image(self, filename):
        # 加载模块图片，并获取其宽、高和像素数据
        small = Image.open(filename)
        swidth, sheight = small.size
        sdata = small.load()
        # 通常情况下，图片的像素值有RGB和RGBA两种
        # 此处需要确认模块图片是否带有Alpha通道数据，可以输出一个像素数据来确认
        print(sdata[1, 1])  # 输出坐标为(1, 1)的像素点的像素值

        # 加载屏幕截图，并获取其宽、高和像素数据
        # 根据模块图片的像素值类型来决定屏幕截图使用哪种像素类型
        # 如果有R、G、B、A 4个数据，则截图时需要将截图转换为RGBA数据
        if len(sdata[1, 1]) == 4:
            big = ImageGrab.grab().convert('RGBA')
        else:
            big = ImageGrab.grab().convert()
        bwidth, bheight = big.size
        bdata = big.load()

        # 双重循环，通过确认一个在大图中的坐标点位置来进行与模块图片的滑动比对
        for y in range(bheight-sheight):
            for x in range(bwidth-swidth):
                # 如果找到某个坐标点位置与小图对应的区域的所有像素值都相等
                # 则返回该坐标点位置+小图一半宽一半高的位置（即目标位置的中心区域）
                if self.check_match(bdata, sdata, x, y, swidth, sheight):
                    return int(x+swidth/2), int(y+sheight/2)
```

```
            return -1, -1        # 如果没有找到任何一个匹配图像，则返回（-1，-1）坐标

    # 对小图和大图对应位置的每一个像素进行比较
    def check_match(self, bdata, sdata, x, y, swidth, sheight):
        for i in range(swidth):
            for j in range(sheight):
                # 如果有一个像素点不一样，则认为两张图不相等，将其标记为未找到
                # 这种方式对截图要求较高，容易找不到，因为必须每一个像素点都相同
                # 但是代码的执行效率较高，因为只要发现有一个点不相同，就可以不再循环
                if bdata[x + i, y + j] != sdata[i, j]:
                    return False
        return True

# 对WoniuSales系统的登录页面的username文本框进行截图，并测试能否找到位置
if __name__ == '__main__':
    iat = ImageFinder()
    # 通过Firefox浏览器直接打开WoniuSales登录页面
    os.popen(r'"C:\Program Files (x86)\Mozilla Firefox 61\firefox.exe"
                http://localhost:8088/woniusales/')
    time.sleep(5)
    # 预先将截图保存在代码同级目录/screenshot目录中
    filename = os.path.abspath('.') + '/screenshot/username.png'
    x, y = iat.find_image(filename)
    print(x, y)
```

上述代码基本实现了前一节内容当中的基础算法，但是并没有考虑匹配度的问题。只要界面风格、色彩没有发生变化，则上述脚本已经基本上可以正常识别且唯一定位到一个元素的坐标位置，并能够输出模块图片的正确中心点位置坐标。但是仍然需要注意以下两个关键点。

（1）不同的截图工具保存的 PNG 图片可能存在 Alpha 通道数据（即一个像素点包括 R、G、B、A 4个值），也可能不存在 Alpha 数据（即一个像素点只包括 R、G、B 3 个值）。所以在使用 Image 和 ImageGrab 加载图像数据时，一定要确认这一情况，否则代码在后续进行对比时，若用一个有 3 个值的元组和一个有 4 个值的元组进行直接对比，必然不相等。上述代码中进行了灵活处理，根据模板图片是否包含 Alpha 通道数据来决定将当前屏幕截图数据处理为 RGB 还是 RGBA。

（2）针对蜗牛进销存系统或其他类似的 Web 系统，很可能存在图片颜色在不同的浏览器中有少许差别的情况，这将导致图片无法 100% 匹配。这种情况也同样存在于不同的操作系统中，不同的浏览器风格存在差异。所以针对上述基础代码的识别，最好是在哪个浏览器中进行的截图，就在哪个浏览器中进行回放和定位。

对上述基础代码进行测试，先在蜗牛进销存系统的登录页面中对用户名文本框进行截图，如图 3-34 所示。

图 3-34　对用户名文本框进行截图

测试代码如下，若可以得到一个正确的坐标而不是（−1，−1）即表明代码运行成功。

```
# 对蜗牛进销存系统登录页面的用户名文本框进行截图，并测试能否找到位置
if __name__ == '__main__':
    iat = ImageFinder()
    # 通过Firefox浏览器直接打开蜗牛进销存系统登录页面
    os.popen(r'"C:\Program Files (x86)\Mozilla Firefox 61\firefox.exe"
                http://localhost:8088/woniusales/')
    time.sleep(5)
    # 预先将截图保存在代码同级目录/screenshot中
    filename = os.path.abspath('.') + '/screenshot/username.png'
    x, y = iat.find_image(filename)
    print(x, y)
```

3.3.4 优化模板匹配代码

基于上述基础代码，虽然可以实现基本功能，但是对匹配过程要求太高，不能有一个像素点的偏差，进而导致实用性较低。因此，利用匹配度算法设置适当的宽容度以进行更可靠的匹配就显得非常重要。例如，可以设置匹配度为 90%，即使图片中有 10%的像素点值不一样，也认为是正确的图片。所以，这里对 check_match 方法进行重构如下。

V3-5 图像识别的
自动化测试框架开发
优化

```
# 设置匹配度为90%，则只要有90%以上的像素点是相同的，就认为图片正确
def check_match(self, bdata, sdata, x, y, swidth, sheight):
    same = 0      # 定义相同的点的个数
    diff = 0      # 定义不同的点的个数
    for i in range(swidth):
        for j in range(sheight):
            if bdata[x + i, y + j] == sdata[i, j]:
                same += 1     # 如果有一个像素点的值相同，则same+1
            else:
                diff += 1     # 如果有一个像素点的值不同，则diff+1

    # 当遍历完所有像素点后，计算相同的像素点所占的比例
    # 如果相同的像素点所占比例超过0.9，则认为找到了匹配的图像
    if same / (same + diff) >= 0.9:
        return True
    else:
        return False
```

从上述匹配度的算法实现中可以看出，对每一个像素点的匹配都需要对比模块图片中的每一个像素点的值，从而大幅度增加了运算量，所以除非必须使用匹配度来进行处理，否则建议取消匹配度的设定，直接 100%匹配，以降低运算量，提高图像的识别效率。如果必须要进行匹配度运算，则需要继续优化代码，即实现前面章节中提到的优化算法：先判断模块图片的 5 个顶点的像素值，如果有一个不一致，则不再进行模块图片的全像素匹配，直接滑动到下一个坐标点进行匹配，只在 5 个顶点的像素值一致时，才进行全像素匹配进而计算其匹配度。优化后的最终代码如下。

```
from PIL import ImageGrab, Image
import os, time


class ImageFinder:
    # 参数为模块图片的文件路径（即小图，建议使用PNG格式的图片）
    def find_image(self, filename):
        # 加载模块图片，并获取其宽、高和像素数据
        small = Image.open(filename)
        swidth, sheight = small.size
```

```python
    sdata = small.load()
    # 通常情况下，一张图片的像素值有RGB或RGBA两种
    # 此处需要确认模块图片是否带有Alpha通道数据，可以输出一个像素数据来确认
    print(sdata[1, 1])    # 输出坐标为（1，1）的像素点的像素值

    # 加载屏幕截图，并获取其宽、高和像素数据
    # 根据模块图片的像素值类型来决定屏幕截图使用哪种像素类型
    # 如果有R、G、B、A 4个数据，则截图时需要将截图转换为RGBA数据
    if len(sdata[1, 1]) == 4:
        big = ImageGrab.grab().convert('RGBA')
    else:
        big = ImageGrab.grab().convert()
    bwidth, bheight = big.size
    bdata = big.load()

    # 滑动比对的过程，先判断模块图片的5个顶点是否与大图中对应区域的像素值一致
    # 如果5个顶点的数据一致，则进行匹配度运算，否则直接滑动到下一个坐标
    for y in range(bheight-sheight):
        for x in range(bwidth-swidth):
            if (bdata[x, y] == sdata[0, 0] and
                bdata[x+swidth-1, y] == sdata[swidth-1, 0] and
                bdata[x, y+sheight-1] == sdata[0, sheight-1] and
                bdata[x+swidth-1, y + sheight - 1] ==
                    sdata[swidth-1, sheight - 1] and
                bdata[x + swidth/2, y + sheight/2] ==
                    sdata[swidth/2, sheight/2]
                ):
                if self.check_match(bdata, sdata, x, y, swidth,
                                        sheight):
                    return int(x+swidth/2), int(y+sheight/2)

    return -1, -1

# 设置匹配度为90%，则只要有90%以上的像素点是相同的，则认为图片相同
def check_match(self, bdata, sdata, x, y, swidth, sheight):
    same = 0     # 定义相同的点的个数
    diff = 0     # 定义不同的点的个数
    for i in range(swidth):
        for j in range(sheight):
            if bdata[x + i, y + j] == sdata[i, j]:
                same += 1    # 如果有一个像素点的值相同，则same+1
            else:
                diff += 1    # 如果有一个像素点的值不同，则diff+1

    # 当遍历完所有像素点后，计算相同的像素点所占的比例
    # 如果相同的像素点所占的比例大于等于0.9，则认为找到了匹配的图片
    if same / (same + diff) >= 0.9:
        return True
    else:
        return False

# 对蜗牛进销存系统的登录页面的username文本框进行截图，并测试是否能够找到位置
if __name__ == '__main__':
    iat = ImageFinder()
    # 通过Firefox浏览器直接打开蜗牛进销存系统登录页面
```

```
os.popen(r'"C:\Program Files (x86)\Mozilla Firefox 61\firefox.exe"
         http://localhost:8088/woniusales/')
time.sleep(5)
# 预先将截图保存在代码同级目录/screenshot中
filename = os.path.abspath('.') + '/screenshot/username.png'
x, y = iat.find_image(filename)
print(x, y)
```

优化后的代码对图片的查找效率和最开始的基础代码的查找效率相当，基本上在 2s 以内便可定位到目标元素的位置。

当然，针对某些特定情况，有可能 5 个顶点的算法的查找过程依然会比较漫长，此时可以继续增加新的特征点用于第一次匹配。例如，增加图 3-35 所示的匹配点（根据宽和高的坐标比例计算点的位置即可）。

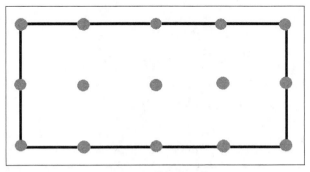

图 3-35　增加匹配点

3.3.5　实现自动化测试框架

当完成了相对比较复杂的匹配算法后，剩下的框架开发部分的内容就相对容易理解了，主要解决的是利用 Python 模拟鼠标和键盘操作的问题。这里需要使用到 PyHook 和 PyUserInput 两个库，以便直接使用 Python 操作 Windows 系统接口。同样先使用 "pip install pyHook 和 pip install pyUserInput" 安装两个库，如果使用 pip 的默认镜像，则有可能安装不成功，此时可以考虑使用国内镜像进行安装，或者直接去 PyHook 官网 https://pypi.org/project/PyHook3/下载 WHL 文件进行本地安装。安装完成后，实现代码及功能备注如下。

```python
from framework.image_find import ImageFinder
from pymouse import PyMouse
from pykeyboard import PyKeyboard
import os, time, random


class ImageTest:
    def __init__(self, folder):
        self.finder = ImageFinder()
        self.mouse = PyMouse()
        self.keyboard = PyKeyboard()
        self.folder = folder

    # 单击操作的封装
    def click(self, image):
        x, y = self.finder.find_image(self.folder + image)
        self.mouse.click(x, y)
        print("针对图像 [%s] 在位置 [%d:%d] 处单击. " % (image, x, y))
```

```python
# 双击操作的封装
def double_click(self, image):
    x, y = self.finder.find_image(self.folder + image)
    self.mouse.click(x, y, button=1, n=2)
    print("针对图像 [%s] 在位置 [%d:%d] 处双击。" % (image, x, y))

# 右键操作的封装
def right_click(self, image):
    x, y = self.finder.find_image(self.folder + image)
    self.mouse.click(x, y, button=2, n=1)
    print("针对图像 [%s] 在位置 [%d:%d] 处右键。" % (image, x, y))

# 键盘的输入
def input(self, image, value):
    x, y = self.finder.find_image(self.folder + image)
    self.clear(image)
    self.keyboard.type_string(value)
    print("针对图像 [%s] 在位置 [%d:%d] 处输入: %s。" %
            (image, x, y, value))

# 清空文本框：双击加退格键完成清除文本框内容的操作
def clear(self, image):
    self.double_click(image)
    self.keyboard.press_key(self.keyboard.backspace_key)
    self.keyboard.release_key(self.keyboard.backspace_key)

# 封装下拉列表的操作，以操作下箭头的数量来决定选中哪个选项
def select(self, image, count):
    x, y = self.finder.find_image(self.folder + image)
    self.mouse.click(x, y)
    for i in range(count):
        self.keyboard.press_key(self.keyboard.down_key)
        self.keyboard.release_key(self.keyboard.down_key)
        time.sleep(0.5)
    self.keyboard.press_key(self.keyboard.enter_key)
    self.keyboard.release_key(self.keyboard.enter_key)
    print("针对图像 [%s] 在位置 [%d:%d] 处下拉。" % (image, x, y))

# 判断某张模板图片是否存在
def exists(self, image):
    x, y = self.finder.find_image(self.folder + image)
    if (x, y) == (-1, -1):
        return False
    else:
        return True

# 启动应用程序
def start_app(self, cmd):
    os.popen(cmd)
    time.sleep(3)
```

当然，上述代码只是封装了几个最常用的操作而已。其他类型的操作这里不再赘述，其原理和实现手段都是一样的，没有本质区别。最后来完成一个简单的基于图像识别的自动化测试脚本的开发，以蜗牛进销存系统的登录操作和断言为例，先截取登录和断言的模板图片，如图 3-36 所示。

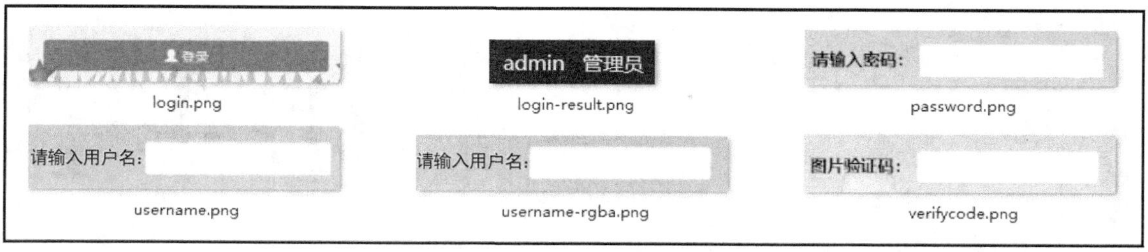

图 3-36　登录和断言的模板图片

基于类 ImageTest，完成如下自动化测试脚本。

```python
if __name__ == '__main__':
    folder = os.path.abspath('.') + '/screenshot/'
    it = ImageTest(folder)
    it.start_app(r'"C:\Program Files (x86)\Mozilla Firefox 61\
            firefox.exe" http://localhost:8088/woniusales')
    time.sleep(3)
    it.input('username.png', 'admin')
    it.input('password.png', 'admin123')
    it.input('verifycode.png', '0000')
    it.click('login.png')
    time.sleep(3)
    if it.exists('login-result.png'):
        print("测试成功.")
    else:
        print("测试失败.")
```

上述代码的输出内容如下。

```
针对图像 [username.png] 在位置 [799:347] 处双击.
针对图像 [username.png] 在位置 [799:347] 处输入: admin.
针对图像 [password.png] 在位置 [802:400] 处双击.
针对图像 [password.png] 在位置 [802:400] 处输入: admin123.
针对图像 [verifycode.png] 在位置 [804:453] 处双击.
针对图像 [verifycode.png] 在位置 [804:453] 处输入: 0000.
针对图像 [login.png] 在位置 [797:569] 处单击.
测试成功.
```

到目前为止，已经可以使用完全自主开发的一套基于图像识别的自动化测试框架来完成绝大多数的测试工作了。在实际的项目应用中，虽然基于图像识别来进行 GUI 界面的自动化测试并不是首选，但是很多情况下，当无法识别和操作一些特定元素的时候，利用图像识别技术将是一种很好的补充。此外，其代码量非常少，可以嵌入到任何需要使用的地方，并不会对整个测试脚本有大的影响，但是能够帮助用户解决实际问题。

第4章

Selenium入门

学习目标

（1）理解基于元素识别自动化工具的工作原理。

（2）了解Selenium在自动化测试中的应用。

本章导读

■基于元素的 UI 自动化原理和基于图像的自动化有什么不同？在第 3 章中，基于图片的自动化实现有很多制约，那么基于元素识别的自动化会有哪些问题呢？

基于元素识别的自动化工具有很多，但使用最多的是 Selenium 和 Appium。本章将讲解 Selenium 是如何实现自动化测试的。

4.1 Selenium 初识

4.1.1 基于界面元素的自动化工具

1. White

White 是微软公司开发的一个开源工具，它提供了一套主要用于 UI 测试的框架，适用于 WinForm、WPF、Windows 32 以及 SWT（Java）的测试。

White 是用 C#开发的，但 White 除了支持.NET 语言外，还支持 Python 和 Ruby（Python 和 Ruby 是以 IronPython 或 IronRuby 作为端口与.NET Framework 结合的）。

White 是基于 UI Automation 类库的，它通过调用 UI Automation 进行封装，所以其结构如下：最底层是 Windows 操作系统，在 Windows 操作系统之上是.NET 运行时，在.NET 运行时之上是 UI Automation Library，在 UI Automation Library 之上是 White，最上层是调用 White 组建的测试框架。什么是 UIA？它是.NET 的一个类库，它能够帮助用户找到 UI 控件，能得到控件的属性值，并能够操作控件，它主要基于 Windows 平台。

2. UI Recorder

UI Recorder 是一种零成本的整体自动化测试解决方案，一次自测等于多次测试，测试一个浏览器等于测试多个浏览器，其特点如下。

（1）支持所有用户行为：键盘事件、鼠标事件、警告、文件上传、拖放等。

（2）支持无线 Native App 录制，基于 Macaca 实现。

（3）无干扰录制：和正常测试无任何区别，无需任何交互。

（4）录制用例存储在本地。

（5）支持丰富的断言类型：val、Text、displayed、enabled、selected、attr、CSS、URL、title、Cookie、localStorage、sessionStorage。

（6）支持数据 mock：fake.js。

（7）支持公共测试用例：允许在用例中动态调用另外一个用例。

（8）支持并发测试。

（9）支持多种语言：英文、简体/繁体中文。

（10）支持 HTML 报告和 JUnit 报告。

（11）全系统支持：Windows、Mac、Linux。

（12）支持多运行时测试，如开发测试、语法测试。

（13）基于 Node.js 的测试用例：jWebDriver。

简单来说，其可以将用户每次自测的流程录制下来，并且是全可视化的，可在各种浏览器中自动回放，大大减少了每次手工测试的麻烦。虽然都是录制和回放，但是和其他工具不同的是，UI Recorder 的一次自测等于多次测试，测试一个浏览器等于测试多个浏览器，这也是它的最大特点。

3. Appium

Appium 是一个移动端的自动化框架，可用于测试原生应用、移动网页应用和混合型应用，且是跨平台的，可用于 iOS 和 Android 操作系统。原生应用是指用 Android 或 iOS 的 SDK 编写的应用，移动网页应用是指网页应用，类似于 iOS 中的 Safari 应用、Chrome 应用或者类浏览器的应用。混合应用是指一种包含了 Web View 应用和原生应用的应用。

更重要的是，Appium 是跨平台的，即其可以针对不同的平台以一套 API 来编写测试用例。

4. Selenium

Selenium 可自动化测试浏览器，它主要用于 Web 应用程序的自动化测试，但不只局限于此，它支持所有基于 Web 的管理任务自动化。Selenium 的特点如下。

（1）开源、免费。

（2）多浏览器支持：Firefox、Chrome、IE、Opera。

（3）多平台支持：Linux、Windows、Mac OS。

（4）多语言支持：Java、Python、Ruby、PHP、C#、JavaScript。

（5）对 Web 页面有良好的支持。

（6）简单（API 简单）、灵活（以开发语言驱动）。

（7）支持分布式测试用例执行。

4.1.2　Selenium 简介

Selenium 经历了两个版本：Selenium 1.0 和 Selenium 2.0（编写本书时，Selenium 3.0 已经正式推出）。Selenium 是由几个工具组成的，每个工具都有其特点和应用场景。

1. Selenium 1.0

2004 年，Thoughtworks 的员工 Jason Huggins 编写了一个名为 JavaScriptTestRunner 的测试工具，该工具进一步进化为一个可以复用的测试框架并开源。

同时，Dan Fabulich 和 Nelson Sproul 等人修改架构为独立服务模式，其间有多位开发人员加入开发并推出了 Selenium RC 和 Selenium IDE。

Selenium 1.0 的组成如图 4-1 所示。

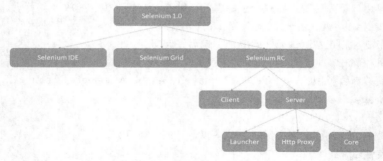

图 4-1　Selenium 1.0 的组成

（1）Selenium IDE

Selenium IDE 是一个 Firefox 插件，可以在 Firefox 中录制、回放脚本，也可以将录制好的测试脚本格式化成其他语言，如格式化成 Java、Python、C#、Ruby 语言。除此之外，Selenium 在 Google Code 中还支持其他语言，如 JavaScript、VB 等。Selenium IDE 只是一个小工具，对于一些较复杂的页面而言，Selenium IDE 无法做到完美地录制、回放。它最大的用处就是帮助新手学习 Selenium 脚本的写法，并熟悉 Selenium 的 API。

Selenium IDE 的特点如下。

① 非常容易在页面中进行录制和回放。

② 能自动通过 ID、Name 和 XPath 来定位页面中的元素。

③ 自动执行 Selenium 的命令。

④ 能够进行调试和设置断点。

⑤ 录制生成的脚本能够转换成各种语言。

⑥ 能够在每个录制的脚本中加入断言。

（2）Selenium Grid

Selenium Grid 是一个自动化的测试辅助工具，Grid 通过利用现有的计算机基础设施，加快了

Web-App 的功能测试。利用 Grid，可以很方便地同时在多台机器上和异构环境中并行运行多个测试用例。其特点如下。

① 并行执行。

② 通过一台主机统一控制用例在不同环境、不同浏览器中运行。

③ 灵活添加变动测试机。

（3）Selenium RC

RC 是 Selenium 的特色组件，它通过从底层向不同的浏览器发出动作指令，达到用脚本控制 Web 的效果，其和 QTP 的 ActiveX 驱动的模式有着本质不同，只要浏览器的动作指令原理不发生本质变化，就可以利用 Selenium 达到自动化测试的效果，不会因为出现新的浏览器，还要等待 HP 重新开发相应的 ActiveX 控件的情况。

2. Selenium 2.0

前面介绍了 Selenium 1.0 的组成，Selenium 2.0 把 WebDriver 加入到了其中，简单用公式表示为 Selenium 2.0 = Selenium 1.0 + WebDriver。Selenium 2.0 的组成如图 4-2 所示。

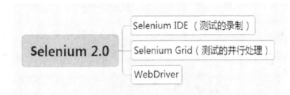

图 4-2　Selenium 2.0 的组成

WebDriver 利用浏览器原生的 API，封装成一套更加面向对象的 Selenium WebDriver API，直接操作浏览器页面中的元素，甚至操作浏览器本身（截屏、控制窗口大小、启动、关闭、安装插件、配置证书等）。由于其使用的是浏览器原生的 API，因此速度大大提高了，而且调用的稳定性交给浏览器厂商本身显然是更加科学的。然而，不同浏览器厂商对 Web 元素的操作和呈现会有一些差异，这就直接导致了 Selenium WebDriver 要根据浏览器厂商的不同来提供不同的实现。例如，Firefox 有专门的 FirefoxDriver，Chrome 有专门的 ChromeDriver，等等。

需要强调的是，在 Selenium 2.0 中主推的是 WebDriver，WebDriver 是 Selenium RC 的替代品，因为 Selenium 为了向下兼容，并没有彻底抛弃 Selenium RC，如果使用 Selenium 开发一个新自动化测试项目，则强烈推荐使用 WebDriver。Selenium RC 与 WebDriver 的主要区别如下。

（1）Selenium RC 在浏览器中运行 JavaScript 应用，使用浏览器内置的 JavaScript 翻译器来翻译和执行"selenese"命令（"selenese"是 Selenium 命令集合）。

（2）WebDriver 通过原生浏览器支持或者浏览器扩展直接控制浏览器。WebDriver 针对各个浏览器而开发，取代了嵌入到被测 Web 应用中的 JavaScript。它与浏览器的紧密集成支持创建更高级的测试，避免了 JavaScript 安全模型导致的限制。除了来自浏览器厂商的支持外，WebDriver 还可利用操作系统级的调用来模拟用户输入。

4.2　Selenium IDE

4.2.1　Selenium IDE 安装

Selenium IDE 是 Firefox 的一款插件，主要功能包括录制、回放、定位及生成多种编程语言的代码。

V4-1　Selenium IDE 的使用

下载 Selenium IDE 的 Firefox 插件。目前，其最新版本是 Katalon Recorder（Selenium IDE for FF55+）。当然，安装的时候需要检查当前的 Firefox 版本。目前该插件最高支持 Firefox V55.0 以上版本。插件下载完成后，打开 Firefox 浏览器，将下载文件拖动到 Firefox 窗口中即可，也可以直接在 Firefox 组件中搜索并安装该插件。Selenium IDE 安装界面如图 4-3 所示。

图 4-3　Selenium IDE 安装界面

直接单击【添加到 Firefox】按钮，并按提示重启 Firefox 即可完成插件的安装。可以在 Firefox 工具栏中找到 Selenium IDE 的启动按钮，启动后，Selenium IDE 的主界面如图 4-4 所示。

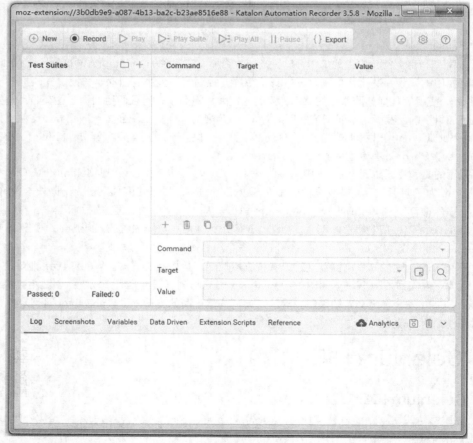

图 4-4　Selenium IDE 主界面

4.2.2　Selenium IDE 实现原理

针对 Web 窗体应用，通常有两种机制来识别和操作其中的元素。第一种是使用 JavaScript 来完成 DOM 对象识别。JavaScript 本身就可以定位页面中的元素，甚至定位某一个控件，所以 JavaScript 本身就内置了此功能，再由浏览器来解释和执行。第二种是使用浏览器的内核 API 来完成识别，因为浏览器中的 DOM 对象都是由浏览器渲染出来的，所以直接调用浏览器的内核开放出来的 API 接口也可以对 Web 页面中的元素进行操作。

事实上，Selenium 的两个关键组件就实现了上述两种对象识别的机制，即使用 Selenium IDE 和 Selenium RC 基于 JavaScript 实现 Web 页面的对象识别和操作，以及使用 Selenium WebDriver 基于浏览器内核实现 Web 页面的对象识别和操作。

现在讲解如何利用 JavaScript 来识别和操作 Web 页面中的元素。

1．JavaScript 操作 DOM 元素

由于 JavaScript 就是为浏览器和 Web 前台页面的交互而设计的，所以 JavaScript 可以直接在浏览器中执行。可以利用 JavaScript 很容易地操作 Web 页面中的所有元素，通常来说，JavaScript 识别页面元素有以下几种方式。

（1）通过元素的 ID 属性来识别：在同一个 Web 页面中，ID 属性是元素在页面中的唯一标识，不允许重复，所以 ID 属性是识别页面元素效率最高的方式，也是最推荐使用的方式。可以使用 JavaScript 的 document.getElementById("MyID")的方式来获取到这个唯一的元素，从而进行相应的操作。

（2）通过元素的 Name 属性来识别：页面元素的 Name 属性是允许重复的，所以利用 JavaScript 获取到的元素是一个数组，可以使用 document.getElementsByName("MyName")来获取页面中所有 Name 属性为 MyName 的元素。

（3）通过元素的 Tag 标签来识别：获取到页面中所有指定标签名称的元素。

（4）通过元素的 Class 属性来识别：获取到页面中所有指定 Class 属性的元素。

（5）通过元素的 XPath 路径来识别：通过 XPath 层层识别的方式定位到相应的元素。

2．为页面注入 JavaScript 自动化测试脚本

现在不妨利用 JavaScript 操作 DOM 元素的原理，来实现蜗牛进销存系统中会员管理模块新增功能的自动化测试，步骤如下。

（1）打开会员管理模块对应的后台页面，其位于\webapps\WoniuSales\page 中，名称为 customer.html，利用记事本或任意 Web 前端开发工具打开此文件。

（2）为了更好地模拟这个过程，在页面中添加一个按钮，当单击这个按钮时，才开始执行自动化测试脚本。编辑 HTML 文件，在【新增】按钮的前面添加一个按钮，并调用 JavaScript 函数 startTest()，代码如下。

```
<input type="button" value="开始" onclick="startTest();"/>
```

插入代码的位置如图 4-5 所示。

```
<div class="col-lg-8 col-md-8 col-sm-8 col-xs-8" style="...">
    注意：查询功能只支持通过手机查询，修改功能不能修改积分，可以修改其他基本信息。
</div>
<div class="col-lg-4 col-md-4 col-sm-4 col-xs-4" style="...">
    <input type="button" value="开始" onclick="startTest();"/>
    <button onclick="addCustomer()" type="button" class="form-control btn
    <button onclick="editCustomer()" id="editBtn" type="button" disabled
    <button onclick="searchCustomer()" type="button" class="form-control b
</div>
```

图 4-5　插入代码的位置

插入代码后，进入系统，单击【会员管理】模块，即可看到【新增】按钮前面多了【开始】按钮，其效果如图 4-6 所示。

图 4-6　添加按钮后的效果

（3）在 customer.html 页面的最后添加如下 JavaScript 代码，实现自动化测试。

```javascript
function startTest() {
    document.getElementById("customerphone").value = "18781163071";
    document.getElementById("customername").value = "海峰";
    document.getElementById("childdate").readonly = "false";
    document.getElementById("childdate").value = '2011-10-21'
    document.getElementById("creditkids").value = "888";
    document.getElementById("creditcloth").value = "666";
    setTimeout(verifyResult, 3000);  // 延迟3s后再验证结果，确保已提交
}

function verifyResult() {
    var str = document.getElementsByClassName("bootbox-body");
    if (str.length>0&str[0].innerHTML=="该客户信息已经存在，请勿重复添加.") {
//标准的模糊匹配断言
        alert("新增测试失败！用户已存在");
    }else{
        alert("新增测试成功！");
    }
}
```

验证页面信息，由于页面使用了 AJAX，在使用 setTimeout()函数的时候，刷新页面后不会调用后面的方法，因此，这里采用了等待判断提示信息的方式来实现。如果不需要刷新页面，则需要在源码中将第 61 行的代码 "location.href = "customer""注释掉。

单击【开始】按钮后，这段代码会主动在对应的标签中填入内容，代码运行效果如图 4-7 所示。

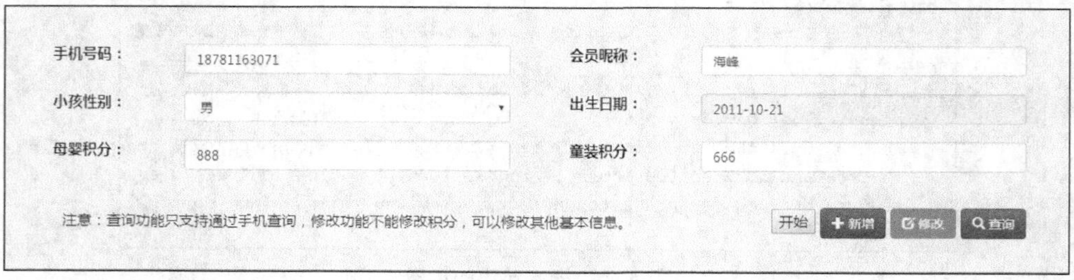

图 4-7　代码运行效果

4.2.3　Selenium IDE 的使用

1．Selenium IDE 的功能

在 Firefox 浏览器中找到插件 Selenium IDE，双击打开此插件，可以看到在浏览器之外出现了一个新的界面，如图 4-8 所示。

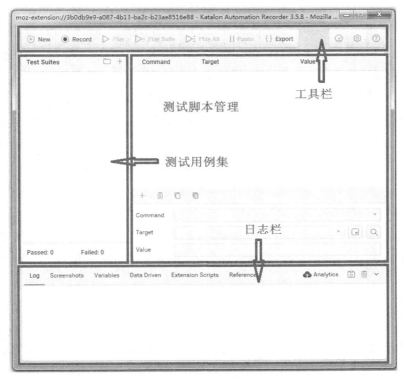

图 4-8　Selenium IDE

从图 4-8 中可以看到，Selenium IDE 的主窗口分为以下几个部分。

（1）工具栏：主要包括测试集的新建，脚本录制开关以及测试脚本的执行、暂停，脚本回放速度调节和设置等按钮。

（2）测试用例集（左侧）：可在此新增或删除测试用例。

（3）测试脚本管理（右侧）：所有测试脚本的核心操作在此列出。Selenium IDE 默认使用类似于关键字驱动的方式实现测试脚本，所以其脚本是非常直观的，可读性也很强。

（4）日志栏：主要用于查看测试脚本运行过程中的日志信息，包括错误消息等。

2．利用 Selenium IDE 操作蜗牛进销存会员管理模块

对 Selenium 的基本操作有了初步的了解后，现在来利用 Selenium IDE 录制一个简单的操作，并完成测试断言。

（1）确保工具栏左上角的 "Record" 按钮被按下。

（2）将窗口切换到 Firefox 主窗口，按照正常操作流程输入蜗牛进销存 URL，即 http://localhost:8080/WoniuSales/，登录完成后加载会员管理页面，加载完成后输入会员信息，保证该会员不存在（即新会员），单击【新增】按钮。

（3）当上述操作完成后，切换到 Selenium IDE 主窗口，结束录制。录制的脚本如图 4-9 所示。

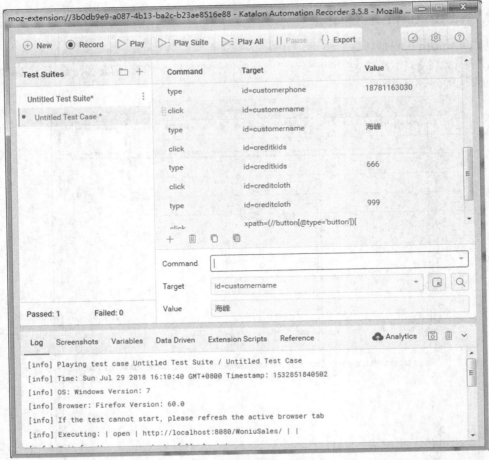

图 4-9　录制的脚本

（4）可以看到，Selenium IDE 将测试脚本的操作分为 3 个部分：Command、Target 和 Value。对于 Open 或者 Click 之类的操作，只需要指定其 Target（操作的目标对象）即可，而对于文本框一类需要输入内容的元素，则需要额外在 Value 中指定其输入的内容。

（5）单击工具栏中的【Play】按钮，即可运行该脚本。如果只运行单个 TestCase，则可以单击【Play】按钮，如果需要运行多个 TestCase，则可以单击【Play Suite】按钮。

（6）在设置按钮前有运行速度控制按钮 ，单击此按钮且不释放鼠标左键将出现拖动条，可以选择脚本运行速度。很多时候，由于 Apache 响应时间过长，而脚本速度过快，就会出现页面元素找不到的问题，新版的 IDE 对此进行了优化，相较于低版本，其问题出现概率较低。如果出现元素找不到的异常，则可以在找不到元素的命令之前添加"waitForElementPresent"命令，如图 4-10 所示。

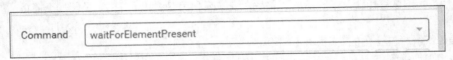

图 4-10　添加"waitForElementPresent"命令

3. 添加断言

由于这里需要的不单纯是自动化地完成指定操作，还需要达到测试的目的，因此为自动化测试脚本添加断言是非常重要的一环。那么，针对上述登录和注销操作，又该如何为其添加断言呢？

（1）为操作添加断言：断言的核心就是找到本次操作完成后的关键特性。在 Selenium IDE 中，为断言提供了非常多的 Command 操作。例如，新增会员后，可以通过查询得到注册会员的信息，那么只要找到一个该页面中存在的任意会员信息的元素，便可以实现断言，其断言命令为 assertText。为此，只需要在单击登录按钮后添加一行新的断言命令即可。例如，assertText、//tbody[@id='customerlist']/tr/td[2]以及 18781163030 分别对应 Command、Target 和 Value，如图 4-11 所示。

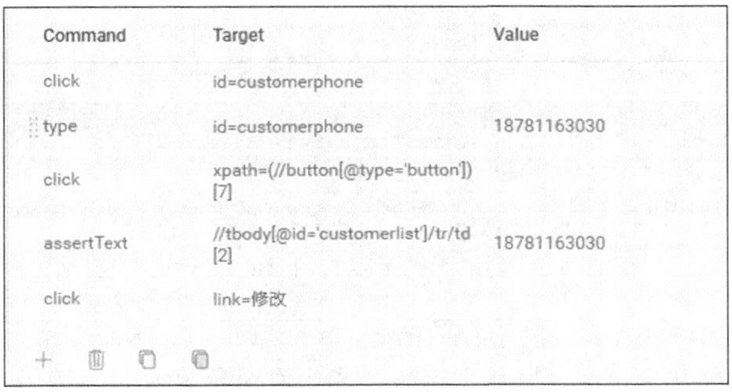

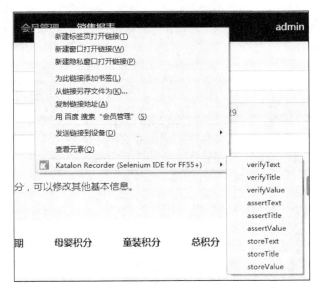

图 4-11　添加断言命令

（2）在 Selenium IDE 中，所有的断言命令均以 assert 开头，可以在 Command 中输入 assert 并从其下拉列表中选择合适的断言。可以根据其断言命令的名称清楚地知道该断言的作用。很多初学者不知道该使用何种断言方式，其实也有解决问题的方法。在页面中要验证的元素上右键单击，选择【Katalon Recorder(Selenium IDE for FF55+)】选项，即可显示断言方式，如图 4-12 所示，选择合适的断言方式即可。

图 4-12　断言方式

4．格式化 Selenium IDE 脚本

默认情况下，Selenium IDE 会将其测试脚本保存为一个标准的 HTML 文件，并以 HTML 表格的形式存储这些操作命令。只需要右键单击该测试用例，按 Ctrl+S 组合键或者选择【Remove Test Case】选项，即可提醒用户保存该文件，以供下次使用。这里使用浏览器打开该测试用例保存的 HTML 文件，其内容如图 4-13 所示。

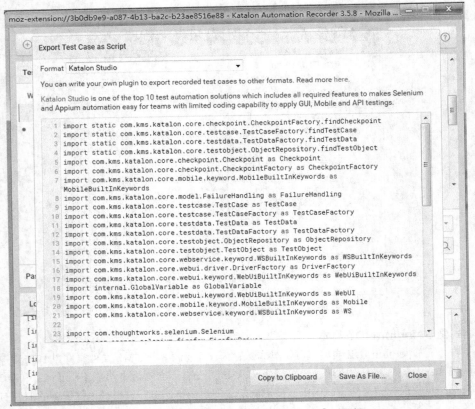

woniusaleshuiyuanguanli		
open	/WoniuSales/customer	
type	id=customerphone	18781163070
type	id=customername	海峰
select	id=childsex	label=女
type	id=creditkids	999
type	id=creditcloth	666
clickAndWait	xpath=(//button[@type='button'])[5]	
type	id=customerphone	18781163070
click	xpath=(//button[@type='button'])[7]	
waitForElementPresent	//tbody[@id='customerlist']/tr/td[2]	
assertText	//tbody[@id='customerlist']/tr/td[2]	18781163070

图 4-13　测试用例保存的 HTML 文件的内容

这是一个标准的 HTML 表格，但其中存放的是 Selenium IDE 的操作命令。默认的 Selenium 内核会通过解析该 HTML 表格中的内容，将其运行命令或操作对象等内容读取出来并运行。

Selenium IDE 除了可以用 HTML 保存测试用例以外，还可以用 C#、Python、Java、Ruby 等保存测试用例。

5. 导出 XML 文档

在 Selenium IDE 主窗口中单击【{}Export】按钮，会弹出【Export Test Case as Script】对话框，如图 4-14 所示。

图 4-14　【Export Test Case as Script】对话框

在此对话框中可选择编程语言，即可以在【Format】下拉列表中选择相应选项，如图 4-15 所示。

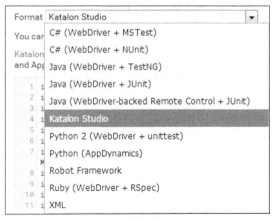

图 4-15　选择编程语言

可以选择任意语言作为导出的内容，这里以 Python 为例，导出 Python 脚本，如图 4-16 所示。

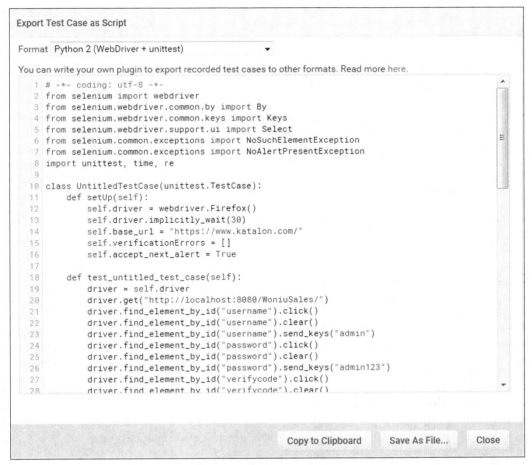

图 4-16　导出 Python 脚本

从图 4-15 中可以看出，Selenium IDE 可以导出的编程语言有 4 种（C#、Java、Python 和 Ruby），同时，Selenium 可以导出 Remote Control 和 WebDriver 两种脚本。目前，在最新版本的 Selenium 中，已经取消了对 Remote Control（即 Selenium RC）的支持。因为 Remote Control 是早期的 Selenium 发行版本中的功能，主要利用注入 JavaScript 的方式来运行自动化测试脚本。此类运行方式并不是很稳定，执行效率也较低，Selenium 3 中已经取消了对其的支持，转而全力支持 WebDriver。所以，学习 Selenium 时，重点要学习的是 WebDriver。在导出选项中，新版本的 IDE 可以直接导出 Robot Framework 脚本，这是旧版本不具备的功能，如图 4-17 所示。

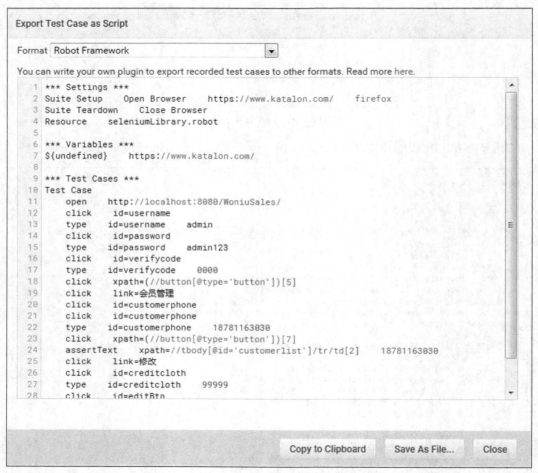

图 4-17　导出 Robot Framework 脚本

由于 Selenium IDE 的功能有限，所以在真实的测试项目中，不会直接用到 Selenium IDE，但是会使用 Selenium IDE 作为辅助工具，帮助用户通过录制脚本的方式快速生成其他编程语言的测试脚本，并在 WebDriver 环境中运行。

6. 测试蜗牛进销存系统的会员管理模块

对 Selenium IDE 的操作有了一个相对全面的理解后，现在来利用 Selenium IDE 完成对蜗牛进销存系统会员管理模块修改功能的自动化测试。先来分析一下整个过程的关键操作及断言。

（1）打开会员管理页面，并对该页面是否成功加载进行判断。

（2）输入手机号，并单击【查询】按钮进行提交。

（3）对查询结果进行断言，确认查询是否成功。

（4）查询成功后，单击【修改】按钮，修改会员信息。

（5）根据提示信息，断言会员信息是否修改成功。

利用 Selenium IDE 的录制功能，结合手工添加的断言，最终的测试脚本如图 4-18 所示。

Command	Target	Value
click	id=verifycode	
type	id=verifycode	0000
click	xpath=(//button[@type='button'])[5]	
click	link=会员管理	
click	id=customerphone	
click	id=customerphone	
type	id=customerphone	18781163030
click	xpath=(//button[@type='button'])[7]	
assertText	//tbody[@id='customerlist']/tr/td[2]	18781163030
click	link=修改	
click	id=creditcloth	
type	id=creditcloth	99999
click	id=editBtn	
click	xpath=(//button[@type='button'])[9]	

图 4-18　最终的测试脚本

现在对测试脚本中的几处关键命令进行讲解，请大家在完成实验时特别注意。

（1）考虑到某些时候页面加载需要一个过程，不一定非常迅速，所以在单击【登录】按钮后加载主页的地方，添加了一个等待命令"waitForElementPresent //form[2]/div"，其表示等待页面元素加载完成，判断断言是否出现，避免后续操作上的问题。

（2）针对一些特定情况，可以利用"pause 3000"使脚本暂停运行 3s，以确保完成提交。

7. Selenium IDE 的优点

（1）Selenium IDE 使用了标准的关键字驱动理念，其设计理念是非常先进的，也是目前很多自动化测试框架（如 Robot Framework）所遵循的理念。

（2）用户可以使用录制的方式，不需要编写一行代码便完成自动化测试。对于没有编程经验的测试人员来说，这无疑大大降低了自动化测试的门槛。

（3）支持生成多种编程语言，提高了测试脚本的开发效率。

（4）作为 Selenium 测试体系中的重要一员，Selenium IDE 作为一个辅助工具来说是非常有优势的。

8. Selenium IDE 的缺点

（1）无法对代码进行逻辑控制，只能顺序执行。

（2）无法像编程一样，处理一些动态变化的数据，如新增一条公告后，ID 会增加。

（3）无法进行异常情况的处理。

（4）无法进行灵活的断言。

（5）无法对数据库进行直接操作，只能通过界面完成简单的测试。

（6）无法适用于中大型的测试项目。

（7）在灵活性、稳定性、可靠性、适应性等方面都无法达到要求。

第5章

Selenium进阶

学习目标

（1）理解WebDriver的工作原理。

（2）熟悉WebDriver的常用API。

（3）了解WebDriver的优缺点。

本章导读

■通过对 Selenium 的使用，可以发现这个工具本身还有很多不足。在 Selenium 的早期版本中，使用的是基于 JavaScript 注入的方式。当页面中禁止 JavaScript 注入或者出现焦点切换时，Selenium 对这类页面的自动化就无法实现了。在 Selenium 后期版本中出现了一种技术，它可以很好地解决 Selenium 不能解决的问题，本章就对新出现的工具——WebDriver 进行详细的讲解，并通过练习进一步地熟悉其使用。

5.1 WebDriver 初识

V5-1 WebDriver
的使用

  Selenium 2.0 最主要的新特性就是集成了 WebDriver API。设计 WebDriver 的初衷是提供更加简单明了的接口来弥补 Selenium RC API 的不足。在动态网页中，通常只会更新局部的 HTML 元素，WebDriver 会很好地帮助用户快速定位这些元素，最终的目的是通过提供精心设计的面向对象 API 来解决现代高级网页中的测试难题。

  WebDriver 是一套操作 HTML 元素的标准接口。其基于浏览器内核 API 完成对象识别，这是 WebDriver 的一个鲜明特点。任何一个浏览器的内核都是其核心部分，整个界面的渲染、对象的结构及其处理等都是由内核来完成的。而 WebDriver 通过浏览器的内核来完成对对象的识别，其兼容性、可靠性更好，运行速度也更高。

5.1.1 安装配置 WebDriver

1. 下载安装 Selenium

安装 Selenium 有以下几种方式。

（1）第一种方式：直接在 Selenium 下载压缩包（如 Selenium-3.13.0.tar.gz）。使用这种方式时，包中含有一个 setup.py 的安装文件，只需要通过 Python 运行该文件即可完成安装。

将此目录复制到 Python 安装路径的..\Python35-32\Lib\site-packages 目录中。这里文件可以存放在任意位置，但一定要记住解压后文件存放的位置。

打开命令行窗口，进入此目录，使用 Python 命令执行目录中的 setup.py，安装 Selenium 3.13.0，如图 5-1 所示。

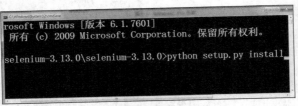

图 5-1　安装 Selenium 3.13.0

当然，只要知道 setup.py 文件的路径，就可以通过 Python 路径/setup.py install 来进行安装。

若显示图 5-2 所示的信息，则表示安装成功。

```
Installed c:\python36-32\lib\site-packages\selenium-3.13
Processing dependencies for selenium==3.13.0
Finished processing dependencies for selenium==3.13.0
```

图 5-2　显示的信息

  如果脚本中导入 Selenium 时仍然显示红色的语法错误，则重启 PyCharm 即可。

  （2）第二种方式：在命令行窗口中使用 "pip install" 命令进行安装，即 pip install selenium。只是此方法需要注意版本问题，如果需要安装指定版本的第三方库，则需要在文件名后面加上版本号（如 pip install Selenium == 2.53.2），如图 5-3 所示。

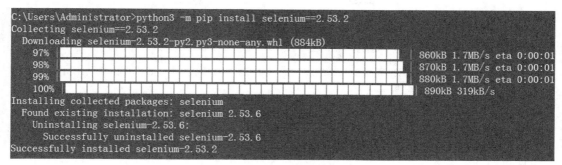

图 5-3　安装指定版本的第三方库

（3）第三种方式：可以直接在网上下载对应版本的 EXE 格式的可执行程序，在 Windows 环境中直接运行程序进行安装即可。

2. 下载对应版本的浏览器

无论下载的 Selenium 是哪个版本，都需要注意两点：对应的浏览器版本和驱动程序版本。

Selenium 2.53 为其最后的 2.x 版本，2.0 时代由此结束。从 2.47 版本开始，Selenium 必须使用 Java 7，但是官方推荐使用 Java 8。同时，从 2.52 版本开始，Selenium 弱化了平台之间的限制，并且开始支持 64 位系统。

对于 Selenium 2.x 自带的 FirefoxDriver 来说，需要把 Firefox 浏览器的版本限制在 47 以下。而 IE 浏览器一般使用的是 IE 9～IE 11。如果需要使用 IE，还需要下载对应版本的驱动程序 IEDriverServer。同理，Chrome 浏览器也和 IE 一样，需要下载对应版本的驱动程序 ChromeDriver。

相对于 Selenium 2，Selenium 3 的 API 没有什么变化，但 Selenium 3 中移除了 Selenium 2 中自带的 Firefox 驱动库，而需要重新下载针对新版本（57+）的 geckodriver.exe 程序，且在实例化驱动对象时需要指明浏览器路径及驱动程序路径。

3. 下载 DriverServer

Selenium 2 及后面更新的 Selenium 3 都是针对各个浏览器而开发的，它取代了嵌入到被测 Web 应用中的 JavaScript，与浏览器紧密集成，支持创建更高级的测试，避免了 JavaScript 安全模型的限制。除了来自浏览器厂商的支持外，Selenium 3 还利用操作系统级的调用模拟用户输入。WebDriver 支持 Firefox（GeckoDriver）、IE（InternetExplorerDriver）、Opera（OperaDriver）、Chrome（ChromeDriver）以及 Safari（SafariDriver），它还支持 Android（Selendroid）和 iPhone（Appium）的移动应用测试。此外，Selenium 2 还包括基于 HtmlUnit 的无界面实现（称为 HtmlUnitDriver），以及基于 WebKit 的无界面浏览器 PhantomJS。Selenium 2 API 可以通过 Java、C#、PHP、Python、Perl、Ruby 等编程语言访问，支持开发人员使用他们常用的编程语言来创建测试。

5.1.2　实现完成第一个测试脚本

Selenium 已安装成功，现在来完成一个简单的测试脚本，以确保整个过程运行通过。请按照以下步骤完成。

```
from selenium import webdriver
import time

#实例化页面驱动对象wd
wd = webdriver.Firefox(firefox_binary=r"C:\Program Files (x86)\Mozilla Firefox
\firefox.exe",executable_path=r'C:\Users\zhou\Desktop\geckodriver.exe')
#通过驱动对象打开百度首页
wd.get("https://www.baidu.com")
```

```
#等待2s
time.sleep(2)
#输入查询内容
wd.find_element_by_id("kw").send_keys("刘德华")
#单击"百度一下"按钮
wd.find_element_by_id("su").click()
#等待2s
time.sleep(2)
#单击"刘德华_百度百科"超链接
wd.find_element_by_link_text("刘德华_百度百科").click()
```

运行以上代码，搜索结果如图 5-4 所示。

图 5-4　搜索结果

实际上，代码所做的操作和手工操作是一样的，就看到的过程来说，两者没有任何区别，即自动化测试是把以人为驱动的测试行为转换为机器执行的过程。

5.2　WebDriver 常用 API

V5-2　常用 API

通过前面的学习，相信大家已经对 Selenium WebDriver 有了基本的认识，简而言之，WebDriver 就是一个强大的 UI 操作仓库，其中封装了各种各样对 Web 元素的操作，这对进行 UI 自动化测试提供了极大的便利。

5.2.1　浏览器的操作

WebDriver 通过调用浏览器内核来定位操作页面中的元素，使用很方便。但是，其需要针对不同的浏览器开发不同的内核驱动程序。正是因为这样的设计，在开发过程中，WebDriver 的开发看起来会麻烦一些，因为它要为不同的浏览器提供 Driver，但是在用户使用的过程中会很方便。

每个浏览器都由不同的内核和不同的 Driver 共同协作来实现，所以任何一个 Driver 都是针对一个特定的浏览器来开发的。但是无论是什么样的浏览器，WebDriver 都提供了一个统一的标准访问接口，所以代码可以轻易实现"一次开发，到处运行"的效果。这也便于人们测试 Web 系统的前端兼容性问题。所以，利用 WebDriver，可以很好地完成对功能和兼容方面的自动化测试。

那么，如何使用 WebDriver 操作浏览器呢？这是下面需要讲解的重点。目前 Selenium WebDriver 已经更新至 3.x 版本，其和当前使用的 2.x 版本最大的不同是取消了第三方库中自带的 Firefox 的 Driver 包，需要下载 GeckoDriver 驱动。

WebDriver 需要不同的 Driver 来驱动不同的浏览器，这里统一使用 Firefox 来演示。

1. 打开、关闭页面，浏览器窗口大小设置

（1）打开页面使用 driver.get(url)方法，需要注意的是，参数 url 需要指明协议类型（如 HTTP）。

（2）设置浏览器窗口大小有两种方式：driver.maxmize_window()，全屏显示；driver.set_window_size(300,300)，设置窗口的宽和高都为 300 像素。

（3）关闭页面有两种方式：driver.close()，此方式仅仅关闭当前操作页面；driver.quit()，此方式是关闭所有通过 WebDriver 打开的页面。

```
from Selenium import webdriver              #引入WebDriver

#实例化Firefox 的driver对象
driver = webdriver.Firefox(firefox_binary=r"C:\Program Files (x86)\Mozilla Firefox
\firefox.exe") #如果将GeckoDriver放入当前包，可以不再指定驱动路径
driver.get('http://www.baidu.com')         #通过对象打开Firefox浏览器并加载百度首页

driver.maxmize_window()                    #全屏显示
#driver.set_window_size(300,300)           #指定窗口为300像素×300像素

driver.close()                             #关闭页面
#driver.quit()                             #关闭页面
```

2. 前进、后退和刷新

在操作页面时，有可能需要前进到下一个页面、回退到上一个页面或刷新当前页面，这就涉及了页面的前进、后退和刷新，如图 5-5 所示。

图 5-5　页面的前进、后退和刷新

WebDriver 中提供了 3 个方法 back()、forward()和 refresh()，分别用于解决后退、前进和刷新问题。

```
from Selenium import webdriver         #引入WebDriver

#实例化Firefox 的driver对象
driver = webdriver.Firefox(firefox_binary=r"C:\Program Files (x86)\Mozilla Firefox\
firefox.exe")
driver.get('http://localhost:8080/WoniuSales/goods')      #打开蜗牛进销存系统

driver.back()                          #后退
driver.forward()                       #前进
driver.refresh()                       #刷新
```

5.2.2　元素的定位方式

WebDriver 为用户提供了两个关键 API 来定位一个或一批元素。

1. 定位元素的 API

（1）driver.find_element_by_：返回一个类型为 WebElement 的元素，如果 by 对象找到了多个元素，

则返回第一个被找到的元素；如果 by 对象没有找到元素，则抛出异常。

（2）driver.find_elements_by_：返回一个类型为 List 的集合，即多个元素，如果 by 对象只找到一个元素，则仍然返回一个 List 集合，只是该 List 对象的 size 为 1 而已；如果 by 对象没有找到元素，则抛出异常。

下面来看具体的实例。

```
from selenium import webdriver        #引入WebDriver

driver = webdriver.Firefox(firefox_binary=r"C:\Program Files (x86)\Mozilla Firefox\
firefox.exe")            #实例化Firefox 的driver对象
driver.get('http://localhost:8080/WoniuSales/ customer')  #打开蜗牛进销存系统，进入会员管理模块
#会员手机号输入框提供唯一的ID属性，找到该输入框，并输入手机号

driver.find_element_by_id('customerphone').send_keys('18781163070')

#操作按钮有3个，可以通过tag_name的方式将它们全部找到
li = driver.find_elements_by_tag_name('button')
print(len(li))
```

find_element 或者 find_elements 都是 driver 查找页面元素的方法，by_后面的方法才是页面中元素被定位的方式。

2. ID、Name 和 Class 定位方式

（1）通过找到 ID 属性的值的方式定位元素

ID 是 HTML 标签的属性的一种，如百度首页中的输入框代码如下。

```
<input id="kw" name="wd" class="s_ipt" value="" maxlength="255" autocomplete="off">
```

从上面的代码中可以看到，input 标签中有属性 id="kw"，联系上下文可以发现此属性的值（即 kw）只在该标签中出现一次，是唯一的。百度首页的源码如图 5-6 所示。

```
▼<html webdriver="true">
  ▶<head></head>
  ▶<body link="#0000cc">
    ▶<script></script>
    ▼<div id="wrapper" style="display: block;">
      ▶<script></script>
      ▼<div id="head" class="">
        ▼<div class="head_wrapper">
          ▼<div class="s_form">
            ▼<div class="s_form_wrapper soutu-env-nomac soutu-env-index">
              ▶<div id="lg"></div>
              ▶<a id="result_logo" onmousedown="return c({'fm':'tab','tab':'logo'})" href="/"></a>
              ▼<form id="form" class="fm" action="/s" name="f">
                <input type="hidden" value="utf-8" name="ie"></input>
                <input type="hidden" value="8" name="f"></input>
                <input type="hidden" value="0" name="rsv_bp"></input>
                <input type="hidden" value="1" name="rsv_idx"></input>
                <input type="hidden" value="" name="ch"></input>
                <input type="hidden" value="baidu" name="tn"></input>
                <input type="hidden" value="" name="bar"></input>
                ▼<span class="bg s_ipt_wr quickdelete-wrap">
                  <span class="soutu-btn"></span>
                  <input id="kw" class="s_ipt" autocomplete="off" maxlength="255" value="" name="wd"></input>
                  <a id="quickdelete" class="quickdelete" href="javascript:;" title="清空" style="top: 0px; rig
                </span>
              ▶<span class="bg s_btn_wr"></span>
              ▶<span class="tools"></span>
```

图 5-6　百度首页的源码

这种具有唯一性的属性可以准确地定位到该 input 标签，所以，在 WebDriver 中，常使用 driver.find_ element_by_id()的方式来定位元素。

```
from selenium import webdriver
import time


driver = webdriver.Firefox(firefox_binary=r"C:\Program Files (x86)\Mozilla Firefox\
firefox.exe")
driver.get('http://www.baidu.com')


time.sleep(2)              #让程序等待2s
driver.find_element_by_id('kw').send_keys('蜗牛学院')      #在输入框中填写"蜗牛学院"
```

但是，不是所有 ID 都可以使用。有些 HTML 页面中的标签虽然有 ID 的属性，但是打开源码时会发现 ID 的值是变化的。这是由于 UI 设计人员在页面中使用前端技术实现了动态 ID。遇到这种情况，想要通过 ID 属性定位元素就不可能实现了。

（2）通过找到 Name 属性的值的方式定位元素

如果 ID 的值是动态生成的，那么可以在 HTML 代码中查找 Name 属性，一般来说，该属性使用动态生成的可能性不大。所以，如果要找的页面元素中具有 Name 属性，那么可以使用 driver.find_element_by_name()的方法来定位这个页面元素。如图 5-6 所示，input 标签不仅有 ID 属性，还有 Name 属性，其 Name 属性的值是 wd，故向该输入框中输入数据的代码可以修改如下。

```
from selenium import webdriver
import time


driver = webdriver.Firefox(firefox_binary=r"C:\Program Files (x86)\Mozilla Firefox\
firefox.exe")
driver.get('http://www.baidu.com')


time.sleep(2)              #让程序等待2s
driver.find_element_by_name ('wd').send_keys('蜗牛学院')       #在输入框中输入"蜗牛学院"
```

从前面的代码可以看出，无论使用 ID 还是 Name，它们都有一个共同的特点，选取标签属性的时候都必须保证属性在整个 HTML 中是唯一的。如果标签内没有这些属性，前面的定位方式就无法使用了。

（3）通过找到 Class 属性的值的方式定位元素

Class 属性出现在 HTML 中，用于 CSS 定位或者 JavaScript 操作。有可能出现多个标签 Class 属性的值相同的情况，如果使用 driver.find_element_by_class()的方式来查找元素，则会直接抛出异常。所以，在不能保证当前查找的元素的 Class 属性唯一的情况下，可以使用 elelist = driver.find_elements_by_class()的方式，将找到的所有页面元素放入一个列表。要使用列表中的某个元素，既可以使用 elelist[index]（即索引）的方式，又可以使用 for 循环遍历的方式，使用哪种方式视使用场景而定。

```
from selenium import webdriver
import time


driver = webdriver.Firefox(firefox_binary=r"C:\Program Files (x86)\Mozilla Firefox\
firefox.exe")
driver.get('http://www.baidu.com')


time.sleep(2)              #让程序等待2s
#在输入框中填写"蜗牛学院"，保证HTML中的Class属性唯一
driver.find_element_by_class_name('s_ipt').send_keys('蜗牛学院')
```

如果不能保证 Class 属性的唯一性，那么可以通过查找所有相同 Class 属性的方式来获取页面元素。

当 Class 属性有多个元素相同时，代码可以编写如下。

```
from selenium import webdriver
import time

driver = webdriver.Firefox(firefox_binary=r"C:\Program Files (x86)\Mozilla Firefox\
firefox.exe")
driver.get('http://www.baidu.com')

time.sleep(2)                   #让程序等待2s
#在输入框中输入"蜗牛学院"，保证HTML中的Class属性唯一
element_list = driver.find_elements_by_class_name('s_ipt')
element_list[0].send_keys('蜗牛学院')
#或者使用遍历的方式实现
'''
for i in element_list:
    if i. get_attribute('autocomplete') == 'off' :
        i.send_keys('蜗牛学院')
            break
'''
```

3. link_text 和 partial_link_text 定位方式

在 Web 页面中，超链接可以说是最为重要的一个元素类型，这也是为什么超链接的标签直接用一个字母 a 来表示。所以，对于 WebDriver 来说，专门针对超链接对象封装两个专门的识别方法 link_text 和 partial_link_text 是值得的。这两个方法的用法相对来说较容易理解。

（1）by_link_text()：直接提供一个完全匹配的超链接文本，即可直接定位到该超链接。

（2）by_partial_link_text()：利用模糊匹配的方式，只要提供一部分超链接包含的文本，即可定位到该超链接。

例如，对图 5-6 中的两个超链接进行查找，可以使用以下几种方式。

```
# 直接通过完全匹配的方式查找到超链接文本内容为"蜗牛学院"的元素driver.find_element_by_
# link_text("蜗牛学院").click();
# 直接利用模糊匹配的方式查找到超链接文本内容包含"蜗牛创想"的元素
driver.find_element_by_partial_link_text("蜗牛创想");
# 利用find_elements查找到两个包含"蜗牛"的超链接元素
links = driver.find_elements_by_partial_link_text("蜗牛");
```

4. 利用 CSS 选择器实现定位

CSS 选择器在 Web 前端开发中应用面非常广，如何利用 CSS 选择器来完成对页面元素的样式设置呢？现截取部分代码片段供大家参考。

```
<style>
/* 标签选择器，直接作用于某个标签上 */
body {
    background-image: url('timer/background.jpg');
    margin-top: 20px;
    color: #f0f0f0;
    font-family: 微软雅黑;
}
/* 类选择器，针对class=top的元素生效，前面加.表示类选择器 */
.top {
    border: solid 1px #ff3300;
    border-radius: 10px;
    width: 900px;
    height: 150px;
    margin: 0 auto;
    padding-top: 20px;
```

```
}
/* 层次组合选择器，按照父子层次进行元素定位，中间由空格分隔开 */
.top .logo {
    float: left;
    width: 300px;
    text-align: center;
}
/* 组合选择器，包含类选择器、标签选择器 */
.top .logo img {
        width: 130px;
}
/* ID选择器，前面加#号 */
#total {
    width: 150px;
    height: 45px;
    border: solid 1px #f0f0f0;
    border-radius: 8px;
    font-size: 32px;
    text-align: center;
}
</style>

<html>
<head>
    <meta charset="UTF-8">
    <title>倒计时工具</title>
    <script>
        function domUsage() {
            // 利用标签选择器定位当前页面中的所有图片元素
            // 返回的是一个数组，即使页面中只有一张图片，也以数组形式存在
            var images = document.getElementsByTagName("img");
            // 遍历所有的图片元素，并修改图片的参数
            for (var i=0; i<images.length; i++) {
                // 为每一张图片设置说明信息
                images[i].alt = "这是一张好看的图片";
            }

            // 利用ID选择器定位某一个特定元素
            var total = document.getElementById("total");
            total.value = "100";  // 将total元素的值设置为100

            // 利用class选择器定位当前页面中的class=timer的元素
            // 与标签选择器一样，返回的是一个数组
            var timers = document.getElementsByClassName("timer");
            for (var j=0; j<timers.length; j++) {
                // 将每一个class=timer的元素的文字大小设置为36像素
                timers[j].style.fontSize = "36px";
            }

            // 利用标签选择器获取所有超链接元素，并返回文本为"蜗牛学院"的元素
            var mylink = null;
            var links = document.getElementsByTagName("a");
            for (var k=0; k<links.length; k++) {
                // 使用k.innerHTML==xxx进行判断，也可以使用k.innerHTML.match("xxx")进行模糊匹配
                if (k.innerHTML == "蜗牛学院") {
```

```
                    mylink = k;
                    break;
                }
            }
        }
    </script>
</head>
<body>
<div class="top">
    <div class="logo">
        <img src="timer/logo.jpg" style="width: 130px;">
    </div>
    <div class="text">
        <a href="http://www.woniuxy.com">蜗牛学院</a>-学员活动专用倒计时工具
<p/><p/>祝各位参赛选手取得优秀成绩！
    </div>
</div>

<div class="main">
    <div class="count-box">
        <div class="icon">
            <img src="timer/minus.png" width="70" onclick="minus();"/>
        </div>
        <div class="count">
            <input type="text" id="total" value="10" onkeyup="check();"/>
        </div>
        <div class="unit">
            分钟
        </div>
        <div class="icon" style="float: left; width: 100px;">
            <img src="timer/plus.png" width="70" onclick="plus();"/>
        </div>
    </div>

    <div class="timer-box">
        <div class="timer" id="hour">00</div>
        <div class="dash">-</div>
        <div class="timer" id="minute">00</div>
        <div class="dash">-</div>
        <div class="timer" id="second">00</div>
    </div>

    <div class="button-box">
        <div class="icon" style="width: 200px; padding-top: 20px;">
            <img src="timer/pause.png" width="60" onclick="pause();" />
        </div>
        <div class="icon" style="width: 100px;">
            <img src="timer/start.png" width="90" onclick="start();"/>
        </div>
        <div class="icon" style="width: 200px; padding-top: 20px;">
            <img src="timer/refresh.png" width="60" onclick="refresh();"/>
        </div>
    </div>
</div>
```

```
<div class="bottom">
  技术支持：<a href="http://www.woniucx.com">成都蜗牛创想科技有限公司</a>（蜗牛学院），<span
style="font-size: 28px;">http://www.woniuxy.com</span>
</div>
</body>
</html>
```

运行代码，可以在浏览器中看到蜗牛计时器，如图 5-7 所示。

图 5-7　蜗牛计时器

事实上，上述 CSS 中有一个比较特别的组合选择器 ".top .logo img"。对照源代码即可看到，这个选择器可以直接定位到显示 Logo 的图片元素上，而且是唯一的。所以，WebDriver 中也提供了类似的定位方式，总结如下。

（1）利用标签+类名的方式进行定位

例如，在蜗牛进销存系统的商品入库页面中单击【确认入库】按钮，使用 Selenium IDE 的 select 功能定位到元素按钮上，使用了 CSS 选择器 css=input.btn-primary.form-control，表示寻找标签名称为 input，并由两个类.btn-primary 和.form-control 确认的元素。当然，这个识别属性是由 Selenium IDE 帮助用户完成的。事实上，这种情况也可以使用 by.class_name 来完成定位。

（2）利用组合层次选择器进行定位

例如，在倒计时程序中，可以使用 CSS 选择器对减号按钮图像元素进行定位，其定位方式为 div.main>div.count-box>div.icon>img，这也是 CSS 选择器的应用。当然，如这种层次太深的，也可以利用 CSS 样式选择器 div.main img 直接忽略中间的层次。

（3）利用组合+属性的方式进行定位

这也是标准的 CSS 定位元素的方法，即组合利用各种 CSS 本身支持的定位方式。例如，要定位倒计时中的 total 文本框，除了使用 ID 以外，也可以使用 CSS 选择器 div.count>input[type=text]。

（4）根据序号进行定位

例如，倒计时程序中有多个元素拥有 class=icon 的属性，可以使用 div.icon>img:first-child 得到第一个元素，或使用 div.icon>img:last-child 得到最后一个元素，也可以使用 div.icon>img:nth-child(3) 得到第 3 个元素。

关于 CSS 选择器，其用法与 HTML 中 CSS 定位元素的方法一样，如果有前端开发基础，理解起来

会相对容易。由于篇幅所限，本书只为大家总结相对比较常见的一些用法，更多细致的用法可以参考
http://blog.csdn.net/galen2016/article/details/71106900。

5. 关于 XPath 的定位机制

XPath 即 XML 路径语言，它是一种用来确定 XML 文档中某部分的位置的语言。XPath 基于 XML
的树状结构，提供了在数据结构树中找寻节点的能力。由于 HTML 文档同样具有 XML（其实两者都属
于通用标记语言的子集）的规范和树形节点（即前文所述的元素之间的层次关系），所以针对 HTML 文
档元素的定位，也可以使用 XPath，且 WebDriver 和 DOM 均提供了对 XPath 的支持。XPath 主要提供
了以下 4 种定位方式。

（1）从根节点开始的元素层次定位：所有的节点以/标签开头，如/html/body/div/div 表示定位到第
二层次的所有 div 元素。

（2）从任意子节点开始层次定位：从任意子节点开始进行定位，需要用//开头，如//input 表示定位
到所有的 input 标签。

（3）根据元素所在序号进行定位：利用[n]来指定其序号，如//img[1]表示找到第 1 个图像元素。

（4）根据元素的属性进行精准定位：其语法规则类似于//input[@type='text']。

例如，针对倒计时程序，要想定位到 total 文本框，可以利用以下 XPath 表达式进行表示。

```
/html/body/div/div/div/input
/html/*/*/*/*/input
//input
//input[@type='text']
//input[1]
```

6. 关于定位的策略选择

通过上述对元素定位的各种方法的讲解，相信大家现在已经对元素的各类定位方式有了比较系统的
理解。同时，可以看到，针对同样一个元素，有多种手段可以找到它，那么究竟使用哪种方式更好呢？
这里按照优先级顺序为大家列出一个基本策略。

（1）优先使用 find_element 定位唯一的元素，再考虑使用 find_elements 定位多个元素。

（2）优先使用 ID 属性定位唯一的元素，再考虑使用 Name 属性（如果该属性存在）定位元素。

（3）在 ID 或 Name 属性均不存在的情况下，优先考虑使用 CSS 选择器定位元素，再使用 Class 或标
签定位元素。

（4）考虑使用 XPath 进行定位。

（5）如果以上方法均无法定位，则可以考虑使用键盘操作或坐标定位的方式。但是这并不是最推荐
的做法，最优选择仍然是让程序员在下一个版本中加上 ID 属性。

（6）如果以上方法均无法定位，则可以考虑使用图像来进行定位。WebDriver 本身并不支持图像定
位，所以要调用 SikuliX 提供的接口。

7. 下拉列表的定位

目前，很多前端通过 CSS+JavaScript 的技术实现了 div+li 标签的下拉列表，这种方式可以通过前面
提供的基本定位方式完成，例如，拉勾网的某下拉列表如图 5-8 所示。

图 5-8 所示的拉勾网某下拉列表的自动化脚本代码如下。

```
from selenium import webdriver

driver = webdriver.Firefox(firefox_binary=r"C:\Program Files (x86)\Mozilla Firefox\
firefox.exe")
wd.implicitly_wait(10)
wd.get('https://www.lagou.com/zhaopin/')

wd.find_element_by_xpath('//ul[@id=\'order\']/li/div[3]/div').click()
wd.find_element_by_link_text('全职').click()
```

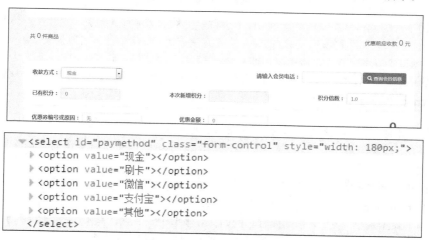

```
☐ <div class="selectUI-text value text">
      <span>不限 </span>
      <i> </i>
    ☐ <ul>
        ☐ <li>
                <a data-lg-tj-cid="idnull" data-lg-tj-no=" 0001 " data-lg-tj-id="8z00" href-
                ⊞#order" rel="nofollow">不限 </a>
          </li>
        ☐ <li>
                <a data-lg-tj-cid="idnull" data-lg-tj-no=" 0002 " data-lg-tj-id="8z00" href-
                ⊞#order" rel="nofollow">全职 </a>
          </li>
        ☐ <li>
                <a data-lg-tj-cid="idnull" data-lg-tj-no=" 0003 " data-lg-tj-id="8z00" href-
                ⊞#order" rel="nofollow">兼职 </a>
          </li>
        ☐ <li>
                <a data-lg-tj-cid="idnull" data-lg-tj-no=" 0004 " data-lg-tj-id="8z00" href-
                ⊞&isSchoolJob=1#order" rel="nofollow">实习 </a>
          </li>
      </ul>
```

图 5-8　拉勾网的某下拉列表

运行代码，可以看到正确选择了"全职"选项。但还有一部分 HTML 使用的是 Select 标签，如蜗牛进销存系统中大量的下拉列表都使用了此标签，如"收款方式"下拉列表如图 5-9 所示。

```
<select id="paymethod" class="form-control" style="width: 180px;">
  ▶ <option value="现金"></option>
  ▶ <option value="刷卡"></option>
  ▶ <option value="微信"></option>
  ▶ <option value="支付宝"></option>
  ▶ <option value="其他"></option>
</select>
```

图 5-9　"收款方式"下拉列表

想要实现此元素的操作，可以通过实例化 Select() 类的方式完成，其代码如下。

```
from selenium.webdriver.support.select import Select

#通过索引选择选项
Select(wd.find_element_by_id('paymethod')).select_by_index(2)
#通过内容选择选项
Select(wd.find_element_by_id('paymethod')).select_by_visible_text('微信')
#通过value属性选择选项
Select(wd.find_element_by_id('paymethod')).select_by_value('微信')
```

这 3 种方式都可以定位并选择下拉列表中的任意元素，要根据实际使用情况做出对应的操作，使用索引的时候要注意不要越界。

8. 层级定位

对于页面元素的定位，通常使用 ID、Name、Class、CSS 或者 XPath 就可以实现，但在实际的项目测试中，经常会有这样的需求：页面中有很多属性基本相同的元素，现在需要具体定位到其中的一个。由于其属性基本相同，所以在定位的时候会有一些麻烦，此时就需要用到层级定位，即先定位父元素，再通过父元素定位子孙元素。

打开京东页面，找到"我的购物车"，如图 5-10 所示。

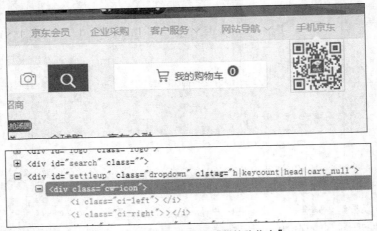

图 5-10　京东页面中的"我的购物车"

"我的购物车"的 div 标签中只有一个 Class 属性。当然 div 中有 a 标签，这里不再介绍。如果只使用 div 标签来定位，就会出现问题，通过前面介绍的方法查找 Class 的值，可以发现 cw-icon 不止一个。这里可以通过找到父节点的方式来避免属性值不唯一的麻烦，代码如下。

```
driver.find_element_by_id('settleup').find_element_by_class_name('cw-icon').click()
```

5.2.3　对已定位元素的操作

前面介绍了如何对元素进行定位，接下来需要对已定位的元素进行操作。可以通过 WebDriver 的 FindElement() 方法获得 WebElement 的对象实例。在获取页面元素对象后，即可对该元素进行各种操作。

1. WebElement 常用方法

以下是 WebElement 中使用频率最高的 4 个方法。

（1）清空内容 clear()：清除元素的内容。例如，登录框中一般默认有【账号】【密码】等提示信息，如果直接输入内容，则可能会与输入框的默认提示信息拼接，从而造成输入信息的错误，此时，clear() 就变得非常有用。

（2）填写内容 send_keys()：在元素上模拟按键输入。Python 是一种容易出现编码问题的语言，当在 send_keys() 方法中输入中文时，会出现脚本在运行时就报编码错误的情况，此时，可以在脚本开头声明编码为 UTF-8，并在中文字符的前面加一个 u 即可解决（表示转换为 Python Unicode 编码）。

```
#coding=utf-8
….send_keys(u"中文内容")
```

（3）单击操作 click()：单击元素。其实，click() 方法不仅可以用于单击一个按钮，还可以单击任何可以单击的元素，如文字/图片超链接、按钮、下拉按钮等。

（4）提交操作 submit()：提交表单。可以使用 submit() 方法来代替 click() 对输入的信息进行提交，在有些情况下，两个方法可以相互使用。submit() 要求提交对象是一个表单，更强调对信息的提交；click() 更强调事件的独立性。例如，一个文字超链接就不能使用 submit() 方法。

2. WebElement 其他方法

除了前面介绍的 4 种方法外，WebElement 还包含了其他用法。下面列举 WebElement 比较有用的功能。

（1）以字典的方式返回元素尺寸，使用 size 属性。

```
dict = driver.find_element_by_id('kw').size    #获取百度首页输入框的尺寸
print(dict)
```

运行代码后可以看到，size 获取的结果是一个字典，如图 5-11 所示。

```
"C:\Program Files\Python35-32\pyth
{'width': 500, 'height': 22}
```

图 5-11　size 获取的结果

（2）以字符串的方式返回元素文本内容，使用 text 属性。

```
str = driver.find_element_by_id('tj_trnews').text    #获取百度新闻超链接的文本内容
print(str)
```

（3）以字符串的方式获取元素的属性值，使用 get_attribute(属性名称)方法。

```
str = driver.find_element_by_id('kw').get_attribute('name')
print(str)
```

（4）以布尔类型返回该元素是否用户可见，使用 is_displayed()方法。

```
b = driver.find_element_by_id('tj_trnews').isdisplayed()
print(b)
```

5.3　等待时间

在运行脚本时，有时会出现一个问题：页面元素找不到，导致最后用例失败。这并不是用例逻辑上的错误，而是脚本不稳定导致的。面对此类问题，要观察页面加载和代码运行情况,很多元素找不到的异常情况发生在页面还未加载完成而代码已经开始查找页面元素时。解决此类问题需要设置等待时间。以下是常用的 3 种设置等待时间的方法，它们各有不同的应用场景。

V5-3　设置等待
时间的方法

1. sleep()

sleep()用于强制等待，设置固定休眠时间，以秒为单位。Python 的 time 模块提供了休眠方法 sleep()，导入 time 包后就可以使用 sleep()运行脚本的执行过程并进行休眠。这种等待方法是最简单、最直接的，但这种方法有其局限性。

（1）受网络和硬件环境不同而导致的等待时间不够

由于 WebDriver 脚本具有可移植性，因此，很多时候脚本会被放到其他机器或网络环境中运行，这样就会遇到页面加载时间不一致的情况。也许在代码编写人员的机器或网络环境中，页面加载只需要 1s，而在其他环境中却需要 2s 或更长时间。那么，如何设置 sleep()的时间呢？如果每次等待加载时间超过 3s，则会直接影响自动化执行效率。

（2）有些提示信息没有固定的出现和消失时间

在很多 Web 系统中，会出现一些用户异常操作的提示信息，如图 5-12 所示。

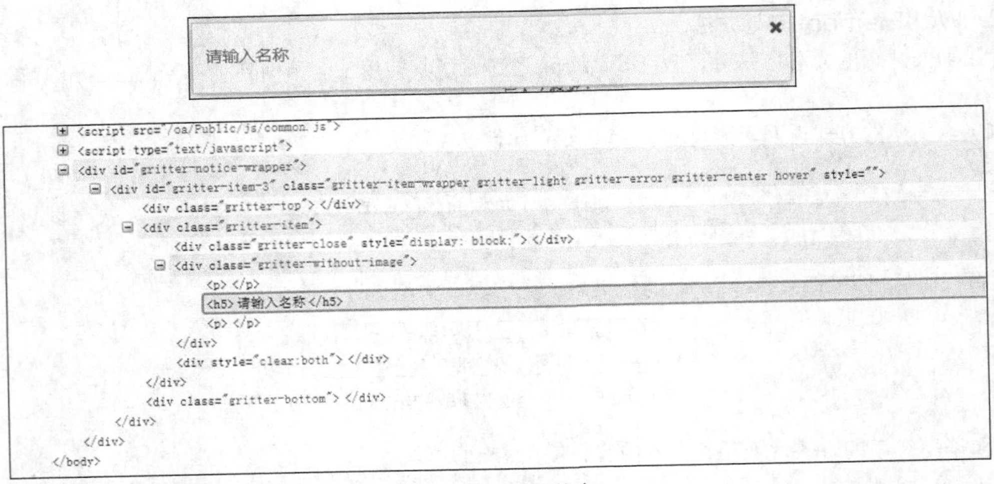

图 5-12　提示信息

　　这种提示信息一般会在一个很短的时间内自动消失，具有提示用户操作出现问题的作用。如果想要通过 WebDriver 来定位该元素，如得到"请输入名称"元素，则使用 time.sleep(2)的方式有可能无法获取。

2. implicitly_wait()

　　implicitly_wait()用于隐式等待，是 WebDriver 提供的一个超时等待，相当于设置全局等待时间。在定位元素时，其对所有元素设置超时时间。

```
...
#设置全局等待时间，在超时30s之内，每隔一段时间进行一次查找元素操作，直到超时30s
driver.implicitly_wait(30)
...
```

　　隐式等待也不是万能的，它也有一些问题。

　　图 5-13 所示为某页面的提示信息。此信息可以通过 id='msg'定位，且在页面加载完成后即可定位。如果用户进行了页面操作，如在 Agileone 项目公告管理模块中进行新增、删除和修改，此信息就会发生变化，如图 5-14 所示。

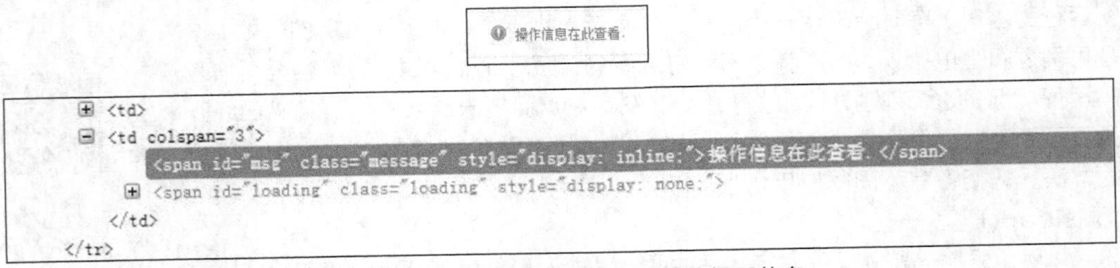

图 5-13　Agileone 公告管理页面的提示信息

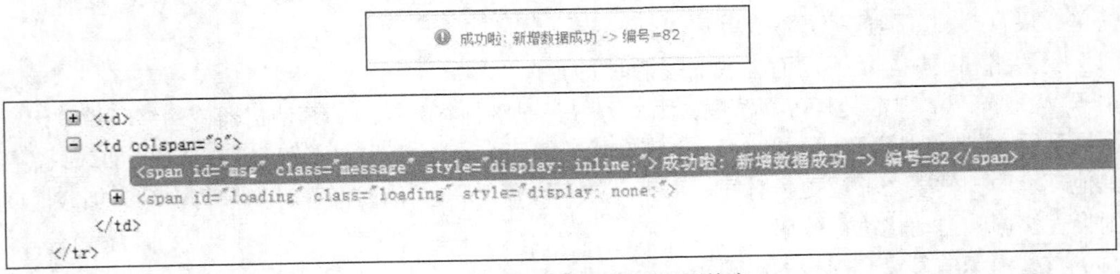

图 5-14　变化后的页面的提示信息

对比提示信息源代码，可以发现，页面元素 ID 没有发生变化，变化的仅仅是标签中的文本内容。如果代码中只使用隐式等待，则代码如下。

```
from selenium import webdriver
import time

driver = webdriver.Firefox(firefox_binary=r"C:\Program Files (x86)\Mozilla Firefox\
firefox.exe")
…
driver.implicitly_wait(20)
…

message = driver.find_element_by_id('msg').text    #获取页面提示信息内容
if '成功啦:新增数据成功'in message:        #判断内容是否新增成功
    print('新增成功')
print(message)
```

运行代码，message 的结果是"操作信息在此查看"，为什么会这样呢？其实，这是因为该元素本来就存在，新增成功的信息需要等待 1～2s 才会出现。所以，隐式等待无法解决这个问题。当遇到这种情况的时候，可以在隐式等待的同时加上强制等待。

```
…
time.sleep(2)
message = driver.find_element_by_id('msg').text    #获取页面提示信息内容
if '成功啦:新增数据成功'in message:        #判断内容是否新增成功
    print('新增成功')
print(message)
```

再次运行代码，message 的值就是新增成功的内容。

3. WebDriverWait()

WebDriverWait()用于显式等待，也是 WebDriver 提供的方法。在设置时间内，默认每隔一段时间检测一次当前页面元素是否存在，如果超过设置时间检测不到页面元素，则抛出异常。其用法如下。

```
WebDriverWait(driver,timeout,poll_frequency=0.5,ignored_Exceptions=None)
```

（1）driver：WebDriver 的驱动程序（IE、Firefox、Chrome 等）。

（2）timeout：最长超时时间，默认以 s（秒）为单位。

（3）poll_frequency：休眠时间的间隔时间（步长），默认为 0.5s。

（4）ignored_Exceptions：超时后的异常信息，默认情况下抛出 NoSuchElementException 异常。

图 5-15 所示为 JavaScript 提示信息，其代码如下。

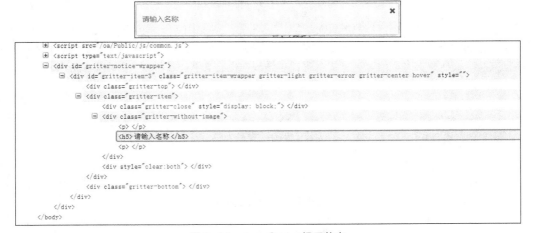

图 5-15　JavaScript 提示信息

```
from selenium.webdriver.support.ui import WebDriverWait
from selenium import webdriver

driver = webdriver.Firefox(firefox_binary=r"C:\Program Files (x86)\Mozilla Firefox\
firefox.exe")
…

ele = WebDriverWait(diver,5,0.5).until(lambda driver:driver.find_element_by_
xpath('//div[@id='gritter-item-2']/div[2]/div[2]/h5'))
str = ele.text
if str == '请输入名称':
        print('必填项标题未填写')
…
```

对于显式等待，可以看作针对某个具体元素的隐式等待，可以用来判断某个具体的元素是否出现，并返回该元素以供以后进行操作。

V5-4　文件上传

5.4　文件上传

在 WebDriver 的测试中，除了使用正常的协议操作外，还可以进行基于界面的文件上传。但是这里有一个关键问题，当上传文件时，系统会弹出"文件上传"对话框，让用户选择要上传的文件，如图 5-16 所示。

图 5-16　选择要上传的文件

事实上，该对话框是一个操作系统级对话框，Selenium WebDriver 本身是无法识别其中的元素的。所以，在进行文件上传时，不应该弹出此对话框，而是直接对"文件上传"的类文本框进行写操作，将文件路径直接写入到该文本框中即可。蜗牛进销存系统中也有文件上传模块，如图 5-17 所示。

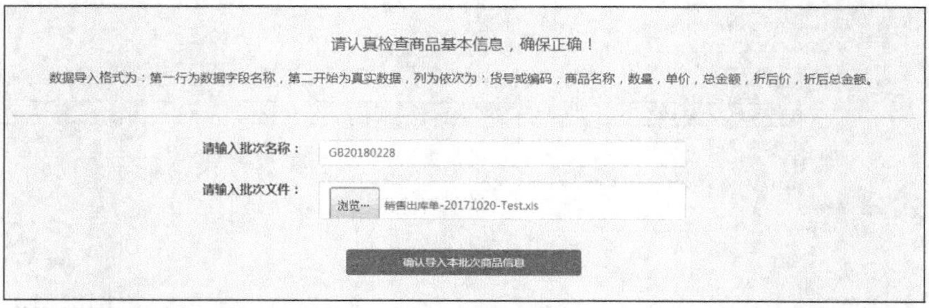

> 请认真检查商品基本信息，确保正确！
>
> 数据导入格式为：第一行为数据字段名称，第二开始为真实数据，列为依次为：货号或编码，商品名称，数量，单价，总金额，折后价，折后总金额。
>
> 请输入批次名称：　GB20180228
>
> 请输入批次文件：　浏览…　销售出库单-20171020-Test.xls
>
> 确认导入本批次商品信息

图 5-17　文件上传模块

（1）要实现 input 标签的文件上传，方式有很多，其中，使用 WebDriver 的 send_keys()方法即可实现，代码如下。

```
from selenium import webdriver
import time

wd = webdriver.Firefox(firefox_binary=r"C:\Program Files (x86)\Mozilla Firefox\
firefox.exe")
wd.get('http://localhost:8080/WoniuSales/')
wd.implicitly_wait(10)

wd.find_element_by_id('username').send_keys('admin')
wd.find_element_by_id('password').send_keys('admin123')
wd.find_element_by_id('verifycode').send_keys('0000')
wd.find_element_by_xpath('//button[@onclick="doLogin(\'null\')"]').click()
wd.find_element_by_link_text('批次导入').click()
time.sleep(1)
wd.find_element_by_id('batchfile').send_keys('C:\\Users\\Administrator\\DeskTop\\销售
出库单-20171020-Test.xls')
wd.find_element_by_xpath('//input[@onclick="uploadBatchFile()"]').click()
```

这里需要注意的是，文件 URL 不能使用/，必须使用\\。这是最常见的上传文件的方式。

（2）在 Python 中还可以调用 PyHook 包实现模拟键盘操作。利用 PyHook 包中的 Pykeyboard 模块中的 PyKeyboard 类可以实现模拟键盘输入。当然，需要先下载 PyHook 和 PyUserInput 两个第三方库，可以通过 pip install 的方式直接实现。文件上传实现代码如下。

```
from selenium import webdriver
import time
from pykeyboard import PyKeyboard

wd = webdriver.Firefox(firefox_binary=r"C:\Program Files (x86)\Mozilla Firefox\
firefox.exe")
wd.get('http://localhost:8080/WoniuSales/')
wd.implicitly_wait(10)

wd.find_element_by_id('username').send_keys('admin')
wd.find_element_by_id('password').send_keys('admin123')
wd.find_element_by_id('verifycode').send_keys('0000')
wd.find_element_by_xpath('//button[@onclick="doLogin(\'null\')"]').click()
wd.find_element_by_link_text('批次导入').click()
time.sleep(1)
wd.find_element_by_id('batchfile').click()  #单击上传按钮，弹出"文件上传"对话框
k = PyKeyboard()
time.sleep(2)
k.type_string('WoniuSalesGoods-20171020-Test .xls')
time.sleep(1)
k.press_keys([k.alt_key,'o'])    #通过组合键的方式确定操作
wd.find_element_by_xpath('//input[@onclick="uploadBatchFile()"]').click()
```

这里需要注意的是，k.type_string()方法不接收中文，所以需要把上传文件名改为字母和数字的形式。

（3）使用前面所学的 SikuliX 的 JAR 包来操作，代码如下。

```
import jpype
import os
…  #省略中间WebDriver操作页面的过程
#调用Java虚拟机，实现文件上传功能

jarpath = 'G:/SikuliX/SikuliX/SikuliX/'
```

```
print(jvmpath)
if not jpype.isJVMStarted():
    jpype.startJVM(jvmpath,'-Djava.class.path=%s'%(jarpath+'SikuliX.jar'))
system = jpype.java.lang.System
javaclass = jpype.JClass('org.Sikuli.script.Screen')
s = javaclass()
s.type('WoniuSalesGoods-20171020-Test .xls')
s.click('c:\\users\\administrator\\desktop\\open.png')
wd.find_element_by_xpath('//input[@onclick="uploadBatchFile()"]').click()
```

（4）使用其他方式实现。除前面的几种方式外，大家还可以通过 Python 调用 EXE 执行程序的方式来运行其他软件生成的可执行程序实现文件上传。具体实现涉及其他应用程序的使用，这里不再赘述，若需了解，可在网络中查找相关文章。

5.5 WebDriver 焦点切换

5.5.1 WebDriver 焦点切换的用法

V5-5 焦点切换

在 WebDriver 中，焦点切换主要分为以下 3 类。

（1）警告窗体的焦点切换。

（2）内嵌页面的焦点切换。

（3）新开窗口或者标签的焦点切换。

上面提到的焦点切换，都需要使用 WebDriver 提供的 switch_to 对象。无论需要哪种切换，只要使用 driver.switch_to 的方式即可实现。

5.5.2 确认对话框

在蜗牛进销存系统的商品出库模块中，可以实现删除功能，但是当单击【删除】按钮时，会弹出一个确认对话框，可以选择单击【确定】或【取消】按钮。但是这是一个特殊的对话框，无法正确按照 HTML 按钮的方式通过 find_element_by 方法对其进行操作，确切来说，这是浏览器调用的操作系统级的弹出对话框，如图 5-18 所示。

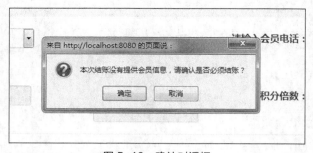

图 5-18 确认对话框

这种确认对话框不仅使用 WebDriver 的 find_element_by 方法获取不到，使用工具 IDE 的 select 也无法选中该对话框中的元素。

此时，需要使用 WebDriver 内置的对确认对话框的特殊处理方法，代码如下。

```
from selenium import webdriver
import time

driver = webdriver.Firefox(firefox_binary=r"C:\Program Files (x86)\Mozilla Firefox\
```

```
firefox.exe")
driver.get('http://localhost:8080/WoniuSales/')
driver.implicitly_wait(10)

driver.find_element_by_id('username').send_keys('admin')
driver.find_element_by_id('password').send_keys('admin123')
#登录时设置了万能密码0000，保证每次登录时不需要破解验证码
driver.find_element_by_id('verifycode').send_keys('0000')
driver.find_element_by_xpath('//button[@onclick="doLogin(\'null\')"]').click()
#没有填写任何信息的时候就提交出库按钮
driver.find_element_by_id('submit').click()
time.sleep(3)    #为了很清楚地看见效果，强制等待3s
driver.switch_to.alert.dismiss()    #单击【取消】按钮
#driver.switch_to.alert.accept()    #单击【确定】按钮
```

运行代码，可以看到确认对话框能够被操作了，确认对话框的操作如下。

（1）text 属性。其用法为 string = driver.switch_to.alert.text，作用是获取当前确认对话框的提示信息的文本内容。

（2）accept()方法。其用法为 driver.switch_to.alert.accept()，作用是单击确认对话框中的【确定】按钮。

（3）dismiss()方法。其用法为 driver.switch_to.alert.dismiss()，作用是单击确认对话框中的【取消】按钮。

（4）send_keys()方法。其用法为 string = wd.switch_to.alert.send_keys()，作用是向对话框中输入内容，如果没有文本框，则抛出异常。

操作确认对话框时，一定要先确定其属于 alert、conform 还是 prompt，因为通过前端技术 CSS+JavaScript 操作 div 一样可以实现。如果使用后者，则可以直接使用 XPath 的方式进行操作。

5.5.3　新窗口的切换

在一个页面中打开一个新窗口也是经常遇到的情况，如果需要在多个窗口之间进行切换，如在百度中搜索了蜗牛学院，单击超链接打开蜗牛学院官网页面，如图 5-19 所示，如果想要继续操作蜗牛学院官网中的页面元素，则程序会直接抛出找不到元素的异常。

图 5-19　打开蜗牛学院官网页面

```
from selenium import webdriver
driver = webdriver.Firefox(firefox_binary=r"C:\Program Files (x86)\Mozilla Firefox\
firefox.exe")

driver.get('http://www.baidu.com')
driver.implicitly_wait(20)

driver.find_element_by_id('kw').send_keys('蜗牛学院')
driver.find_element_by_id('su').click()
driver.find_element_by_link_text('蜗牛学院-Java培训|Java学习|Web培训|Java视频|Java自学|成都IT...').click()
driver.find_element_by_link_text('直播课堂').click()
```

如果在新打开的页面中查找并选择【直播课堂】选项，就会发现代码出现了异常，要解决这个问题，就需要使用 WebDriver 内置的专门用于切换窗口的方法 driver.current_window_handle ()和

driver.window_handles ()，代码如下。

```
from selenium import webdriver

driver = webdriver.Firefox(firefox_binary=r"C:\Program Files (x86)\Mozilla Firefox\
firefox.exe")
driver.get('http://www.baidu.com')
driver.implicitly_wait(20)

driver.find_element_by_id('kw').send_keys('蜗牛学院')
driver.find_element_by_id('su').click()
s = driver.current_window_handle        #获取当前页面的句柄，返回值为集合
print(s)
```

焦点所在页面的句柄如图 5-20 所示。

```
"C:\Program Files\Python35-32\python3.exe'
{c8cb384e-d7c6-440d-9085-db27c472cc97}
```

图 5-20   焦点所在页面的句柄

修改代码，打开蜗牛学院官网页面后，获取所有句柄，这里使用方法 driver.window_handles，代码
如下。

```
...
driver.find_element_by_id('kw').send_keys('蜗牛学院')
driver.find_element_by_id('su').click()
s = driver.window_handles        #获取当前页面的句柄，返回值为集合
print(s)
```

WebDriver 打开的所有页面的句柄结果如图 5-21 所示。

```
"C:\Program Files\Python35-32\python3.exe" C:/Users/Administrator/PycharmProjects/t_2
['{dcb0298c-788b-4078-b329-61a1789a420c}', '{6fba220f-b061-4b0f-9f0c-c0de58f89898}']
```

图 5-21   WebDriver 打开的所有页面的句柄

想要在百度中搜索蜗牛学院并选择【直播课堂】选项，就不可避免地需要切换页面焦点，从前面的
运行结果可以看出，不同页面的句柄也不同，使用 driver.switch_to.window()方法即可实现操作。

其完整代码如下。

```
from selenium import webdriver

driver = webdriver.Firefox(firefox_binary=r"C:\Program Files (x86)\Mozilla Firefox\
firefox.exe")
driver.get('http://www.baidu.com')
driver.implicitly_wait(20)

driver.find_element_by_id('kw').send_keys('蜗牛学院')
driver.find_element_by_id('su').click()
driver.find_element_by_link_text('蜗牛学院-Java培训|Java学习|Web培训|Java视频|Java自学|成
都IT...').click()
s_before = driver.current_window_handle
s_behind = driver.window_handles
for i in s_behind:
    if i != s_before:
        driver.switch_to.window(i)
#driver.switch_to.window(s_behind[-1])    #也可以不使用遍历列表，直接通过索引进行切换
driver.find_element_by_link_text('直播课堂').click()
```

> 如果在新页面操作完成后需要回到原页面,则可以使用 driver.switch_to.window(s_before)
> 方法来实现。这里不再给出演示代码。

5.5.4　内嵌页面的切换

对于 iFrame 内嵌页面,使用 driver.switch_to.frame("参数")进行切换和正常操作即可。其中,参数可以是页面的 ID、标题或句柄等。这里以蜗牛学院官网培训首页的对话框为例介绍内嵌页面的切换,如图 5-22 所示。

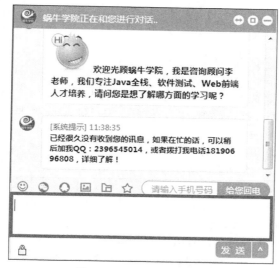

图 5-22　内嵌页面的切换

打开蜗牛学院官网培训首页,会在右侧弹出对话框,如果通过 WebDriver 向输入框中输入内容,则可实现焦点切换,此时,内嵌页面源码如图 5-23 所示。

```
⊟ <div id="1reditor">
  ⊟ <iframe id="FreeTextBox1_editor" frameborder="0" width="100%" height="61" src="about:blank" hspace="0" style="BORDER-
     TOP-STYLE: none; BORDER-RIGHT-STYLE: none; BORDER-LEFT-STYLE: none; BORDER-BOTTOM-STYLE: none; " name="FreeTextBox1_editor">
    ⊟ <html name="FreeTextBox1_editor_html" webdriver="true">
      ⊞ <head>
      ⊞ <body onblur="return parent.editblur()" onfocus="return parent.editfocus()" onmousedown="return
         parent.editclick(event);" onkeyup="return parent.f12(event)" onkeydown="return parent.f11(event);" style="font-
         family: 微软雅黑; font-weight: normal; font-style: normal; font-size: 10pt; text-decoration: none; color: rgb(153,
         153, 153);">
      </html>
    </iframe>
  </div>
```

图 5-23　内嵌页面源码

要想在文本框中输入信息,就需要使用 driver.switch_to.frame()方法,但此页面中不止一个 iFrame,所以需要切换两次,代码如下。

```
…
driver.get('http://www.woniuxy.com/train/index.html')
driver.implicitly_wait(20)
```

```
driver.switch_to.frame('LR_miniframe')    #第一个iFrame有ID属性，直接使用即可
time.sleep(1)
#第二个iFrame使用定位的方式
driver.switch_to.frame(driver.find_element_by_id('FreeTextBox1_editor'))
time.sleep(1)
driver.find_element_by_xpath('/html/body').send_keys('我要报名')
```

这两种方法都可以实现 iFrame 的焦点切换，如果没有 ID 属性，则建议使用第二种方法进行切换。想要返回原页面，就需要使用 default_content()方法，代码如下。

```
…
time.sleep(1)
driver.find_element_by_xpath('/html/body').send_keys('我要报名')
driver.switch_to.default_content()
time.sleep(1)
driver.find_element_by_link_text('测试开发').click()
```

5.6 WebDriver 截图

截图操作可以帮助用户截取当前正在运行的浏览器页面的现场情况。因为自动化测试脚本在执行过程中通常是无人值守的，所以在某些异常发生的情况下，保留测试现场是非常有必要的。WebDriver 提供了 4 种方法来实现截图。

1. save_screenshot(filename)

此方法实际上是对后面方法的封装，使用起来非常简单，如果代码执行过程中需要截图，则可以直接使用 driver.save_screenshot('xx/xx.png')。

但需要注意的是，如果在 alert 之类的弹出对话框出现后再截图，则程序会抛出异常。

2. get_screenshot_as_base64()

此方法也可获取屏幕截图，保存的是 Base64 的编码格式，在 HTML 界面输出截图的时候会用到。

例如，s = driver.get_screenshot_as_base64()，表示将 Base64 编码格式的文件赋值给变量，以方便后续使用。以 Base64 格式保存的截图如图 5-24 所示。

```
"C:\Program Files\Python35-32\python3.exe" C:/Users/Administrator/Py
iVBORw0KGgoAAAANSUhEUgAABJEAAAPHCAYAAACYPtjWAAAgAE1EQVR4nOzdeVBU5743
Process finished with exit code 0
```

图 5-24　以 Base64 格式保存的截图

3. get_screenshot_as_file(filename)

此方法用于获取当前窗口的截图，出现 I/OError 时返回 False，截图成功时返回 True。

例如，driver. get_screenshot_as_file('C:/users/administrator/desktop/woniusalesfail.png')，表示将截图存在系统桌面上，并以 woniusalesfail.png 的形式保存。

4. get_screenshot_as_png()

此方法用于获取屏幕截图，保存的是二进制数据。

例如，s = driver.get_screenshot_as_png()，运行代码后可以发现，s 变量的值是二进制形式。以二进制形式保存的截图如图 5-25 所示。

```
"C:\Program Files\Python35-32\python3.exe" C:/Users/Administrator/Pych
b'\x89PNG\r\n\x1a\n\x00\x00\x00\rIHDR\x00\x00\x04\x91\x00\x00\x03\xc7'
```

图 5-25　以二进制形式保存的截图

5.7 WebDriver 调用 JavaScript

在使用 WebDriver 操作页面的时候经常会遇到一些前端对页面的限制，如 input 标签被隐藏，或者 input 标签禁止输入，如图 5-26 所示。

出生日期：	2018-02-27

图 5-26　input 标签禁止输入

V5-6　在 WebDriver 上使用 JavaScript、Cookie、鼠标、键盘事件

前端对此文本框进行了设置，不允许使用者直接填写日期，而需要手动在弹出的日期下拉列表中一项一项地进行操作，对于 WebDriver 来说，这无疑是一个大麻烦。查看 HTML 源码，可以看到此 input 标签中有一个特殊的属性 readonly，如图 5-27 所示。

```
<div class="col-lg-4 col-md-4 col-sm-4 col-xs-4" style="padding: 10px;">
        <input id="childdate" class="form-control time-input" type="text" readonly="">
</div>
```

图 5-27　readonly 属性

此属性的存在导致 input 标签在自动化实现时无法通过 send_key()方法来赋值。由于 WebDriver 本身是基于浏览器内核进行操作的，因此它是可以直接运行 JavaScript 的，这对于在网页中进行的一些特殊的操作非常有帮助。WebDriver 提供了 execute_script()方法来执行 JavaScript 的代码，因此，可以尝试通过 JavaScript 的方式来修改此属性的值，使该标签变为可以操作的，代码如下。

```
from selenium import webdriver
import time

driver = webdriver.Firefox(firefox_binary=r"C:\Program Files (x86)\Mozilla Firefox\
firefox.exe")
driver.get('http://localhost:8080/WoniuSales/')
driver.implicitly_wait(10)

driver.find_element_by_id('username').send_keys('admin')
driver.find_element_by_id('password').send_keys('admin123')
driver.find_element_by_id('verifycode').send_keys('0000')
driver.find_element_by_xpath('//button[@onclick="doLogin(\'null\')"]').click()
driver.find_element_by_link_text('会员管理').click()
driver.execute_script("document.getElementById('childdate').readonly=false;")
driver.find_element_by_id('childdate').clear()
driver.find_element_by_id('childdate').send_keys('11111')  #避免和日期形同，验证其可行性
```

修改 readonly 属性后的结果如图 5-28 所示。

从图 5-28 中可以看出，input 标签不再是灰色的，并填入了不是标准日期格式的文本内容。但需要注意的是，如果这里提交的不是日期格式的内容，则后台进行验证后很可能出现异常提示。

除了修改只读标签之外，执行 JavaScript 的代码还有很多。例如，在蜗牛进销存系统的商品入库模块中可以看到商品批次的选项只有两个，如图 5-29 所示，无法添加。

如果有新批次需要提交，但是想要选择新的批次时没有相应选项，则可以通过 execute_script()方法来实现。

图 5-28　修改 readonly 属性后的结果

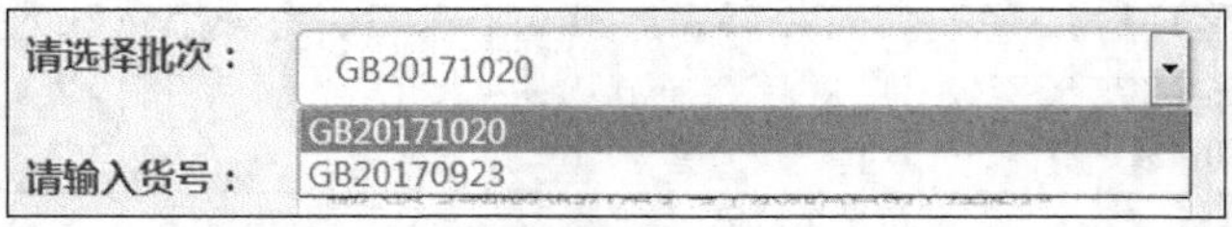

图 5-29　商品批次的选项

```
…
driver.find_element_by_link_text('商品入库')
driver.execute_script("document.getElementById('batchname').innerHTML='<option>GB2018
0305</option>'")
```

运行代码后可以发现，新的批次出现在页面中了，新增的批次如图 5-30 所示。

图 5-30　新增的批次

这些都是 JavaScript 的简单应用。当然，既然可以执行 JavaScript，就可以用该方法来实现更复杂的功能。总之，通过调用 JavaScript 的方式可以完成很多 WebDriver 本身无法完成的事情，灵活地运用这种方式，既能提高代码的编码效率，又能保证脚本的稳定性。

5.8　鼠标和键盘事件

到目前为止，实现的都是常规操作，如鼠标的单击操作，或者通过 SendKeys 输入一段文本。但是，一个 Web 页面中不止有简单操作，例如，鼠标右键操作、鼠标双击操作、鼠标光标在某个元素上悬停、鼠标拖动或者在键盘上操作组合键等。本节将详细介绍鼠标和键盘的特殊操作的用法。

5.8.1　鼠标事件

1. ActionChains 对象

在 Selenium WebDriver 中，浏览器窗口中的所有鼠标和键盘的模拟使用的都是 ActionChains 对象。该对象在实例化时与 WebDriver 对象进行关联，从而在当前 WebDriver 所操作的浏览器窗口中生效。其主要操作方法如下。

（1）鼠标基本操作：单击（click），双击（double_click），右键单击（context_click）。

（2）鼠标的定位与悬停：移动到某个元素上（move_to_element），在某个元素上悬停（click_and_

hold）。

（3）鼠标的拖动：将一个元素拖动到另一个元素上（drag_and_drop），但是该功能在新版本的 WebDriver 中并不能很好地工作，所以需要使用其他解决方案。

（4）鼠标的所有事件必须使用 perform()执行所有 ActionChains 中存储的行为，即必须使用此方法来实现鼠标对元素的操作。

2. ActionChains 对象的使用

（1）右键单击事件，使用 context_click()方法

一般来说，在 Web 端单击一个超链接的时候，当前页面会直接跳转到一个新的页面中。但是，当需要在新标签中打开页面，保留当前页面时，WebDriver 的 click()方法就无法满足要求了。例如，想在蜗牛进销存系统中一次打开多个页面，如图 5-31 所示，而不是在不同的模块间进行跳转，应怎么实现呢？

图 5-31　打开多个页面

在前面的鼠标事件中可以看到，ActionChains 对象中有 context_click()方法。在使用 WebDriver 的时候，可以引入右键单击操作，选择【在新标签页中打开】选项，如图 5-32 所示。

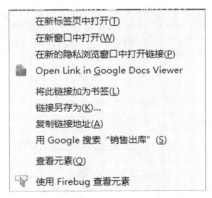

图 5-32　选择【在新标签页中打开】选项

其实现代码如下。

```
from selenium import webdriver

...#登录蜗牛进销存系统的过程省略

#登录完成后运行以下代码
goods_in=driver.find_element_by_link_text('商品入库')  #定位元素
#右键单击该元素
webdriver.ActionChains(driver).context_click(goods_in).perform()
```

上面的代码运行后，在当前元素上执行了鼠标右键单击事件，弹出了右键选项。要选择【在新标签页中打开】选项，还需要使用键盘事件，后面将会介绍。

（2）双击事件，使用 double_click() 方法

页面中很少会用到双击才能触发执行的事件。但鼠标事件 ActionChains 对象提供了 double_click() 方法，可以编写一个 Web 页面来实现一个双击的按钮，代码如下。

```
<html>
<head>
</head>
<body>
    <input id="click" type="button" value="单击" onClick="alert('你单击了我！')">
    <input id="doubleclick" type="button" value="双击" onDblClick="alert('你双击了我')">
</body>
</html>
```

使用浏览器打开页面，获得的页面如图 5-33 所示。

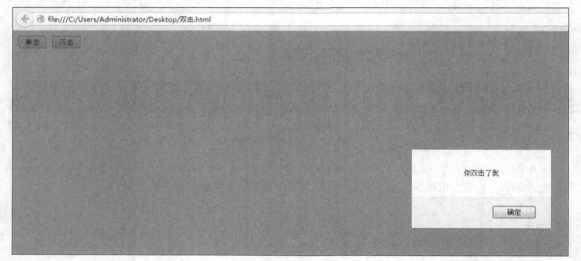

图 5-33　获得的页面

使用 WebDriver 代码实现单击和双击操作，代码如下。

```
from selenium import webdriver

driver = webdriver.Firefox(firefox_binary=r"C:\Program Files (x86)\Mozilla Firefox\
firefox.exe")
driver.get('file:///C:/Users/Administrator/Desktop/%E5%8F%8C%E5%87%BB.html')
driver.implicitly_wait(20)

# driver.find_element_by_id('click').click()        #单击操作没有问题
drier.find_element_by_id('doubleclick').click()   #双击使用click是无效的
ele = driver.find_element_by_id('doubleclick')
webdriver.ActionChains(driver).double_click(ele).perform()
```

（3）移动、悬停事件，使用 move_to() 方法

在某些 Web 端页面中会出现一些下拉列表，当将鼠标光标移动到上面并悬停时，才可以展开下拉列表的选项，如果使用 WebDriver 直接定位页面下拉列表的选项，则程序在超时时间后会直接抛出元素找不到的异常。

百度页面的设置如图 5-34 所示，想要实现高级搜索功能，可以在设置 click()后再定位【高级搜索】选项，或者使用鼠标光标事件，将鼠标光标移动到【设置】选项上，当展开下拉列表后再选择【高级搜索】选项，代码如下。

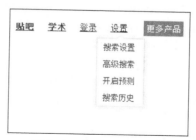

图 5-34　百度页面的设置

```
from selenium import webdriver

driver = webdriver.Firefox(firefox_binary=r"C:\Program Files (x86)\Mozilla Firefox\
firefox.exe")
driver.get('http://www.baidu.com/')
driver.implicitly_wait(20)

ele = driver.find_element_by_link_text('设置')
webdriver.ActionChains(driver).move_to_element(ele).perform()
driver.find_element_by_link_text('高级搜索').click()
```

（4）拖动事件，使用 drag_and_drop()方法

此方法在 WebDriver 的鼠标事件中，其本身设计的意图是单击一个页面元素并将其拖动到页面的某个位置上，如将"新闻"超链接的元素拖动到输入框中，如图 5-35 所示。

图 5-35　将"新闻"超链接的元素拖动到输入框中

按鼠标事件实现的方法进行编写，代码如下。

```
from selenium import webdriver
from selenium.webdriver.common.Action_chains import ActionChains

driver = webdriver.Firefox(firefox_binary=r"C:\Program Files (x86)\Mozilla Firefox\
firefox.exe")
driver.get("https://www.baidu.com/")

before_move = driver.find_element_by_link_text("新闻")
after_move = driver.find_element_by_id("kw")
print(before_move,after_move)
ActionChains(driver).drag_and_drop_by(before_move,after_move).perform()
#ActionChains(driver).drag_and_drop_by_offset(before_move,0,100).perform()
```

运行上面的代码，可以发现新闻是被单击状态，但并没有任何的拖动效果。查询资料后发现，国外使用者也在反映这个问题，可以暂时认为这是一个 Bug，WebDriver 还未修复这个 Bug。

5.8.2　键盘事件

在 WebDriver 的日常使用中，除了会使用鼠标事件外，还会使用到键盘事件。例如，很多系统在登录的时候，可以单击登录按钮，也可以按回车键，二者都可以实现前端表单提交。还有一些具体的情况，例如，鼠标事件的第一个例子中，实现鼠标右键操作以后，没有在新标签中打开页面，要实现此功能，可以使用前面的鼠标事件加键盘事件的组合方式。

在 WebDriver 中，Keys 类中提供了几乎所有的键盘事件，在鼠标事件中用到了两个键盘事件，键盘的向下按键（send_keys(Keys.DOWN)）和键盘的回车事件（send_keys(Keys.ENTER)）。键盘的事件需要导入 Keys 模块，代码如下。

```
from selenium.webdriver.common.keys import Keys
```

导入模块后，只需要使用 send_keys()方法即可模拟键盘输入，下面来看一下常用的键盘输入操作，代码如下。

```
Keys.BACK_SPACE：退格键（Backspace键）
Keys.TAB：制表键（Tab键）
Keys.ENTER：回车键（Enter键）
Keys.SHIFT：大小写转换键（Shift键）
Keys.CONTROL：Control键（Ctrl键）
Keys.ALT：Alt键（Alt键）
Keys.ESCAPE：返回键（Esc键）
Keys.SPACE：空格键（Space键）
Keys.PAGE_UP：向上翻页键（PageUp键）
Keys.PAGE_DOWN：向下翻页键（PageDown键）
Keys.END：行尾键（End键）
Keys.HOME：行首键（Home键）
Keys.LEFT：左方向键（Left键）
Keys.UP：上方向键（Up键）
Keys.RIGHT：右方向键（Right键）
Keys.DOWN：下方向键（Down键）
Keys.INSERT：插入键（Insert键）
DELETE：删除键（Delete键）
(Keys.CONTROL, 'a')：Ctrl+A组合键，全选
(Keys.CONTROL, 'c')：Ctrl+C组合键，复制
(Keys.CONTROL, 'x')：Ctrl+X组合键，剪切
(Keys.CONTROL, 'v')：Ctrl+V组合键，粘贴
```

完成前面的在新标签中打开页面的操作，代码如下。

```
…
from selenium.webdriver.common.keys import Keys

…#登录蜗牛进销存系统的过程省略

#登录完成后运行以下代码
goods_in=driver.find_element_by_link_text('商品入库')  #定位元素
#右键单击该元素
webdriver.ActionChains(driver).context_click(goods_in).perform()
goods_in.send_keys('T')
```

在百度页面中尝试其他键盘输入效果，代码如下。

```
from selenium import webdriver
from selenium.webdriver.common.keys import Keys  #引入Keys类包
import time
```

```
driver = webdriver.Firefox(firefox_binary=r"C:\Program Files (x86)\Mozilla Firefox\
firefox.exe")
driver.get("http://www.baidu.com")

#在输入框中输入内容
driver.find_element_by_id("kw").send_keys("蜗牛创想科技有限公司i")
time.sleep(3)
#删除多输入的一个i
driver.find_element_by_id("kw").send_keys(Keys.BACK_SPACE)
time.sleep(3)
#输入空格键+"教程"
driver.find_element_by_id("kw").send_keys(Keys.SPACE)
driver.find_element_by_id("kw").send_keys('蜗牛学院')
time.sleep(3)
#Ctrl+A, 全选输入框中的内容
driver.find_element_by_id("kw").send_keys(Keys.CONTROL,'a')
time.sleep(3)
#Ctrl+X, 剪切输入框中的内容
driver.find_element_by_id("kw").send_keys(Keys.CONTROL,'x')
time.sleep(3)
#在输入框中重新输入内容，并进行搜索
driver.find_element_by_id("kw").send_keys(Keys.CONTROL,'v')
time.sleep(3)
#通过按Enter键来代替单击操作
driver.find_element_by_id("su").send_keys(Keys.ENTER)
time.sleep(3)
```

5.9 浏览器兼容性测试

兼容性测试主要用于检查软件在不同的软硬件平台上是否可以正常运行，这里是为了兼容不同的浏览器，即让被测对象的主要功能在 Firefox、IE、Chrome 主流浏览器中正常运行。

1. Selenium WebDriver 打开不同浏览器的方式

前面已经学习了 Firefox 的打开方式，直接使用 driver = webdriver.Firefox()即可,这是因为 Firefox 的 WebDriver 驱动直接包含在安装目录中，只要 Firefox 安装时没有修改安装路径，就可以使用 new FirefoxDriver()直接打开。

但 IE 和 Chrome 不同，其安装路径中并没有驱动文件，所以首先要下载 IE 和 Chrome 的驱动文件 IEDriverServer.exe 和 ChromeDriver.exe。将这两个文件存放在任意目录中，启动前设置好相关驱动的存放路径即可。

2. 实例

（1）创建 3 个文件进行测试，创建的文件如图 5-36 所示。

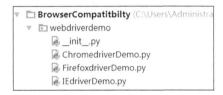

图 5-36 创建的文件

（2）编写启动 3 个浏览器的代码，在实例化时传入相应驱动的参数即可。
IEdriverDemo.py 的代码如下。

```
from selenium import webdriver

driver = webdriver.Ie(r'C:\Users\Administrator\Desktop
\工具\IEDriverServer.exe')
#也可以将Driver直接放在lib目录中，此时不需要传入路径参数
driver.get('http://www.baidu.com')
```

FirefoxdriverDemo.py 的代码如下。

```
from selenium import webdriver

driver = webdriver.Firefox(firefox_binary=r"C:\Program Files (x86)\Mozilla Firefox\
firefox.exe")
driver.get('http://www.baidu.com')
```

ChromedriverDemo.py 的代码如下。

```
from selenium import webdriver

driver= = webdriver.Chrome(r'F:\chromedriver2.21\chromedriver_win32\chromedriver.exe')
driver.get('http://www.baidu.com')
```

（3）运行 3 个脚本，在 IE、FireFox、Chrome 3 个浏览器中分别打开了百度首页。以 3 种驱动方式打开的百度首页如图 5-37 所示。

图 5-37　以 3 种驱动方式打开的百度首页

第6章

自动化测试框架

本章导读

■在第 5 章中，学习了 Selenium WebDriver 的具体应用，学习 Selenium 的目的，除了少数使用其自动化执行的特性来完成一些办公或系统的自动化运行之外，主要是实现 UI 自动化测试。UI 就是常常提到的用户界面。UI 自动化是指基于用户界面的自动化测试，主要工作是对 UI 层的功能进行测试。实际上，当学习了 WebDriver 后，大家会发现已经可以编写一些自动化测试的脚本了。自动化测试就是这样吗？本章就为大家翻开 UI 自动化测试的新一页。

本章主要讲解关于自动化测试框架设计的关键要素、分层思想，以及目前业界比较通用的实践经验，同时介绍编者经过多年实践总结出的一套自动化测试框架体系。自动化测试框架从理念来说并不复杂，其之所以神秘，是因为运用起来很复杂，每个公司、每个部门的产品线、运作流程都是不同的，这导致在想运用自动化测试框架完成自动化测试时产生了很多不定因素，造成了很多自动化测试项目的失败，使人们对自动化测试框架敬而远之。

学习目标

（1）理解自动化测试框架。
（2）掌握线性脚本的使用。
（3）掌握模块化框架的实现。
（4）掌握数据驱动的实现。

6.1 概述

很多人印象中的自动化测试框架就是一个能够进行自动化测试的程序。其实这样的理解不全面，真正的自动化测试框架可以不是一个程序，而仅仅是一种思想和方法的集合，即它是一个架构。大家应该知道，操作系统其实也是一个架构，可以将其理解为：基础的自动化测试框架为一个简单的操作系统，它定义了几层架构，定义了各层互相通信的方式。通过这个架构才能拓展测试对象（核心体）、测试库（链接库）、测试用例集（各个 Windows 进程）、测试用例（线程），而其之间通过传递参数进行通信（即相当于系统中的消息传递）。

1. 自动化测试流程

和系统测试一样，自动化测试流程也分为分析、设计、实现、执行及维护几个阶段，如图 6-1 所示。

图 6-1　自动化测试流程

2. 自动化测试框架理解

到底什么是自动化测试框架？这里给出以下几种解释。

（1）自动化测试框架就是支撑自动化测试的一系列假设、概念和工具。

（2）自动化测试框架就是一个能够进行自动化测试的程序。

（3）自动化测试框架是由一个或多个自动化测试基础模块、自动化测试管理模块、自动化测试统计模块等组成的工具集合。

从更广泛的角度讲，自动化测试框架以设计思想为指导，包含了测试数据、测试用例脚本、测试工具、支撑组件等一系列集合，并能与管理流程和测试流程相适应。

典型的自动化测试框架如图 6-2 所示。

3. 自动化测试框架评价

如何评价一个自动化测试框架的好坏？主要可以从以下几个方面来评估一个自动化测试框架的质量。

（1）独立于测试工具：无论使用什么样的测试工具或测试技术，并不影响框架本身。

（2）测试步骤可重用：一个项目中难免会有很多操作过程是类似的，应该将框架设计为可重用的。

（3）测试资产可重用：测试资产包括测试脚本、测试数据、测试环境等。

（4）测试数据易定制：例如，通过外部数据源定制不一样的测试数据，完善测试用例。

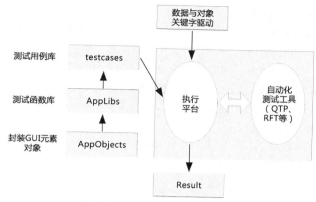

图 6-2　典型的自动化测试框架

（5）异常处理机制：测试执行过程中难免会遇到各种未知异常，应该捕获并截图保存。

（6）测试脚本易开发：测试框架一旦定义完成，应该使测试脚本的开发变得更加容易。

（7）测试脚本易维护：对可能的操作均进行封装，并且对相关操作进行分层处理。

（8）无人干预执行：持续集成的关键所在，从版本构建到测试到报告甚至到发布，均自动完成。

（9）代码可移植性高：测试脚本当中没有 Hard-Code，不同的项目均可方便地移植。

（10）适用于团队开发：自动化测试框架也需要考虑团队开发的问题，要定义好自己的接口规范。

4．目前流行的自动化测试框架设计思路

每一个人在构思框架时，都会受限于自己的思维方式、实践经验、成功案例，甚至所测试的产品领域和业务流程等，所以很难说哪个框架一定是最好的，哪个框架一定不好，甚至不能简单地评判一些通用性强的框架就一定是好的，通用性差的框架就一定不好，这样都会造成以偏概全的误解。下面整理了目前比较流行的一些框架设计思想，供大家参考。

（1）数据驱动测试（Data-Driven Testing，DDT）。

（2）关键字驱动测试（Keyword-Driven Testing，KDT）。

（3）业务流程测试（Business Process Testing，BPT）。

（4）页面对象模式（Page Object Model，POM）。

（5）基于组件的测试（Component-Based Testing，CBT）。

5．自动化测试框架设计阶段划分

图 6-3 所示为自动化测试框架设计阶段划分。

图 6-3　自动化测试框架设计阶段划分

6. 关于框架设计中的分层思想

事实上，无论是自动化测试框架的设计还是软件产品研发框架的设计，在很多思想上是完全一致的，其中很重要的一点就是"分层思想"。

什么是分层思想呢？其核心就是不同的操作应该放在不同的类和不同的方法中，层与层之间互相依赖，互相调用，每一层都有自己独特的分工。就像之前学习的 TCP/IP 模型一样，应用层、传输层、网络层和物理层，各层需要结合才能真正完成一个任务，但是每一层都有自己独特的分工，不能混乱，一旦乱了，分层思想也就失去了其价值。

分层思想的设计指导原则如下。

（1）上层总是依赖下层，不要跨层访问。

（2）一切从系统需要提供的功能进行分析。

（3）每个层的接口有明确的职责范围。

（4）只要接口规范无变化，接口的实现就互不影响。

7. 目前的测试框架存在的问题

目前，很难评价市面上测试框架的好与坏，应该从被测试产品的产品架构、业务形态进行考量，适合自己的才是最好的。但是，通常情况下，框架会存在一些问题，简单总结如下。

（1）测试框架只针对某些特定领域，如专门针对 Selenium 的框架、专门针对性能测试的框架、专门针对接口测试的框架等，无法很好地覆盖全流程测试。

（2）测试框架试图减少测试人员的编码时间，这导致自动化测试脚本被各种操作限制得非常死板，只能完成一些简单的自动化测试，无法进行深度开发和定制。

（3）测试框架的通用性更强，试图适用于各类测试。例如，Robot Framework 的通用性很强，适用于 PC 端和移动端，可以对 GUI 进行测试，也可以测试接口，甚至测试命令行。但是其通过关键字进行操作，虽然作为入门级框架使用非常方便，可以关注更少量的代码，但是其灵活性也大打折扣。使用 Robot Framework 时，用户无法定制更强的功能，一个有经验的测试开发工程师是非常不习惯被其关键字操作所限制的，而且其在功能组件的扩展上也比较麻烦。

所以，人们更希望自己完全从零开始编码，来实现业务的这些框架思想，从而对各个环节及代码细节有更清晰的认识。只有这样，才能够更好地应用一些成熟的框架，或者定制适合企业的专有框架，而不会受限于别人的框架，导致自动化测试开发无法真正应用起来，产生应有的价值。

6.2　线性脚本自动化

V6-1　线性脚本自动化

录制或编写脚本，一个脚本完成一个场景（一个测试用例），通过对脚本的回放或执行来进行自动化测试，这是早期进行自动化测试的一种形式。前面使用的 Selenium IDE 中录制的脚本实际上就采用了这种方式，它也是新手最喜欢使用的方式，具体操作这里不再演示。Python 代码实际上也可以通过工具直接生成。

线性脚本有以下优势。

（1）脚本独立，每个脚本都可以单独运行。

（2）脚本组织简单便利。

线性脚本有以下劣势。

（1）脚本代码量大。

（2）用例与脚本一一对应，当界面某元素出现变化时，维护更新的工作量巨大。

（3）代码冗余，重用性差。

6.3 模块化测试

从线性脚本的编码中可以看出，整个项目的脚本代码量大，冗余量也大，维护的工作量更大。如果把线性脚本中的冗余代码封装成方法，把数据作为形式参数接收，会不会更简洁、更易维护？若如此操作，数据的变动不用再进行一个个用例文件的修改，这就是模块化。

所谓模块化思想，就是将一个测试用例中的几个不同的测试点拆分出来并对其单个点的测试步骤进行封装，形成一个模块（注意：这里的模块更多是指一个功能的方法，并非所学习的 Python 模块文件）。

例如，一个测试用例要对一个登录程序进行测试，其中包括用户名输入、密码输入及确定登录，则可以将用户名输入、密码输入、确定登录、取消登录 4 个操作分别封装在 4 个不同的模块中。测试时，只需调用其模块即可。这样，当一个模块有变化时，只要单独维护那个模块即可，也可以根据模块的不同组合成不同的测试用例。

既然是模块化思想，那么基于前面登录的例子，应该考虑以下方面：登录模块的操作方法应该放在一个还是多个 Python 文件中？真正执行测试用例的方法存放在哪里？

以上问题的初衷应该是更好地维护和重用。基于这个思想，可以创建两个包——cases 和 common，cases 用于存放测试用例，common 用于存放类库，所以这里用到的其实是模块化和类库的思想（可以简单理解成类库是模块化的升华版，进行了更高层次的分层设计）。

6.3.1 简单封装

按照分层的思想，对线性脚本中冗余的代码进行封装，将测试用例和自动化脚本分开，通过这种参数化的方式，实现这部分代码的多次利用。换句话说，代码需要尽量向着高类聚低耦合的方向不断优化。这里使用 Agileone 系统来模拟项目，Agileone 系统登录界面如图 6-4 所示。

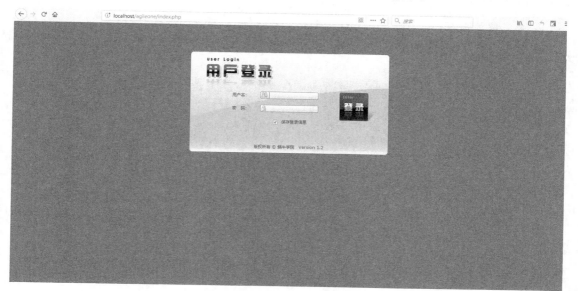

图 6-4 Agileone 系统登录界面

1. 新建一个项目

在项目中创建两个包——cases 和 common，其模块化结构如图 6-5 所示。

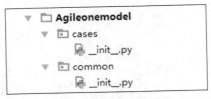

图 6-5　项目的模块化结构

2．创建测试用例和脚本

在 cases 包中创建一个名为 test_login.py 的 Python 文件，在 common 包中创建一个名为 login.py 的 Python 文件。这看起来似乎是多余的做法，但实际上这是在做分层设计。将登录模块的所有操作封装到 login.py 中，其中只有动作而没有验证，在 test_login.py 中仅仅是调用 login.py 中的操作并做出相应的验证。

（1）以下是 login.py 的代码，封装了一个 Login 类，定义了若干登录相关的方法。

```
from selenium import webdriver

class Login:
#初始化操作，得到driver对象
def __init__(self,driver):
self.driver = driver
#输入用户名

def  username(self,username):
    self.driver.find_element_by_id('username').clear()
    self.driver.find_element_by_id('username').send_key(username)

#输入密码
def  password(self,password):
    self.driver.find_element_by_id('password').clear()
    self.driver.find_element_by_id('password').send_keys(password)

#单击"登录"按钮
def  login(self):
    self.driver.find_element_by_id('login').click()

#整合登录方法
def  login_now(self,username,password):
    self.username(username)
    self.password(password)
    self.login()
    return self.driver
```

（2）细心的学生可能会发现，这里并没有初始化 driver 相关的代码，那么这些代码应该放在哪里呢？放在 Login 类中固然是没有问题的，但考虑到这个初始化的功能也会在其他地方使用，所以应该重新在 common 中新建 setup.py 文件来处理此工作，以提高可重用性和可维护性。

以下是 setup.py 的代码。

```
from selenium import webdriver

class Setup:
def __init__(self):
    self.driver = webdriver.Firefox(firefox_binary=r"C:\Program Files (x86)\
Mozilla Firefox\firefox.exe")
    self.driver.get('http://localhost/agileone')
```

```
    self.driver.maxmize_window()
    self.driver.implicitly_wait(30)
```

（3）现在 common 中的类库已经编写好了，剩下的工作就是调用类库组织测试用例脚本，在 cases 包中创建 test_login.py 用于测试登录模块。

```
from common.setup import Setup
from common.login import Login
import time

#测试用例1
browser = Setup()
login = Login(browser.driver)
driver login.login_now('admin','admin')
info = driver.find_element_by_link_text('注销').text
if '退出' in info:
    print('login success')
else:
    print('login fail')
driver.quit()
#测试用例2
browser = Setup()
login = Login(browser.driver)

driver login.login_now('admin','admin123')

info = driver.find_element_by_id('msg').text
if '出错啦' in info:
    print('case2  pass')
else:
    print('case2  fail')
driver.quit()

#测试用例3
browser = Setup()
login = Login(browser.driver)
driver login.login_now('','')

info = driver.find_element_by_id('msg').text
if '出错啦' in info:
    print('case3  pass')
else:
    print('case3  fail')

driver.quit()
```

（4）在项目中创建 start_test.py 脚本文件，控制程序的整体运行。

```
import glob,os

path = os.path.abspath('')
file_list = glob.glob(r'%s\cases\*.py'%path)
for file in file_list:
    os.system('Python %s 1>>log.txt 2>&1'%file)
```

这样就完成了一个模块化与类库结合的自动化测试框架。

6.3.2 优化代码

虽然前面的代码已经进行了模块化设计，但是在 test_login.py 中还是有可以优化的重复代码，例如，

browser = Setup()完全可以封装到登录的操作中。优化后的代码如下。

（1）login.py 优化后的代码

```
from common import setup

class Login:
def set_driver(self,driver):
    self.driver = driver

#输入用户名
def  username(self,username):
        self.driver.find_element_by_id('username').clear()
        self.driver.find_element_by_id('username').send_key(username)

#输入密码
def  password(self,password):
        self.driver.find_element_by_id('password').clear()
        self.driver.find_element_by_id('password').send_keys(password)

#单击"登录"按钮
def  login(self):
        self.driver.find_element_by_id('login').click()

def login_now(self,name,password):
    self.name(username)
    self.password(password)
    self.login()

#封装登录的方法，用于测试用例调用
def  login_fast(self,username,password):
    st = setup.Setup()
    driver = st.driver           #通过对象获取其driver属性
    self. set_driver(driver)     #调用方法将driver对象变为全局的实例变量
    self.login_now(username,password)
    return self.driver
```

（2）login_case.py 优化后的代码

```
from common.login import Login
import time

login = Login()
#测试用例1
driver = login.login_fast('admin','admin')
info = driver.find_element_by_link_text('注销').text
if '注销'in info:
    print('case1pass')
else:
    print('case1fail')
driver.quit()
#测试用例2
driver = login.login_fast('admin','admin123')
info = driver.find_element_by_id ('msg').text
if '出错啦'in info:
    print('case2pass')
else:
    print('case2fail')
driver.quit()
```

```
#测试用例3
driver = login.login_fast('','')
info = driver.find_element_by_id ('msg').text
if '出错啦'in info:
    print('case3pass')
else:
    print('case3fail')
driver.quit()
```

其看起来似乎变化不大，代码量也没有明显减少，但对每个模块都如此设计后，会发现编写一条自动化测试用例非常简单，无非就是调用某个类中的方法而已，代码维护起来也很方便。

6.3.3 高级参数化

从前面 cases 包中的测试用例代码来看，每个测试用例都是通过直接调用一个方法来实现的，但每个 case 中的参数值不一样。

由此可以提出一个设想：将这些数据放在文档中，通过代码读取每行的数据，把读出来的数据放入调用的方法中，得到测试结果，最后对测试结果和预期结果进行比对，判断程序是否有 Bug。

V6-2　高级参数化

这个过程可以理解为高级的参数化，由于数据放在另外一个文件中，因此测试用例不再需要多个，cases 包中对于 login 的用例即可精简为一个。此后，如何读取数据就是要解决的难点问题了。

前面学习过，通过 open() 方法可读写 TXT 文件，大家可以把数据放在 TXT 文件中，对前面的代码进行修改，修改后的结构如图 6-6 所示。

```
▼ □ Agileonemodel
  ▼ □ cases
      __init__.py
      logincase.py
  ▼ □ common
      __init__.py
      login.py
      setup.py
  ▼ □ data
      __init__.py
      get_data.py
      login_data.txt
```

图 6-6　修改后的结构

这里，common 包中的代码不变，在以前的项目结构中加入了 data 包，其中包含存放数据的 login_data.txt 文件，还有 get_data.py 模块。

测试数据文件内容如图 6-7 所示。

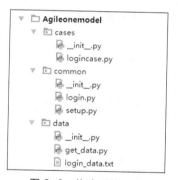

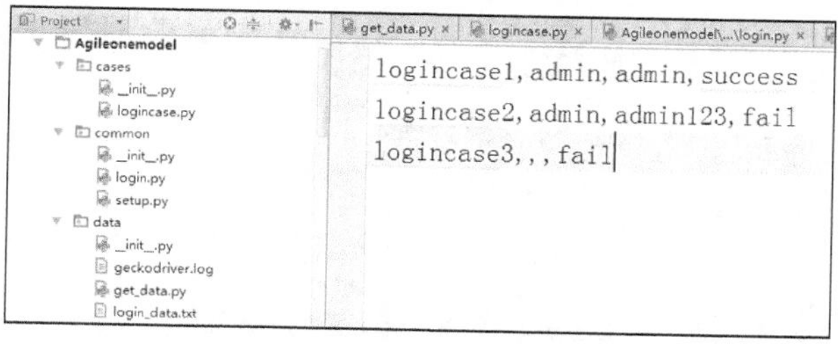

图 6-7　测试数据文件内容

获取数据的 get_data.py 文件的代码如下。

```
from cases.logincase import logincase

#读取TXT文件，获得数据
f = open('login_data.txt')

#以列表的方式返回所有的登录数据
li = f.readlines()

#遍历登录数据，取出各行数据调用对应的类的方法，将数据以实参的方式传入
for i in li:
    #分割每行的数据
    data_li = i.split(',')

#调用测试用例并运行程序
    logincase().logincase_execute(data_li[0],data_li[1],data_li[2],data_li[3])
```

测试用例 logincase.py 的代码如下。

```
from Selenium.webdriver.common.by import By
from common.login import Login
import time


class logincase:
#通过初始化方法得到用例对象
    def __init__(self):
        self.login = Login()

#定义4个形式参数，分别是用例ID、用户名、密码和预期结果
    def logincase_execute(self,caseid,username,password,exp):
#调用对应的方法，并取得返回值driver对象
        driver = self.login.login_fast(username,password)
        time.sleep(3)

#调用自定义的方法判断元素是否出现
        if self.is_element_present(driver,By.ID,'msg'):
            info = driver.find_element_by_id('msg').text
            if info == exp:
                print('%s pass'%caseid)
            else:
                print('%s fail, %s'%(caseid,info))


#如果没有出现，则查找另一个验证点元素
        else:
            info = driver.find_element_by_id('welcome').text
            if username in info:
                print(exp)
                if 'success' in exp:
                    print('%spass'%caseid)
                else:
                    print('%sfail'%caseid)
            else:
                print('testcasefail, %s'%info)
        driver.quit()

#定义一个类似于显式等待的方法，专门用于在短时间内判断元素是否出现
    def is_element_present(self,driver, how, what):
```

```
try: driver.find_element(by=how, value=what)
except Exception as e: return False
return True
```

将模块化中的所有脚本合并成一个，其最大的困难是验证点的定义，前面的代码中利用了 is_element_present()方法，在固定时间内反复判断元素是否出现，这样可以避免因查找元素时出现的元素未加载异常而发生程序中断退出。需要注意的是，how 参数需要传递 By 类对象及其属性，By 的类属性如图 6-8 所示。

```
class By(object):
    """

    Set of supported locator strategies.
    """


    ID = "id"
    XPATH = "xpath"
    LINK_TEXT = "link text"
    PARTIAL_LINK_TEXT = "partial link text"
    NAME = "name"
    TAG_NAME = "tag name"
    CLASS_NAME = "class name"
    CSS_SELECTOR = "css selector"
```

图 6-8　By 的类属性

通过阅读前面的代码可以发现，可以把脚本中相同的部分代码独立出来，形成模块或库，这样做有两方面的优点。

一方面，提高了开发效率，不用重复编写相同的脚本；假设已经写好一个登录模块，则后续需要做的就是在需要的地方调用此模块。

另一方面，方便了代码的维护，假如登录模块发生了变化，只用修改 login.py 文件中登录模块的代码即可，所有调用登录模块的脚本不用做任何修改。

但是，作为高级参数化，大家肯定会遇到这种情况：多个模块需要运行自动化。以 Agileone 系统举例，common 包中除了 login.py 外，肯定还会有其他模块，如公告管理模块、会议记录模块、缺陷跟踪模块等。如果要同时对其他模块进行测试，通过脚本读数据传参数的方式就会出现问题了，要么需要把不同模块的数据放在不同的文件中，并设置不同的读取方法执行一个个模块；要么要把数据放在一个文件中，通过一些程序操作来识别调用对应的模块。当然，测试开发人员更趋向于后者的实现。这样，数据驱动框架也就应运而生了。

6.4　数据驱动实现

数据驱动不是一种单纯的技术，而是一种理念。测试代码和测试数据的分离让测试人员只关注测试数据本身，而从繁重的测试代码中解脱出来。当进行测试时，只需要更新测试数据，自动化测试会根据这些数据判断应该执行什么测试、填入什么数据及得到什么预期。这个过程完全是以数据为主导的，所以称之为数据驱动。数据驱动是关键字驱动的低级版本，其控制是函数级的，而关键字的控制是动作级的。

相对于前面所做的高级参数化，数据驱动也需要将数据和代码分离，但关注点不太一样。数据驱动更关心怎么用数据来控制代码对功能模块的区分，对整个程序执行流程加以控制，而不仅仅是对数据进行单独存放。

要实现数据驱动，首先需要考虑以下几个问题。

（1）相对于模块化的高级参数化，数据源需要什么变化。

（2）在已完成的 common 包中如何添加其他模块。

（3）在 cases 包中如何添加其他模块的测试用例。

（4）如何调用数据。

（5）如何启动程序。

6.4.1　自动化测试用例编写

前面使用 TXT 格式的文本保存了测试数据，使用过程中，数据分隔使用的是逗号，但如果数据本身也含有逗号就会出问题，如果想在文本中添加字段，则很难注意到格式改变后所有行都是一致的列数，因为数据没有对齐。

在手工测试中，测试用例一般是有固定格式的，即使每个公司的模板不一样，但是基本要求是一致的，即 ID、模块、描述、前置条件、步骤、预期结果。所有的数据都出现在步骤中，这样的规范带给大家的是测试和开发对 Bug 的复现操作一致。作为自动化测试用例，也需要按照一个标准来书写。

本书采用 Excel 作为测试数据的载体，这是数据驱动测试中的常用方式。对 Agileone 的测试用例重新进行编写，重新编写后的自动化测试用例如图 6-9 所示。

	A	B	C	D	E	F
1	id	模块	类	方法	步骤	预期结果
2	login_001	logincase	logincase	logincase_execute	username=admin password=admin	登录成功
3	login_002	logincase	logincase	logincase_execute	username=admin123 password=admin	失败啦
4	login_003	logincase	logincase	logincase_execute	username=admin password=admin321	失败啦
5	login_004	logincase	logincase	logincase_execute	username= password=admin	失败啦
6	login_005	logincase	logincase	logincase_execute	username=admin password=	失败啦
7	notice_001	notice_add_case	agileone_notice_add	notice_add	headline=title content=content	成功
8	notice_002	notice_add_case	agileone_notice_add	notice_add	headline= content=content	标题不能为空
9	notice_003	notice_add_case	agileone_notice_add	notice_add	headline=title content=	成功
10	notice_004	notice_del_case	agileone_notice_del	notice_del	random	删除成功

图 6-9　重新编写后的自动化测试用例

当然，这里展示的用例只是所有模块的一部分，但从用例中可以看到，模块由前面的单一登录变成了多模块，其中多了公告管理部分。

相对于手工测试用例，数据驱动的自动化测试用例中规划了区分代码的模块名、类名和方法名的 3 列。在执行代码的时候，程序可以根据这些参数的不同主动调用不同的模块和方法。测试数据放在"步骤"列中，获取后需要对字符串进行分割处理，这些操作将在后面一一讲解。

在这个自动化测试用例中，实际上"模块""类"这两列可以根据代码进行合并，细心的读者可能已经发现，两列的参数有一部分是一样的，这是因为代码中的模块和类名允许一致。如果二者不一致，则没有办法进行合并。

对于测试步骤中的数据从何而来，初学者肯定会觉得困惑，感觉这和手工测试一样，又会根据测试用例设计方法去进行设计。实际上，自动化介入是在手工测试之后的，所有自动化测试用例的数据可以从已经完成的手工测试中获取，只要将手工测试的用例改成自动化测试用例即可解决问题。是否需要全部转换，要根据自动化测试策略而定，如果前期只用自动化测试做选择回归测试，则可以从手工测试用例中选择已经发生 Bug 和与 Bug 模块有关联的部分。多轮自动化测试最终会做全回归，即需要对所有用例进行转换。当然，可用性的测试用例不必转换。

6.4.2　添加模块脚本

前面已经提到了多模块，自然需要在 common 包加入其他模块的脚本，这里提供了两个模块的代码，其他类似模块的代码不再添加。

使用 Agileone 系统的公告管理模块来作为示例进行演示，公告管理模块界面如图 6-10 所示。

图 6-10　公告管理模块界面

公告管理模块的代码如下。

```python
import random
import time
from common.login import Login

class notice:
    def __init__(self):
        self.driver = Login().login_fast('admin','admin')

    def notice_add_headline(self,headline):
        self.driver.find_element_by_id('headline').clear()
        self.driver.find_element_by_id('headline').send_keys(headline)

    def notice_add_content(self,content):
        self.driver.find_element_by_class_name('ke-iframe').clear()
        self.driver.find_element_by_class_name('ke-iframe').send_keys(content)

    def notice_add_submit(self):
        self.driver.find_element_by_id('add').click()

    def notice_add(self,headline,content):
        driver = self.driver
        driver.find_element_by_link_text('※ 公告管理 ※').click()
        self.notice_add_headline(headline)
        self.notice_add_content(content)
        self.notice_add_submit()
        time.sleep(2)
```

```
            str = driver.find_element_by_id('msg').text
            return str

    def manage_notice_delete(self):
        #公告管理，随机删除
        driver = self.driver
        driver.find_element_by_link_text('※ 公告管理 ※').click()
        li= driver.find_elements_by_xpath('//label[@onclick=\"doDelete (this)\"]')
        ele = random.choice(li)
        ele.click()
        driver.switch_to.alert.accept()
        time.sleep(2)
        str = driver.find_element_by_id('msg').text
        return str
```

第二个脚本是 Agileone 系统的会议记录模块，会议记录模块界面如图 6-11 所示。

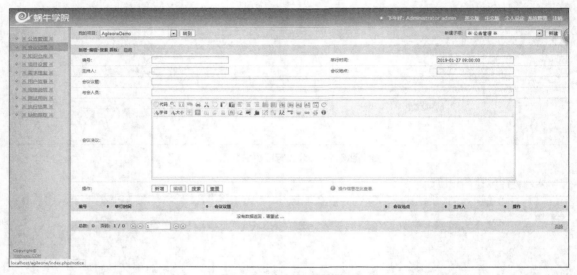

图 6-11 会议记录模块界面

会议记录模块的代码如下。

```
import time
from common.login import Login

class meeting:
    def __init__(self):
        driver = Login().login_fast('admin','admin')
        driver.find_element_by_link_text('※ 会议记录 ※').click()
        self.driver =driver

    def meeting_add(self,name,addr,topic,title,content):
        #会议记录
        driver = self.driver
        driver.find_element_by_id('organizer').clear()
        driver.find_element_by_id('organizer').send_keys(name)
        driver.find_element_by_id('venue').clear()
        driver.find_element_by_id('venue').send_keys(addr)
        driver.find_element_by_id('topic').clear()
```

```
driver.find_element_by_id('topic').send_keys(topic)
driver.find_element_by_id('attendee').clear()
driver.find_element_by_id('attendee').send_keys(title)
driver.find_element_by_class_name('ke-iframe').clear()
driver.find_element_by_class_name('ke-iframe').send_keys(content)
driver.find_element_by_id('add').click()
time.sleep(2)
str = driver.find_elements_by_id('msg').text
return str
```

以上代码是在 common 包中添加公告管理和会议记录两个模块，由于模块的功能基本相同，所以其他模块的实现就不在这里做代码演示了。公告管理模块中有两个代表性的功能——新增公告和删除公告，做测试的时候需要为这两个功能准备测试用例，单独进行测试。由于各功能测试的测试点不像登录功能那样可能会出现多种，因此把测试点写在脚本中，通过 return 的方式返回调用者并做验证。

6.4.3　添加测试用例程序

在公告管理模块中添加新增公告功能的脚本，该功能主要包含两个输入框、标题和正文内容，其他内容可自动填写，暂不放入代码。新增公告功能的代码如下。

```
from common.notice import notice

class agileone_notice_add:
    def __init__(self):
        self.no = notice()
    def notice_add(self,caseid,li,exp):
        headline = li[0].split('=')[1]
        content = li[1].split('=')[1]
        str = self.no.notice_add(headline,content)
        if exp in str:
            print('%spass, %s'%(caseid,str))
        else:
            print('%sfail,%s'%(caseid,str))
```

在公告管理模块中添加删除公告功能的脚本，删除操作是通过每条信息后面的按钮实现的，这里列出一个随机删除的操作脚本，代码如下。

```
from common.notice import notice

class agileone_notice_del:
    def __init__(self):
        self.no = notice()

    def notice_del(self,caseid,r,exp):
        if r[0] == 'random':
            str = self.no.manage_notice_delete()
            if exp in str:
                print('%s pass,%s'%(caseid,str))
            else:
                print('%s fail,%s! '%(caseid,str))
        self.no.driver.quit()
```

在会议记录模块中添加新增会议功能的脚本，作为 common 包中多功能模块测试的补充，代码如下。

```
from common.meeting import meeting

class agileone_meeting_add:
    def __init__(self):
        self.mt = meeting()
```

```
    def meeting_add(self,caseid,li,exp):
        name,addr,topic,title,content = li[0].split('=')[1],li[1].split('=')[1], li[2].
split('=')[1],
        li[3].split('=')[1],li[4].split('=')[1]
        str = self.mt.meeting_add(name,addr,topic,title,content)
        if exp in str:
            print('%s pass,%s'%(caseid,str))
        else:
            print('%s fail,%s'%(caseid,str))
```

6.4.4　Python 读取 Excel 文件中的数据

Python 中有很多第三方模块可处理 Excel，如 xlrd、xlwt、xluntils 和 pyExcelerator，这里介绍比较常用的 xlrd 模块。

（1）安装 xlrd 模块。进入 Python 安装路径，使用"pip"命令安装 xlrd 模块，如图 6-12 所示。

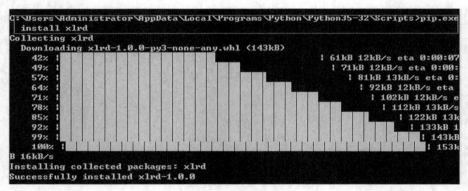

图 6-12　安装 xlrd 模块

（2）在项目中的 util 包中创建一个文件 excel.py，创建类 Excel，在其中实现一个 read_it 方法，用于读取 Excel 文件中的数据。

```
import xlrd

class read_excel:
#定义Excel文档读取方法
    def read_it(self,path,index=0):
    #返回整个Excel文件，其中包含多个工作表
        book = xlrd.open_workbook(path)
        #获取指定索引的工作表
        sheet = book.sheets()[index]
        return sheet

if __name__ == '__main__':
    s = read_excel().read_it('../data/agileonetestcase.xlsx')
    #取得工作表的所有行数
    for i in range(s.nrows):
    #取得工作表的所有列数
        for j in range(s.ncols):
            #通过行、列坐标找到每个单元格中的内容
            print(s.cell(i,j).value,end='\t')
        print('')
```

这是一个测试用例，在 Excel 类中定义了一个读取数据的方法。其运行结果如图 6-13 所示，从中可

以看到输出了 Excel 中的每一行数据。

```
id 模块    类  方法    步骤    预期结果
login_001  logincase  logincase  logincase_execute  username=admin
password=admin  登录成功
login_002  logincase  logincase  logincase_execute  username=admin123
password=admin  失败啦
login_003  logincase  logincase  logincase_execute  username=admin
password=admin321  失败啦
login_004  logincase  logincase  logincase_execute  username=
password=admin  失败啦
login_005  logincase  logincase  logincase_execute  username=admin
password=  失败啦
notice_001  notice_add_case  agileone_notice_add  notice_add  headline=title
content=content  成功
notice_002  notice_add_case  agileone_notice_add  notice_add  headline=
```

图 6-13　测试用例运行结果

（3）上面的结果是按每一个单元格读取的，实际上，xlrd 模块提供了其他方式来返回结果，例如，前面用例中接收的是列表，那么可以使用 now_values()方法返回每一行内容的列表，以方便使用和维护，代码如下。

```
…  #类的定义相同，此处省略
if __name__ == '__main__':
    s = read_excel().read_it('../data/agileonetestcase.xlsx')
    #取得工作表的所有行数
    for i in range(s.nrows):
    li = s.row_values(i)
    print(li)
```

以列表的方式返回的结果如图 6-14 所示。

```
['id', '模块', '类', '方法', '步骤', '预期结果']
['login_001', 'logincase', 'logincase', 'logincase_execute', 'username=admin\npassword=admin', '登录成功']
['login_002', 'logincase', 'logincase', 'logincase_execute', 'username=admin123\npassword=admin', '失败啦']
['login_003', 'logincase', 'logincase', 'logincase_execute', 'username=admin\npassword=admin321', '失败啦']
['login_004', 'logincase', 'logincase', 'logincase_execute', 'username=\npassword=admin', '失败啦']
['login_005', 'logincase', 'logincase', 'logincase_execute', 'username=admin\npassword=', '失败啦']
['notice_001', 'notice_add_case', 'agileone_notice_add', 'notice_add', 'headline=title\ncontent=content', '成功']
['notice_002', 'notice_add_case', 'agileone_notice_add', 'notice_add', 'headline=\ncontent=content', '标题不能为空']
['notice_003', 'notice_add_case', 'agileone_notice_add', 'notice_add', 'headline=title\ncontent=', '成功']
```

图 6-14　以列表的方式返回的结果

6.4.5　编写驱动程序

作为数据驱动框架的核心，如何让数据来控制程序执行的流程？准备好了不同的脚本和不同的测试用例，怎么才能根据测试用例的数据将脚本和测试用例联系起来？本小节将解决这些问题。

前面设计测试用例的时候，设计了模块名、类名和方法名，要实现数据驱动，就需要将这些参数利用起来，让程序识别现在的数据属于哪个模块下哪个类中的哪个方法，并将"步骤"列中的数据通过传递实际参数的方式输出。

Python 中提供了一个类反射的函数——getattr(a,b)，在数据驱动框架中，可以利用该函数实现两种匹配：在模块中找类，在对象中找方法。从这里可以看出 getattr()函数功能的强大，以 Agileone 为例，现在有一个 notice_add_case 模块，其中有 agileone_notice_add 类，要实现第一种匹配，可以使用如下代码。

```
#通过类反射方法在模块中找到类
noticeadd=getattr(notice_add_case,' agileone_notice_add')
#类的实例化
na = noticeadd()
#通过对象调用方法
na. notice_add(notice001,['headline=test title!','content=test content']
,'成功')
```

在这段代码中，需要注意的是，在 getattr(a,b)中，a 参数是模块或者对象，b 参数一定是一个字符串（类名或者方法名），这样就可以实现 Excel 数据匹配。

修改前面的代码，继续匹配方法的字符串 notice_add，代码如下。

```
#通过类反射方法在模块中找到类
noticeadd=getattr(notice_add_case,' agileone_notice_add')
#类的实例化
na = noticeadd()
#通过对象调用方法
mtd = getattr(na(),'notice_add')
mtd('headline=test title!','content=test content','成功')
```

在解决了如何匹配类和匹配方法的问题后，下面将介绍如何将模块字符串加入代码的匹配。一般需要引入模块的时候会使用 Import 模块或者 From 模块的 Import 类，但显然这里是多模块的情况，不方便也不太可能一次就引入完成，因为用例使用的模块是会变化的，此时，需要使用一种动态引入的方式完成，代码如下。

```
#动态引入模块
__import__=('case.'+ 'notice_add_case')
#将模块加载到内存中
module = sys.modules['case.'+ 'notice_add_case']
#通过类反射方法在模块中找到类
noticeadd=getattr(module,' agileone_notice_add')
#类的实例化
na = noticeadd()
#通过对象调用方法
mtd = getattr(na(),'notice_add')
mtd('headline=test title!','content=test content','成功')
```

现在已经实现了将字符串成功匹配需要的模块、类和方法，剩下的只有获取数据了。6.4.4 小节中已经介绍过如何读取 Excel 文件中的数据，这里只需要将其和类反射结合起来即可，代码如下。

```
import sys
from util.read_excel import read_excel

#读取Excel文件中的表数据
s = read_excel().read_it('../data/agileonetestcase.xlsx')

    #遍历数据，获取每一行数据
for i in range(8,s.nrows):
    li = s.row_values(i)

    #动态引入模块
    __import__('cases.'+li[1])
    #将引入模块加载到内存中
    m = sys.modules['cases.'+li[1]]
    #在模块中找到类
    obj = getattr(m,li[2])
```

```
#在对象中找到对应的方法
mtd = getattr(obj(),li[3])
#分割数据，返回列表
newli = li[4].split('\n')
#调用方法，以实参方式传递数据
mtd(li[0],newli,li[5])
```

运行代码，可以在后台看到测试结果，如图 6-15 所示。

```
登录成功
login_001pass
login_002fail，出错啦： 找不到该用户名 ...
login_003fail，出错啦： 密码输入错误 ...
login_004fail，出错啦： 用户名不能为空 ...
login_005fail，出错啦： 密码输入错误 ...
notice_001pass，成功啦： 新增数据成功 -> 编号=52
notice_002pass，出错啦： 公告标题不能为空 ...
notice_003pass，成功啦： 新增数据成功 -> 编号=53
delete ['random']
notice_004pass
meeting_001pass，成功啦： 新增数据成功 -> 编号=41
meeting_002fail，成功啦： 新增数据成功 -> 编号=42
meeting_003fail，成功啦： 新增数据成功 -> 编号=43
meeting_004fail，成功啦： 新增数据成功 -> 编号=44
meeting_005fail，成功啦： 新增数据成功 -> 编号=45
meeting_007fail，成功啦： 新增数据成功 -> 编号=46
```

图 6-15　测试结果

6.4.6　生成测试报告

数据驱动框架在测试完成后通常会自动生成一份测试报告，生成测试报告的方法有很多。很多人使用过 Python 的 Unittest 框架，在此框架下可以使用 HTMLTestRunner.py 生成一份 HTML 的网页版本的测试报告，但数据驱动框架并不太适合使用 Unittest 框架，无法构建测试集，故 HTMLTestRunner 不太适用。这里介绍一种生成 Excel 版本的测试报告的方法，供大家参考。

1. 安装第三方库

前面已经介绍过 Excel 文件数据的读取，使用的是 xlrd 库，但此库只提供文件读取的方式，对应的是一个写入的库，需要引入 xlwt（2003）或者 xlsxwriter（2003、2007）库。但是，写入操作的这两个库只能新建，而不能修改，如果写入的名称和已经存在的文件名称相同，那么会覆盖原文件。也就是说，如果想要在原来的测试用例中直接添加测试结果，后果是很严重的，所以，操作文件的时候一定要注意文件名。

这里直接安装 xlsxwriter 库，其安装过程如图 6-16 所示。

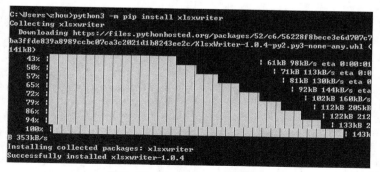

图 6-16　xlsxwriter 库安装过程

2. 调用 xlsxwriter

（1）利用 xlsxwriter 生成测试概况

引入 xlsxwriter 后，定义一个生成测试报告的包 testcase_result，在包中新建模块 report.py，在模块中新建类 Summary，用于生成测试概况，如图 6-17 所示。

	A	B	C	D	E	F
1				测试报告总概况		
2				测试概括		
3	项目图片	项目名称	Agileone	用例总数	15	分数
4		系统版本	v1.2	通过总数	6	40
5		运行环境	win7	失败总数	9	
6		测试网络	局域网	测试日期	2018-05-01 18:43:02	

图 6-17　测试概况

在 Excel 中写入测试概况时，重点是如何合并单元格，xlsxwriter 提供的单元格合并的方式非常简单，只需要指明单元格的起始和终止位置即可。如果要合并第一行的 A～C 列，则直接使用参数 A1:C1 即可。同理，要合并 A 列的 3～6 行，设置参数为 A3:A6 即可。除了合并单元格之外，字体、单元格颜色将在以下代码中展示。

```python
import xlsxwriter


class summary:

    def __init__(self):
        #通过xlsxwriter创建Excel文件
        self.workbook = xlsxwriter.Workbook('report111.xlsx')
        #在测试报告的Excel文件中创建工作表
        self.sheet_summary = self.workbook.add_worksheet("测试总况")


    def set_sheet(self):
        # 设置列的宽
        self.sheet_summary.set_column("A:A", 15)  #第一列窄一些
        self.sheet_summary.set_column("B:F", 20)
        #设置行的高，该方法只能逐行设置高度
        #设置2～6行的高度为30磅（行从0开始）
        self.sheet_summary.set_row(1, 30)
        self.sheet_summary.set_row(2, 30)
        self.sheet_summary.set_row(3, 30)
        self.sheet_summary.set_row(4, 30)
        self.sheet_summary.set_row(5, 30)

    def set_format(self):
        #设置两种文本样式
        self.style1 = self.workbook.add_format({'bold':True,'font_size':18,
'border':1})
        self.style2 = self.workbook.add_format({'bold':True,'font_size':14,
'border':1})
        #也可以使用以下方式添加边框
        #self.style1.set_bold(1)
        #self.style2.set_bold(2)
```

```
        #设置文字垂直居中
        self.style1.set_align('vcenter')
        self.style2.set_align('vcenter')
        #设置文字水平居中
        self.style1.set_align('center')
        self.style2.set_align('center')
        #设置背景颜色
        self.style1.set_bg_color("#70DB93")
        #设置字体颜色
        self.style1.set_color('#FFFFFF')


    def set_data(self):
        #填写需要合并单元格的位置，并设置样式
        self.sheet_summary.merge_range('A1:F1', '测试报告总概况',self.style1)
        self.sheet_summary.merge_range('A2:F2', '测试概括',self.style2)
        self.sheet_summary.merge_range('A3:A6', '项目图片',self.style2)
        self.sheet_summary.merge_range("F4:F6","",self.style2)

        #未合并区域填写内容，并设置样式，通过字母可以区分列
        #第二列
        self.sheet_summary.write("B3", '项目名称', self.style2)
        self.sheet_summary.write("B4", '系统版本', self.style2)
        self.sheet_summary.write("B5", '运行环境', self.style2)
        self.sheet_summary.write("B6", '测试网络', self.style2)
        #第三列
        self.sheet_summary.write("C3", 'test_name',self.style2)
        self.sheet_summary.write("C4", 'test_version',self.style2)
        self.sheet_summary.write("C5", 'test_pl',self.style2)
        self.sheet_summary.write("C6", 'test_net',self.style2)
        #第四列
        self.sheet_summary.write("D3", "用例总数", self.style2)
        self.sheet_summary.write("D4", "通过总数", self.style2)
        self.sheet_summary.write("D5", "失败总数", self.style2)
        self.sheet_summary.write("D6", "测试日期", self.style2)
        #第五列
        self.sheet_summary.write("E3", 'test_sum',self.style2)
        self.sheet_summary.write("E4", 'test_success',self.style2)
        self.sheet_summary.write("E5", 'test_failed',self.style2)
        self.sheet_summary.write("E6", 'test_date',self.style2)
        #第六列
        self.sheet_summary.write("F3", "分数", self.style2)
        #关闭当前对Excel的操作
        self.workbook.close()
if __name__ == '__main__':
    s = summary()
    s.set_sheet()
    s.set_format()
    s.set_data()
```

完成以上代码后，可以得到一个概要的模板，代码中向 Excel 填写的内容中，英文部分是可以直接替换的。如果在 set_data()方法中放入形式参数，将这些参数依次替换为需要填写的内容，则可以基本上通用于很多项目。

（2）利用 xlsxwriter 生成概况图标

利用 xlsxwriter 库，可以很方便地实现饼图和柱状图。首先，利用 xlsxwriter 来实现测试报告中常

见的饼图，如图 6-18 所示。

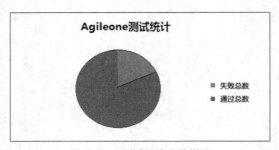

图 6-18　测试报告中的饼图

在前面的测试代码中只需要添加一个方法即可生成此图，代码如下。

```
...
def set_pi(self):
        chart1 = self.workbook.add_chart({'type': 'pie'})
        #饼图中的数据会直接与概况中单元格中的内容关联
        chart1.add_series({
        'name':            'Agileone测试统计',
        'categories':'=测试总况!$D$4:$D$5', #饼图右侧说明"通过总数，失败总数"
        'values':       '=测试总况!$E$4:$E$5', #饼图显示的数据
        })
        chart1.set_title({'name': 'Agileone测试统计'})
        chart1.set_style(10)
        self.sheet_summary.insert_chart('A9', chart1, {'x_offset': 25,
'y_offset': 10})
```

其次，利用 xlsxwriter 来实现柱状图。同样在前面的测试代码中添加一个方法即可。测试报告中的柱状图如图 6-19 所示。

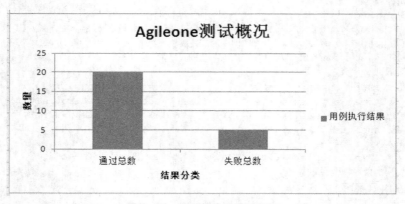

图 6-19　测试报告中的柱状图

这里柱状图展示的内容和饼图相同。当然，真实的测试报告不会用这些图表来展示相同的数据。想要展示什么数据，直接修改代码中关联的单元格即可。实现测试报告中的柱状图的代码如下。

```
...
#生成柱状图
def set_column(self):
        column_chart = self.workbook.add_chart({'type':'column'})
        column_chart.add_series({
        'name':'用例执行结果',
```

```
'categories':'=测试总况!$D$4:$D$5',
'values':'=测试总况!$E$4:$E$5',
})
column_chart.set_title({"name":'Agileone测试概况'})
column_chart.set_y_axis({"name":"数量"})
column_chart.set_x_axis({"name":"结果分类"})
self.sheet_summary.insert_chart('A9',column_chart)
```

灵活运用 xlsxwriter 可实现图表的生成和单元格的填写。

6.4.7 数据驱动实现的补充

前面已经提过，数据驱动框架的特色就是分层思想，把不同的业务逻辑分开，其目的就是通过组装的方式综合运用不同的逻辑，每一层只负责自己的业务。这样的结构有利于结构的调整，某一个功能的调整通过修改当前分层结构内模块的代码即可实现，不用到整个项目代码中修改。需要增加功能模块时，在分层结构中添加需要的功能模块即可。例如，在前面实现的数据驱动中，完成测试报告的分层结构中并没有考虑出现 Bug 后的截图。要实现此功能，只需要在结构中添加一个截图功能模块，在需要截图的地方调用此模块功能即可。

1. 添加截图功能

原数据驱动框架结构如图 6-20 所示。

图 6-20　原数据驱动框架结构

要想实现 Bug 截图功能，应在目前的框架结构中添加 screen_shot 包，在包中增加 Bug_png_shot 模块，并创建类 Bug_png_shot。添加的截图模块如图 6-21 所示。

图 6-21　添加的截图模块

实现截图功能的代码如下。

```
class Bug_png_shot:
    def get_bug(self,driver,caseid):
        driver.save_screenshot('D:\\agileonebug\\%s.png'%caseid)
```

在 cases 包中，在所有失败的分支结构均调用此方法，就可以在指定路径中生成一个产生 Bug 的截
图，例如，在随机删除公告模块中添加该模块，代码如下。

```
from common.notice import notice
from screen_shot.Bug_png_shot import Bug_png_shot

class agileone_notice_del:
    def __init__(self):
        self.no = notice()
        #实例化截图类的对象
        self.bps = Bug_png_shot()

    def notice_del(self,caseid,r,exp):
        print('delete',r)
        if r[0] == 'random':
            str = self.no.manage_notice_delete()
            if exp in str:
                print('%spass'%caseid)
            else:
                print('%sfail,%s! '%(caseid,str))
                #调用截图的方法
                self.bps.get_bug(self.no.driver,caseid)
                return str

    def __del__(self):
        self.no.driver.quit()
```

如果代码执行过程中出现 Bug，则会在指定位置保存一张 Bug 发生时的截图，可以将其作为附件添
加到缺陷报告中。

2. 其他功能

如果想在数据驱动框架中实现其他功能，如邮件、分布式、定时执行等功能，则在目前的框架中添
加功能模块即可。这里不再给出代码进行演示。

6.4.8　数据驱动框架在蜗牛进销存系统中的应用

前面已经分别介绍了数据驱动框架所需要掌握的知识点，例如，框架的分层思想、Excel 版本用例的
读取、类反射的实现、生成测试报告等，下面就这些知识点结合真实的项目来举例实现。

前面章节中已经使用过蜗牛进销存系统，如图 6-22 所示。

图 6-22　蜗牛进销存系统

　　如何将数据驱动框架在此系统中进行运用呢？从图 6-22 中可以看出，蜗牛进销存系统分为销售出库、商品入库、批次导入、库存查询、会员管理和销售报表等模块。针对每个模块，可以分别实现各模块的自动化脚本。

　　按照分层思想，先在 WoniuSales 项目中新建分层包 cases、common、db_connect、data、driven、screenshot、report、send_bug，如下所示。为了实现更多功能，这里还可以添加更多的包，用于存放相应功能的代码。

```
WoniuSales           #项目名称
|---cases            #测试用例包
|---common           #自动化脚本包
|---db_connect       #连接数据库包
|---data             #测试数据包
|---driven           #驱动包
|---screenshot       #异常截图包
|---report           #测试报告包
|---send_bug         #缺陷报告提交包
```

　　准备好了上面的项目结构后，可以按照模块小组成员分工完成各自的模块对应的自动化脚本，完成后将所有自动化脚本放于 common 包中，作为基本的逻辑层，只在需求或者前端页面发生变化的情况下才需要对其进行修改。自动化脚本包的结构如图 6-23 所示。

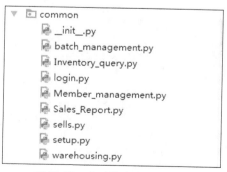

图 6-23　自动化脚本包的结构

　　从自动化脚本包的结构中可以看出，除了基本功能模块外，自动化脚本中多了 login 和 setup 两个模块，主要用于生成统一的驱动程序，以及实现统一的登录和对登录模块的测试。

login 模块的代码如下。

```
from common.setup import setup

class login:
    def __init__(self):
        self.su = setup()
        self.wd = self.su.wd
    def dologin(self,name,pwd):
        wd = self.wd
        wd.find_element_by_id('username').clear()
        wd.find_element_by_id('username').send_keys(name)
        wd.find_element_by_id("password").clear()
        wd.find_element_by_id("password").send_keys(pwd)
        wd.find_element_by_id("verifycode").clear()
        wd.find_element_by_id("verifycode").send_keys("0000")
        wd.find_element_by_xpath("(//button[@type='button'])[5]").click()
        return wd
```

setup 模块的代码如下。

```
import os
from selenium import webdriver

class setup:
    def __init__(self):
        # path=os.path.abspath(".")
        # print(path)
        #分层结构中，不建议使用os.path，因为启动程序的模块不一样，会导致os.path
        #发生变化，并造成文件路径的变化
        wd = webdriver.Firefox(firefox_binary=r"C:\Program  Files  (x86)\Mozilla
Firefox\firefox.exe",executable_path=r"D:\pycharm\WoniuSales\common\
geckodriver.exe")
        wd.get("http://localhost:8080/WoniuSales")
        wd.implicitly_wait(2)
        self.wd = wd

if __name__ == "__main__":
    setup()
```

由于模块较多，这里只展示出库管理模块的代码，代码如下。

```
ss
import random
import time

from selenium.webdriver.common.keys import Keys
from selenium.webdriver.support.select import Select

from common.login import login
from db_connect.get_msg_from_db import get_msg_from_db


class sells:
    def __init__(self):

        self.wd = login().dologin("admin","admin123")
    def get_sell(self,barcode,discount,phone,creditratio,exp):
```

```python
        self.wd.find_element_by_link_text("销售出库").click()
        sql = "SELECT barcode FROM goods"
        dbcon=get_msg_from_db()
        self.wd.find_element_by_id("barcode").clear()
        self.wd.find_element_by_id("barcode").send_keys(barcode)
        self.wd.find_element_by_xpath("(//button[@type='button'])[5]").click()
        try:
            str=self.wd.find_element_by_xpath("//div[@class=\"bootbox-body\"]
").text
            if "条码不正确" in str:
                if exp == "出库失败":
                    return self.wd ,True
                else :
                    return self.wd , False
            else:
                return self.wd , False
        except:
            print("条码正确")
        goods_size_list = Select(self.wd.find_element_by_id("goodssizeList"))
        goods_options = goods_size_list.options

        for i in range(20):
            random_index = random.randint(0, len(goods_options)-1)
            random_option_text = goods_options[random_index].text
            if ":0件" in random_option_text:
                continue
            else:
                goods_size_list.select_by_index(random_index)
                break

        time.sleep(3)

        selected_option = goods_size_list.first_selected_option
        goods_size = selected_option.get_attribute("value")


        # 利用随机生成的barcode和选中的goodssize完成数据库查询，获取销售出库之前的库存
        sql = "SELECT remained FROM storesum WHERE barcode='%s' and goodssize='%s'" %
(barcode, goods_size)
        dbcon.cursor.execute(sql)
        store_remained_before = dbcon.cursor.fetchone()[0]

        # 完成销售出库的过程
        self.wd.find_element_by_css_selector("td.discountratio        >        input[type=
'text']").click()
        self.wd.find_element_by_css_selector("td.discountratio > input[type='text']").
send_keys(Keys.BACK_SPACE)
        self.wd.find_element_by_css_selector("td.discountratio > input[type='text']").
send_keys(Keys.BACK_SPACE)
        self.wd.find_element_by_css_selector("td.discountratio > input[type='text']").
send_keys(discount)
        self.wd.find_element_by_css_selector("td.discountratio > input[type='text']").
send_keys(Keys.ENTER)


        try:
```

```
            time.sleep(2)
            msg = self.wd.find_element_by_xpath("//div[@class=\"bootbox-body\"]").text
            print(msg)
            if '重新输入' in msg:
                if exp == "出库失败":
                    return self.wd , True
                else:
                    return self.wd , False
        except:
            pass
        # 选择支付方式
        time.sleep(2)
        pay_method = Select(self.wd.find_element_by_id("paymethod"))
        random_index = random.randint(0, len(pay_method.options)-1)
        pay_method.select_by_index(random_index)

        # 输入会员电话号码
        # sqlphone="SELECT customerphone FROM customer"
        # phone = dbcon.get_random_msg(sqlphone)
        self.wd.find_element_by_id("customerphone").click()
        self.wd.find_element_by_id("customerphone").send_keys(phone)

        # 按回车键确认客户信息
        self.wd.find_element_by_id("customerphone").send_keys(Keys.ENTER)

        self.wd.find_element_by_id("creditratio").clear()
        self.wd.find_element_by_id("creditratio").send_keys(creditratio)

        # 确认提交销售信息
        self.wd.find_element_by_id("submit").click()
        self.wd.switch_to.alert.accept()

        time.sleep(5)

        # 利用随机生成的barcode和选中的goodssize完成数据库查询，获取销售出库之后的库存
        sql = "SELECT remained FROM storesum WHERE barcode='%s' and goodssize='%s'" %
(barcode, goods_size)
        dbcon.cursor.execute(sql)
        store_remained_after = dbcon.cursor.fetchone()[0]

        # 通过对比销售出库前后的库存变化来进行断言
        if store_remained_before - 1 == store_remained_after and exp == "出库成功":
            return self.wd ,True
        else:
            return self.wd , False
```

1. 数据库连接包的准备

在前面的出库模块中，需要使用 MySQL 数据库查询等操作。这里将此功能从脚本中分离出来，作为专门的数据库操作层，作为所有需要做数据库操作的模块共同使用的模块，最大化地复用此代码。数据库连接的实现代码如下。

```
import pymysql,random

class get_msg_from_db:
    def __init__(self):
        self.conn = pymysql.connect(user='root', passwd='',
```

```
                           host='localhost', db='milor')
        self.cursor = self.conn.cursor()

    def get_random_msg(self,sql):
            self.cursor.execute(sql)
            tup = self.cursor.fetchall()
            random_index = random.randint(0, len(tup) - 1)
            random_msg = tup[random_index]
            return random_msg
```

任何一个需要数据库操作的模块，只需要通过模块导入的方式就可以实例化 get_msg_from_db 类来实现数据操作。如果需要其他操作，则只要在此代码结构中添加相应的数据库操作方法即可。

2．测试用例包的准备

所有模块的自动化脚本已经实现，想要对其进行测试，只要在测试用例包中新建对应测试用例模块即可，要测哪个功能模块，只要实例化自动化脚本类的对象，并调用对应的方法即可。测试用例包的结构如图 6-24 所示。

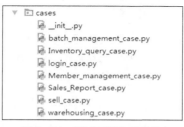

图 6-24　测试用例包的结构

这里仍以其中的部分代码举例。login_case 模块的代码如下。

```
from common.login import login
from screenshot.screen_shot import screen_shot

class login_case:
    def __init__(self):
        self.login = login()
    def run_case(self,id,li,exp):
        user_info = li.split("\n")
        name = user_info[0].split("=")[1]
        pwd = user_info[1].split("=")[1]
        wd = self.login.dologin(name,pwd)
        try:
            content = wd.find_element_by_xpath("//div[@class=\"bootbox-body\"]").text
            if exp in content:
                print('%s测试通过'%id)
            else:
                print('%s测试失败'%id)
                screen_shot().get_gif(wd,id,'login')

        except:
            if wd.find_element_by_link_text("注销") and exp == '登录成功':
                print('%s测试通过'%id)
            else:
                print('%s测试失败'%id)
                screen_shot().get_gif(wd,id,'login')  #测试失败后截图
        wd.quit()
```

sell_case 模块的代码如下。

```
from common.sells import sells
from screenshot.screen_shot import screen_shot


class sell_case:
    def __init__(self):
        self.s = sells()
    def case(self,id,li,exp):
        data_li = li.split("\n")
        data = []
        for i in data_li:
            data.append(i.split("=")[1])
        wd,bool=self.s.get_sell(data[0],data[1],data[2],data[3],exp)
        if bool :
            print('%s测试通过！'%id)
        else:
            print('%s测试失败！'%id)
            screen_shot().get_gif(wd,id,"sells")  #测试失败后截图
        wd.quit()
```

这两个测试用例代码中都出现了 li 参数，其目的是为后面的类反射传递测试步骤的所有值做准备。将测试步骤所需要的值放在一个列表中，一次性将所有值传递给方法（测试用例模块），在测试用例模块中分解列表并分别传递给自动化脚本实现自动化测试。

3．测试数据包

当前面的测试用例模块全部完成后，要实现自动化测试，自然离不开测试数据。一般来说，测试数据可以是 Excel 形式的自动化测试用例。当然，一些缺陷管理工具也可以写测试用例，这里不讨论这个问题。不论测试用例写在哪儿，只要通过代码能够获取到即可。这里使用前面学习的读取 Excel 的方式来实现，测试数据包的结构如图 6-25 所示。

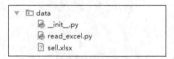

图 6-25　测试数据包的结构

自动化测试用例，如图 6-26 所示。

	A	B	C	D	E
1	编号	模块	方法	步骤	预期结果
2	login-001	login_case	run_case	username=admin password=admin123	登录成功
3	login-002	login_case	run_case	username= password=admin123	登录失败
4	login-003	login_case	run_case	username=admin password=admin124	登录失败
5	login-004	login_case	run_case	username=admin12 password=admin126	登录失败
6	sell-001	sell_case	case	barcode=6955203663467 discount=75 phone=18781163070 creditratio=2.5	出库成功
7	sell-002	sell_case	case	barcode=6955203661302 discount=85 phone=18781163071 creditratio=3	出库成功
8	sell-003	sell_case	case	barcode=61111 discount=75 phone=18781163070 creditratio=2.7	出库失败
9	sell-004	sell_case	case	barcode= discount=75 phone=18781163072 creditratio=2.8	出库失败
10	sell-005	sell_case	case	barcode=6955203663467 discount= phone=18781163073 creditratio=2.9	出库失败

图 6-26　自动化测试用例

数据获取的实现代码如下。

```python
import xlrd
class read_excel:
    def read(self,path,index):
        book = xlrd.open_workbook(path)
        sheet = book.sheets()[index]
        return sheet

    def get_row(self,path,index=0):
        data=[]
        sheet = self.read(path,index)
        for i in range(1,sheet.nrows):
            li = sheet.row_values(i)
            data.append(li)
        return data
```

通过这段代码，可获取自动化测试用例中的每一条用例，并将每一条用例作为一个列表放在另一个列表中。

4．测试驱动包

有了测试用例代码，有了不同模块的自动化测试用例的数据，剩下的就是针对不同模块的识别和调用，这里可以使用前面讲到的类反射方法。

```python
import sys
from data.read_excel import read_excel

class data_driven:
    def __init__(self):
        self.re = read_excel()
    def driven_it(self):
        li = self.re.get_row("..//data/sell.xlsx")
        if len(li) != 0:
            for i in li:
                __import__("cases."+i[1])
                mod = sys.modules["cases."+i[1]]
                obj = getattr(mod,i[1])
                mtd = getattr(obj(),i[2])
                mtd(i[0],i[3],i[4])
if __name__ == "__main__":
    data_driven().driven_it()
```

5．异常截图包

完成了前面的功能，实际上已经可以实现自动化测试了。截图在很多缺陷管理工作中会用到，如何自动截图就是这里需要实现的。异常截图包的结构如图 6-27 所示。

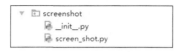

图 6-27　异常截图包的结构

其实现代码如下。

```python
class screen_shot:
    def get_gif(self,wd,id,name):
        wd.save_screenshot("..//%s的%s.png"%(id,name))
```

在前面的测试用例代码中，只需要在出现异常的时候调用此类对象的以下方法即可截图并将截图保存在该包中，以方便查看和使用。

```python
screen_shot().get_gif(wd,id,"sells")
```

6．生成测试报告及缺陷提交报告

生成测试报告有几种方式，前面介绍了生成 Excel 版本的测试报告的方式，可以直接复用其代码，这里不再讲解。后面的章节中还将介绍生成 HTML 的测试报告的方法，也可以在此框架中使用。

缺陷报告的提交是协议测试部分的内容，不在此书中介绍，需要实现此功能时，可自行了解协议部分的知识。

6.4.9　自动化测试框架的总结

自动化测试框架不仅仅是本书所介绍的这些，还有一些很有意思的框架，如 Page Object，该框架实际上是关键字驱动实现的基础，有兴趣的朋友可以研究一下。主流的关键字驱动工具是 Robot Framework，它目前使用的是 Python 2，这里不再赘述。

"自动化测试框架"是给测试人员用的，如果真的想把自动化测试做出规模，就需要把测试工程师当作用户，不能指望他们有耐心地去编写测试脚本或者对各种思想有良好的掌握。框架必须"一切简单化"，即简单的操作、简单的维护、简单的拓展。

做一个自动化测试框架主要是从分层上考虑，而不是简单地应用一种思想，它是各种思想的集合体。

真正的自动化测试框架是与流程结合的，而不仅仅靠技术实现，技术其实不是很复杂，关键在于对其架构和流程的深刻把握，而这需要很长的一段时间，所以只能一步一步按需求来实现，需求指导思想的应用。

第7章
Windows应用的自动化测试框架

+ +
+ +

本章导读

■在前面已经学习的自动化测试框架中，除 SikuliX 之外，只能对 B/S 架构的系统进行自动化测试，而 Windows 平台中的 C/S 架构使用 SikuliX 来做自动化测试时，可靠性、可维护性比较差。项目代码中会夹杂大量的图片，对于整个项目来说，庞大的数据中 90% 是图片，这会对编码者和使用者造成困扰。目前，Windows 平台中的自动化工具有 Windows API、Microsoft Active Accessibility（MSAA）和 UI Automation。

Windows API 通过 FindWindow 和 EnumWindows 来查找窗口句柄，并调用其他 API（GetWindowText、GetWindowRect、GetWindowLong……）来获取窗口属性，以找到想要的控件（窗口），AutoIt 工具就是 Windows API 的技术体现。

MSAA 提供了一套接口，使开发人员可以方便地给残疾人开发可以使用的软件，如读屏程序（鼠标移动到按钮的时候，可以发出声音，辅助有视力障碍的人操作计算机），从而实现微软将计算机普及到每一个家庭的梦想。其设计不是为了测试，但其提供了一套接口，可以通过调用接口来达到测试的目的，其也是目前主流 Windows 平台测试的基础，通过对其再次封装可实现对系统软件的调用和测试。

UI Automation 是微软公司在 MSAA 的基础上，对 MSAA 进行封装，重新设计并实现 UI Automation 的类库，根据自动化测试的需求重新实现的一套自动化体系。本章将对 UI Automation 进行讲解和代码演示。

学习目标

（1）了解UI Automation。
（2）掌握UISpy的使用。
（3）掌握Python调用UI Automation库 对 Windows 界 面 实现自动化的方法。

7.1 UI Automation 简介

UI Automation 作为一个应用程序接口，主要用于对 UI 控件进行信息收集与控制访问，它提供的自动化库可以准确识别 Windows 平台中的 UI 控件，提供了自定义方式进行自动化测试。也就是说，它提供了一套 API、Interface 及其相应的模式，让软件的开发者遵循该模式去实现相应的 Interface，从而使软件的使用者更好地使用该软件。UI Automation 是对 MSAA 进行的封装，其架构如图 7-1 所示。

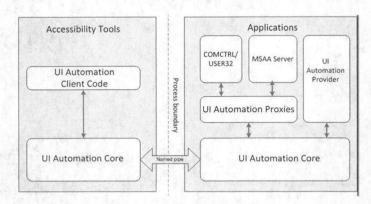

图 7-1　UI Automation 架构

UI Automation 分为 Client 和 Server，从 UI 测试自动化的角度来看，测试的应用程序被视为服务器，测试工具被视为客户端，测试工具客户端向所测试的应用程序（服务器）请求 UI 信息。

（1）UI 信息在服务器端由 UI AutomationProvider.dll 和 UI AutomationTypes.dll 提供。

（2）UI 信息在客户端由 UI AutomationClient.dll 和 UI AutomationTypes.dll 提供。

（3）UI AutomationCore.dll 为 UI 自动化的核心部分，负责服务器端和客户端的交互。

（4）UI AutomationClientSideProviders.dll 为客户端程序提供自动化支持。

UI AutomationClient.dll 库实际上就是 UI 自动化客户端使用的自动化库。另外，UI Automation Types.dll 库包含 UI AutomationClient.dll 和其他 UI 自动化服务器库使用的各种类型的定义。除 UI AutomationClient.dll 和 UI AutomationTypes.dll 库外，还将看到 UI AutomationClientProvider.dll 和 UI AutomationProvider.dll 库。

UI AutomationClientSideProvider.dll 库包含一组与构建时不支持自动化的控件配合使用的代码，这些控件可能包括旧式控件和自定义的.NET 控件。一般的应用程序使用标准控件（均设计为支持 UI 自动化），因此不需要此库。UI AutomationProvider.dll 库是一组接口定义，可自定义 UI 控件且控件能被 UI 自动化库访问的开发人员使用。

Windows Automation API 3.0 伴随着 Windows 7 发布，Windows 7 本身就集成了 Windows Automation API 3.0 所有的组件和功能，因此在 Windows 7 环境中使用 UI Automation 非常顺畅。如果是其他版本的 Windows 平台，则可能会遇到一些问题。

7.2 UI Automation 的使用

V7-1 UI
Automation 的使用

和 MSAA 相比，UI Automation 重新设计了一套架构。无论是对传统的 WinForm，还是新的 WPF，UI Automation 都定义了一套统一的模型，其 API 的使用也相对更简单。使用.NET Framework 3.0 时，可以使用 UI Spy 工具，它提供了定位所需要的元素信息，能辅助 UI Automation 的使用。

7.2.1　UI Spy 的使用

1. 安装 UI Spy

利用 UI Spy 工具，开发人员和测试人员能够查看应用程序的用户界面元素并与之交互，其随着 Microsoft Windows SDK 一起安装。Windows SDK 的最低系统要求如图 7-2 所示。

图 7-2　Windows SDK 的最低系统要求

如果使用 Windows 8 以下版本，则官网提示要安装补丁 KB2999226，正常安装 Python 3 的时候，如果没有提示 failed 信息，则表示这个补丁已经安装了。大家可以在网络中搜索该工具。

在 SDK 安装路径的/bin 文件夹中，也可以从【开始】菜单进行访问（选择【开始】→【所有程序】→【Microsoft Windows SDK】→【工具】→【UI Spy】选项）。启动 UI Spy，进入 UI Spy 主界面，如图 7-3 所示。

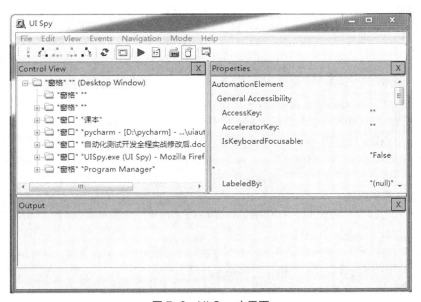

图 7-3　UI Spy 主界面

（1）【控件视图】窗格（【Control View 窗格】，为默认窗格）

该窗格中包含应用程序 UI 项的层次结构。其他视图包括【自定义视图】【内容视图】【原始视图】，可在【View】菜单中选中需要的视图。UI Spy 中的各种视图如图 7-4 所示。

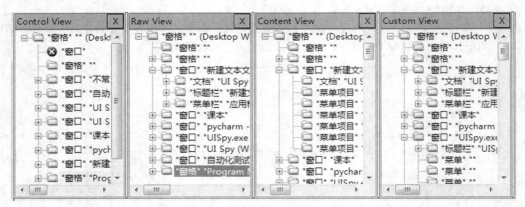

图 7-4　UI Spy 中的各种视图

① 原始视图。UI Automation 树的原始视图是 AutomationElement 对象的完整树，该树的根元素是桌面。原始视图完全遵循应用程序的本机编程结构，因此是最详细的可用视图。原始视图还是其他视图的生成基础。由于原始视图取决于基础 UI 框架，因此 WPF 中按钮的原始视图与 Windows 32 中按钮的原始视图不同。

原始视图是通过以下方法来获取的：在不指定属性的情况下搜索元素，或者使用 RawViewWalker 在树中进行导航。

② 控件视图。由于 UI Automation 树的控件视图紧密映射到由最终用户查看的 UI 结构上，因此它能使辅助技术产品更轻松地向最终用户描述 UI 并帮助最终用户与应用程序交互。

控件视图是原始视图的子集。它包括原始视图中的所有 UI 项，最终用户会将这些项理解为 UI 中控件逻辑结构的交互式项或构成项。例如，列表视图标题栏、工具栏、菜单栏和状态栏等容器构成了 UI 逻辑结构，但其本身并不是交互式 UI 项。仅针对布局设计或修饰目的而使用的非交互式项在控件视图中不显示，仅为了将控件放置在对话框中而本身不包含任何信息的面板就是这样的项。对话框中包含信息和静态文本的图形是在控件视图中显示的非交互式项。控件视图中包括的非交互式项不能接收键盘焦点。

控件视图是通过以下方法获取的：搜索 IsControlElement 属性设置为 True 的元素，或者使用 ControlViewWalker 在树中进行导航。

③ 内容视图。UI Automation 树的内容视图是控件视图的子集。内容视图中包含用来在用户界面中传达真正信息的 UI 项（包括可以接收键盘焦点的 UI 项，以及一些不是 UI 项标签的文本）。例如，下拉组合框中的值将出现在内容视图中，因为它们表示由最终用户使用的信息。在内容视图中，组合框和列表框均表示为 UI 项的集合，在该集合中，可以有一项（或多项）处于选中状态。由于内容视图旨在显示要呈现给用户的数据或内容，因此，内容视图中不存在如下情况：始终有一项处于打开状态的同时，另有一项是可以展开和折叠的。

内容视图是通过以下方法获取的：搜索 IsContentElement 属性设置为 True 的元素，或者使用 ContentViewWalker 在树中进行导航。

UI Spy 打开后，该窗格中将显示"Desktop"节点及其第一级子节点，即计算机桌面上所有的快捷方式、已经打开的程序等（以上信息来自 Windows 官网）。

（2）【属性】窗格（【Properties】窗格）

该窗格用于显示选定 UI 项的属性值。

（3）【输出】窗格（【Output】窗格）

该窗格用于显示应用程序引发的事件和 UI Automation 异常。

2. UI Spy 元素的选择

UI Spy 提供了两种方式来选择 UI 项：焦点跟踪模式和悬停模式。选中某项后，将会在该项周围绘制一个矩形。选中的项显示在各个打开的【Control View】窗格中，该项的 UI Automation 属性将显示在【Properties】窗格中。图 7-5 所示为通过 UI Spy 选择 Windows 元素。

图 7-5　通过 UI Spy 选择 Windows 元素

（1）焦点跟踪模式

使用 UI Spy 的焦点跟踪模式时，工具将跟踪具有键盘焦点的 UI 项。焦点跟踪模式通常用于逐项通过 UI 项，以确保每一项都能收到键盘焦点。

（2）悬停模式

使用 UI Spy 的悬停模式时，将通过单击并按住 Ctrl 键一段时间来选择 UI 项。若要配置时间的长度，应选择【Edit】→【Set】选项。当要选择特定 UI 项时，使用悬停模式十分方便。

3. 查看属性

以 QQ 音乐为例，在【Properties】窗格中，将显示 QQ 音乐快捷方式在 Desktop 中的元素的属性，如图 7-6 所示。

图 7-6　元素的属性

图 7-6 中已经标识出了常用的属性，即 ClassName、Name 和 ProcessId。后面使用 Python 来实现自动化测试时，需要找到这些属性。

7.2.2 UI Automation 的使用示例

UI Automation 支持多种语言，这里使用 Python 来调用 UI Automation。UI Automation 是第三方库，所以需要先安装库 pip install uiautomation。这里以使用 UI Automation 操作 Windows 自带计算器为例进行介绍。

1. 定位窗体

先启动计算器，再双击 UISpy.exe，在【Control View】窗格中找到计算器。前面已经学习了两种定位方式，任选其中一种方式，其结果如图 7-7 所示。

图 7-7 UI Spy 定位计算器的结果

可以看出，在 UI Spy 中选择计算器后，计算器就会多出一个边框，用于提示用户当前定位的元素指向程序的哪个部分。

2. 定位元素

在 UI Spy 中找到程序后，可以在其下的树形结构中找到每一个元素。例如，找到"按钮""7"后，可以在【Properties】窗格中看到"7"的属性，同时，计算器上的"7"周围有一个小边框，如图 7-8 所示。

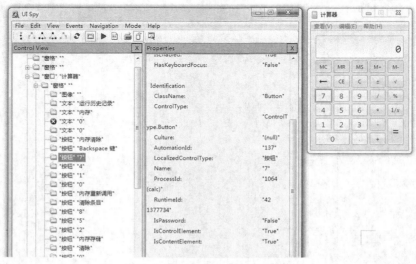

图 7-8 定位元素和获取元素属性

"按钮""7"的重要属性已经显示在【Properties】窗格中，如其 ClassName 为"Button"，AutomationId 为"137"，Name 为"7"等，这都是后面代码可能会用到的。

3. 编码实现

通过 UI Spy 对需要的窗体的元素进行定位并获取其属性后，可以通过 Python 代码实现程序自动化，代码如下。

```python
import subprocess
import uiautomation
import time
#打开计算器程序
subprocess.Popen('calc.exe')
time.sleep(2)
#通过UI Automation定位窗体
calcwindow = uiautomation.WindowControl(searchDepth=1, Name='计算器')
#在最上层显示
calcwindow.SetTopmost(True)
#单击数字"7"按钮
calcwindow.ButtonControl(Name='7').Click()
#单击加号按钮
calcwindow.ButtonControl(Name='加').Click()
#单击数字"5"按钮
calcwindow.ButtonControl(Name='5').Click()
#单击等号按钮
calcwindow.ButtonControl(Name='等于').Click()
#获取数据显示框中的内容
result = calcwindow.TextControl(AutomationId="158")
print(result.Name)
#进行验证
if result.Name.split(' ')[0] == '12':
    print("测试成功.")
else:
    print("测试失败.")
time.sleep(2)
#关闭窗体
calcwindow.Close()
```

7.2.3 UI Automation API

1. UI Automation 的类

（1）WindowControl(searchDepth，ClassName，SubName)

此类用于查找窗口中的程序。可用 window.Exists（maxSearchSeconds）来判断窗口是否存在。此类的源码如下。

```python
class WindowControl(Control, TransformPattern, WindowPattern, DockPattern):
    def __init__(self, element = 0, searchFromControl = None, searchDepth = 0xFFFFFFFF,
    searchWaitTime = SEARCH_INTERVAL, foundIndex = 1, **searchPropertyDict):
        Control.__init__(self, element, searchFromControl, searchDepth, searchWaitTime,
        foundIndex, **searchPropertyDict)
        self.AddSearchProperty(ControlType = ControlType.WindowControl)

    def SetTopmost(self, isTopmost = True):
        return Win32API.SetWindowTopmost(self.Handle, isTopmost)

    def MoveToCenter(self):
```

```
            left, top, right, bottom = self.BoundingRectangle
            width, height = right - left, bottom - top
            screenWidth, screenHeight = Win32API.GetScreenSize()
            x, y = (screenWidth-width)//2, (screenHeight-height)//2
            if x < 0: x = 0
            if y < 0: y = 0
            return Win32API.SetWindowPos(self.Handle, SWP.HWND_TOP, x, y, 0, 0,
                    SWP.SWP_NOSIZE)

    def MetroClose(self, waitTime = OPERATION_WAIT_TIME):
        """only works in Windows 8/8.1, if current window is Metro UI"""
        window = WindowControl(searchDepth = 1, ClassName =
        METRO_WINDOW_CLASS_NAME)
        if window.Exists(0, 0):
            screenWidth, screenHeight = Win32API.GetScreenSize()
            Win32API.MouseMoveTo(screenWidth//2, 0, waitTime = 0)
            Win32API.MouseDragDrop(screenWidth//2, 0, screenWidth//2, screenHeight,
            waitTime = waitTime)
        else:
            Logger.WriteLine('Window is not Metro!', ConsoleColor.Yellow)

    def SetActive(self, waitTime = OPERATION_WAIT_TIME):
        curState = self.CurrentWindowVisualState()
        if curState == WindowVisualState.Minimized:
            self.ShowWindow(ShowWindow.Restore)
        elif curState == WindowVisualState.Maximized:
            self.ShowWindow(ShowWindow.Maximize)
        else:
            self.ShowWindow(ShowWindow.Show)
        ret = Win32API.SetForegroundWindow(self.Handle)   #不同的Windows版本可能会失败
            windows's process is not python
        time.sleep(waitTime)
        return ret
```

从以上源码中可以看出，WindowControl 类下面有 4 个方法：SetTopmost(True)，用于将窗体设置为顶层；MoveToCenter()，用于将窗体居中显示；MetroClose()，用于关闭 Windows 8 以后出现的新菜单【MetroUI】；SetActive()，用于设置一个程序被执行的间隔时间。各方法的使用示例代码如下。

```
calcwindow = uiautomation.WindowControl(searchDepth=1, Name='计算器')
#窗体居中显示
calcwindow.MoveToCenter()
#窗体置顶
calcwindow.SetTopmost(True)
#控制程序执行间隔
calcwindow.SetActive(20)
#只针对Windows 8, 关闭【MetroUI】菜单
calcwindow.MetroClose(10)
```

（2）EditControl(searchFromControl)

此类用于查找编辑位置，找到后可用 DoubleClick() 来改变计算机的焦点。此类的源码如下。

```
class EditControl(Control, RangeValuePattern, TextPattern, ValuePattern):
    def __init__(self, element = 0, searchFromControl = None, searchDepth = 0xFFFFFFFF,
```

```
        searchWaitTime = SEARCH_INTERVAL, foundIndex = 1, **searchPropertyDict):
            Control.__init__(self, element, searchFromControl, searchDepth, searchWaitTime,
            foundIndex, **searchPropertyDict)
            self.AddSearchProperty(ControlType = ControlType.EditControl)
```

此类继承了其父类的所有非私有方法。其常用方法的使用如下。

```
edit = uiautomation.EditControl(searchFromControl = musicwindow, foundIndex =
1,ProcessId='xxxx')
#单击元素，将光标放入元素
edit.Click()
#向文本框中输入文字
Edit.SendKeys('你好！')
```

（3）Win32API.SendKeys("string")

如果已在编辑位置，则可用此类来输入值，{Ctrl}为 Ctrl 键，其他类似；{@ 8}格式可输入 8 个@，数字也可实现此功能，但字母无法实现此功能。此类的源码代码量较大，这里不再展示，大家可以在 Python 中自行查看。此类的功能非常多，涉及鼠标、键盘及窗体的操作。其常用输入信息的代码如下。

```
#已经有光标在输入框中的时候，可以直接使用
uiautomation.Win32API.SendKeys('你好！')
```

（4）MenuItemControl(searchFromControl,Name)

此类用于查找菜单选项，其源码如下。

```
class MenuBarControl(Control):
    def __init__(self, element = 0, searchFromControl = None, searchDepth = 0xFFFFFFFF,
    searchWaitTime = SEARCH_INTERVAL, foundIndex = 1, **searchPropertyDict):
        Control.__init__(self, element, searchFromControl, searchDepth, searchWaitTime,
        foundIndex, **searchPropertyDict)
        self.AddSearchProperty(ControlType = ControlType.MenuBarControl)
```

示例代码如下。

```
mubar = uiautomation.MenuBarControl(searchFromControl = musicwindow, foundIndex =
1,ProcessId='xxxx')
mubar.Click()
```

（5）ComboBoxControl(searchFromControl,AutomationId)

此类用于查找下拉列表，并在此基础上用 Select("name")方法来选择需要的选项。

（6）BottonControl(searchFromControl,Name,SubName)

此类用于查找按钮。

```
calcwindow = uiautomation.WindowControl(searchDepth=1, Name='计算器')
calcwindow.ButtonControl(Name='7').Click()
```

（7）automation.FindControl(firefoxWindow,lambda c:(isinstance(c, automation.EditControl)))

此类用于按条件搜索句柄。

```
baiduedit    =    automation.FindControl(huohu,lambda    c,d:isinstance(c,automation.
EditControl),
foundIndex=3)
baiduedit.SendKeys(u"在线工具库",0.5)
```

2. 对找到句柄的常用操作

（1）Click() 表示单击。

（2）RightClick() 表示右键单击。

（3）SendKeys() 表示发送字符。

（4）SetValue() 表示传值，一般对 EditControl 使用。

3. 对 Windows 程序的常用操作

（1）subprocess.Popen('Name')表示用进程打开程序。

（2）window.Close() 表示关闭窗口。

（3）window.SetActive() 表示使用。

（4）window.SetTopmost() 表示设置为顶层。

（5）window.ShowWindow(uiautomation.ShowWindow.Maximize) 表示窗口最大化。

（6）window.CaptureToImage('Notepad.png') 表示截图。

（7）uiautomation.Win32API.PressKey(uiautomation.Keys.VK_CONTROL) 表示按住 Ctrl 键。

（8）uiautomation.Win32API.ReleaseKey(uiautomation.Keys.VK_CONTROL) 表示释放 Ctrl 键。

（9）automation.GetConsoleWindow() 表示打开控制台。

（10）automation.Logger.ColorfulWriteLine('\nI will open <Color=Green>Notepad</Color> and <Color=Yellow>automate</Color> it. Please wait for a while.') 表示控制台传值（彩色字体），普通传值使用 WriteLine 方法。

（11）automation.ShowDesktop() 表示显示桌面。

7.2.4 UI Automation 使用中出现的问题

前面以计算器为例进行了演示，使用 UI Automation 可以轻松实现其定位。但在实际操作中，不一定能得到所有元素的唯一属性，这样定位就不容易实现。

以 QQ 音乐为例，选择歌手后会出现歌曲列表。但是，通过 UI Spy 根本找不到其唯一属性。

如图 7-9 所示，第一首歌曲只提供了一个 ProcessId 的属性，但是 QQ 音乐中几乎所有元素的此属性都是一样的，所以不能用来定位。这里提供一种解决方案，即拖动 UI Automation 界面【Properties】窗格中的下拉滚动条，可以看到出现元素的坐标，如图 7-10 所示，能否通过坐标来定位呢？

图 7-9 定位第一首歌曲

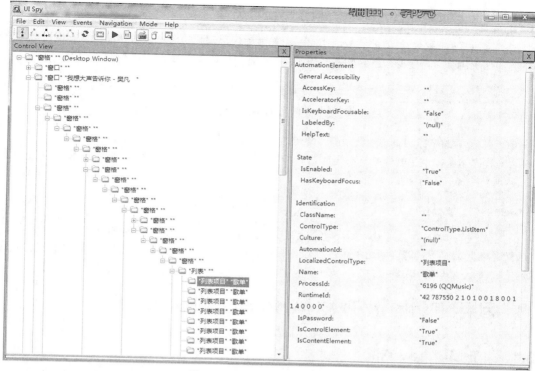

图 7-9　定位第一首歌曲（续）

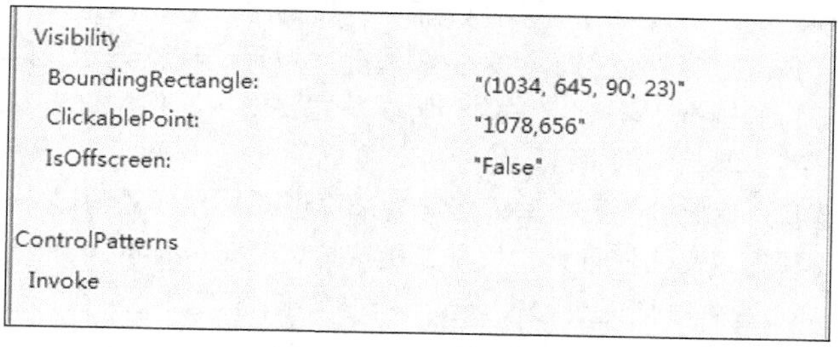

图 7-10　元素的坐标

UI Automation 中提供了 click(x,y,waittime)方法，即坐标定位的方法，其代码如下。

```
import subprocess
import uiautomation
import time
#打开QQMusic
subprocess.Popen('C:\Program Files (x86)\Tencent\QQMusic\QQMusic.exe')
time.sleep(2)
#定位主界面
musicwindow = uiautomation.WindowControl(searchDepth=1, ProcessId='6092 (QQMusic)')
#定位输入框
edit = uiautomation.EditControl(searchFromControl = musicwindow, foundIndex =
1,ProcessId='7148 (QQMusic)')
#将光标定位到输入框中
edit.Click()
#输入歌手的名字，{ENTER}表示模拟键盘回车键
edit.SendKeys('樊凡{ENTER}')
time.sleep(2)
```

```
#单击指定坐标
uiautomation.Click(435,330)
```

此时，会发现并不能播放歌曲。歌曲中有一个播放按钮，需要定位播放按钮的位置。通过截图整个屏幕的方式保存图片，再使用画图的方式打开图片，这样就可以获取播放按钮的坐标，如图 7-11 所示。

| ⊹ 704, 362像素 | ⊡ | ⊡ 1600 × 861像素 | ⊡ 大小: 259.0KB |

图 7-11　播放按钮的坐标

修改 Click() 中的坐标，重新运行程序，即可实现歌曲的播放。

当然，程序本身提供了歌曲的全部播放功能，也可以将代码改为单击"播放全部"按钮，通过 UI Spy 获取元素识别特征并进行调用，代码如下。

```
…
edit.SendKeys('樊凡{ENTER}')
time.sleep(2)
musicwindow.ButtonControl(Name='播放全部').Click()
```

当然，坐标定位不是解决问题的最好方式，要想解决以上问题，可以尝试使用多级父子节点关系的查找定位方式，但这种方式肯定会非常复杂。

7.3　利用 Python 开发 Monkey 测试脚本

7.3.1　关于 Monkey 测试

Monkey 测试也被称为猴子测试，其假设一只猴子来操作计算机，猴子肯定会在面对计算机和系统时乱敲乱点，谁也无法预测究竟会发生什么事情。而在测试的过程中，测试工程师通常会预先设计好测试用例，并应用于特定场景。这当然适用于绝大多数情况，但是这种预先定义好的场景通常是由测试工程师人为设定的，在某些特殊情况下不一定奏效。所以，需要使用其他测试方法来完成一种比较另类的测试，以覆盖更多可能的甚至不正常的情况。Monkey 测试便能够很好地适用于这些情况。

Monkey 测试通过模拟大量随机的鼠标和键盘行为来实现随机操作的测试。不需要设计特定的用例、特定的场景，甚至不需要预先定义任何行为，只是随机模拟，任意操作即可。

所以，在真正实施 Monkey 测试的过程中，虽然随机操作是其核心所在，但是需要考虑一些环境问题。例如，如果只是为了测试某个应用程序 A，就应该只限定其界面在应用程序 A 的窗口范围内，如果不小心随机操作打开了其他应用或者操作到了非程序 A 窗口中，就应该放弃操作，或者使程序 A 的窗口再次得到焦点。当然，前面的章节中已经介绍了基于图像识别的自动化测试技术的开发与应用，在 Monkey 测试的过程中，同样可以将这种技术结合起来，以确保其运行过程稳定流畅。

7.3.2　Monkey 测试的实现思路

V7-2　Monkey 测试的实现思路

在前面的章节中，已经介绍了使用 PyUserInput 库中自带的 PyMouse 和 PyKeyboard 类来模拟常用的鼠标和键盘事件，这也是 Monkey 测试的核心基础，有了这样的前提，开发 Monkey 测试脚本的时候，更多的注意力就可以放在如何设计随机操作及提高其稳定性方面。

下面简单梳理一下常用的鼠标及键盘操作。

（1）键盘操作：数字或字母的输入。

（2）键盘操作：特殊符号的输入。

（3）键盘操作：常用的组合按键，如 Alt+F4、Ctrl+V 等。

（4）鼠标操作：鼠标左键单击。

（5）鼠标操作：鼠标左键双击。

（6）鼠标操作：滚动滚轮。

（7）鼠标操作：鼠标右键单击。

（8）其他操作：针对不同的系统、不同的设备可能提供的各类操作，如长按、滑动、缩放等。

当列出了所有可能的操作以后，只需要生成随机的操作序列即可完成 Monkey 测试的基本功能。但是上述的操作只是基本操作，不足以支撑一个 Monkey 测试的正常运行，所以要考虑一些可靠性和异常处理的情况，至少需要考虑以下几点。

（1）必须保持当前操作的窗口在最顶端，否则会直接操作到其他窗口中。

（2）为了保证窗口始终在最顶端，可以直接利用 UI Automation 库结合窗口的标题和句柄进行判断比对，如果不在最顶端，则将其放置于最顶端。

（3）在某些复杂的情况中，通过图像识别对比的方式进行二次判断确认时，一旦发现当前屏幕截图中没有出现需要的容器的模板图片，则停止操作或者报错。

（4）必须保证所有的操作是在被测系统对应的窗口区域中进行的，不能操作到系统其他窗口中，以减少测试执行过程中的影响因素。

（5）要随时监控进程的运行情况，如果出现进程崩溃的情况，则必须报错甚至停止操作。

（6）最好每操作几步截图一次，当发现窗口没有在最前端时要进行截图，保留测试现场的情况，以供后面分析错误的来源。

（7）针对每一次的操作，最好提供一个日志记录，以便于后续分析定位问题。

当然，在调试 Monkey 测试脚本的过程中，建议在一台新的虚拟机中进行调试，不要在实体机上操作，因为整个过程中的随机操作是很难预计的，如删除了重要数据，删除了某个软件，打开了很多其他应用程序等，而在虚拟机环境中操作时，即使系统崩溃了，也只需还原虚拟机即可。

7.3.3　实现简单的 Monkey 测试

简单的 Monkey 测试只负责启动应用程序，并进行随机操作，不考虑更多复杂情况或异常处理机制。具体的实现代码及备注如下（以启动计算器为例，结合 PyUserInput 库实现）。

V7-3　实现
Monkey 测试的脚本

```python
from pykeyboard import PyKeyboard
from pymouse import PyMouse
import random, os, time


class MonkeyTestSimple():
    def __init__(self):
        self.mouse = PyMouse()
        self.keyboard = PyKeyboard()
        self.sleep_time = 0.5

    # 根据屏幕分辨率生成一个随机的坐标
    def random_pos(self):
        x = random.randint(1, 1440)
        y = random.randint(1, 900)
        self.mouse.move(x, y)
        return (x, y)

    # 模拟鼠标的单击操作
    def random_click(self):
        x, y = self.random_pos()
```

```
        self.mouse.click(x, y)

        print("在位置 [%d:%d] 进行单击操作." % (x, y))
        time.sleep(self.sleep_time)

    # 模拟鼠标的双击操作
    def random_double_click(self):
        x, y = self.random_pos()
        self.mouse.click(x=y, y=y, button=1, n=2)

        print("在位置 [%d:%d] 进行双击操作." % (x, y))
        time.sleep(self.sleep_time)

    # 模拟右键操作
    def random_right_click(self):
        x, y = self.random_pos()
        self.mouse.click(x=y, y=y, button=2, n=1)

        print("在位置 [%d:%d] 进行右键操作." % (x, y))
        time.sleep(self.sleep_time)

    # 模拟随机输入操作
    def random_input(self):
        x, y = self.random_pos()
        content = ["Woniuxy", "123456", "Good Night", "Tomorrow Better!",
                   "Testing", "666667788", "123.45", "2018-08-06"]
        random_index = random.randint(0, len(content)-1)
        random_content = content[random_index]
        self.keyboard.type_string(random_content)

        print("在位置 [%d:%d] 输入内容: %s" % (x, y, random_content))
        time.sleep(self.sleep_time)

    # 模拟随机按键操作
    def random_enter(self):
        x, y = self.random_pos()
        # 定义几个常用的按键列表
        key_list = [self.keyboard.enter_key, self.keyboard.control_key,
                    self.keyboard.alt_key, self.keyboard.backspace_key]
        random_index = random.randint(0, len(key_list)-1)
        random_key = key_list[random_index]
        self.keyboard.press_key(random_key)
        self.keyboard.release_key(random_key)

        print("在位置 [%d:%d] 进行按键操作." % (x, y))
        time.sleep(self.sleep_time)


    # 启动一个应用程序,并完成Monkey测试
    def start_test(self, execute, count):
        # 执行命令时,使用 "start /b" 表示在后台运行,不阻塞运行线程
        os.system("start /b " + execute)
        time.sleep(5)
        for i in range(count):
            # 生成一个随机数,用于决定执行哪个操作
```

```
        seed = random.randint(0, count)
        if seed <= count * 0.2:
            self.random_click()
        elif seed <= count * 0.4:
            self.random_double_click()

        elif seed <= count * 0.6:
            self.random_input()
        elif seed <= count * 0.8:
            self.random_right_click()
        else:
            self.random_enter()

# 对上述代码进行测试
if __name__ == '__main__':
    MonkeyTestSimple().start_test(execute="calc.exe", count=20)
```

上述代码基本实现了一个功能相对简单的 Monkey 测试。运行上述代码，可以得到类似的如下输出结果。

```
在位置 [1093:334] 进行按键操作.
在位置 [277:702] 进行双击操作.
在位置 [136:118] 输入内容: 123.45
在位置 [245:61] 进行单击操作.
在位置 [864:185] 进行按键操作.
在位置 [1165:551] 进行双击操作.
在位置 [207:226] 进行双击操作.
在位置 [376:712] 输入内容: Tomorrow Better!
在位置 [1237:26] 进行单击操作.
在位置 [796:465] 进行单击操作.
在位置 [292:230] 进行按键操作.
在位置 [1126:796] 进行按键操作.
在位置 [506:515] 进行双击操作.
在位置 [1135:871] 进行单击操作.
在位置 [1136:744] 进行单击操作.
在位置 [346:537] 进行右键操作.
在位置 [945:726] 进行右键操作.
在位置 [255:29] 进行右键操作.
在位置 [505:468] 进行右键操作.
在位置 [296:810] 进行按键操作.
```

上述代码只会进行随机操作，而不管当前的被测应用程序发生了什么变化，正在操作的是否是被测应用等。所以，上述代码离真正可用还有一段距离，应该想办法进行优化。

7.3.4　实现高级的 Monkey 测试

上述简单的 Monkey 测试脚本在容错处理等方面存在诸多问题，无法应用于实际工作中。所以需要对其进行扩展，让其变得更加智能化。

（1）在进行鼠标的随机移动时，不应该针对整个计算机屏幕，而应该针对打开的应用程序窗口所在的区域。可以使用 UI Automation 的窗口对象中的 Bounding Rectangle 属性来返回一个位置数据。其返回的值为（left，top，right，bottom）的元组，分别描述了窗口的左上角坐标和右下角坐标，被这两个坐标圈定的矩形区域就是该窗口。

V7-4　高级的
Monkey 测试代码

（2）使用两个线程来完成程序的处理。一个线程用于随机操作，另一个线程用于对窗口进行判断，进而每间隔一段时间（如 3s）对屏幕进行截图，判断被测程序的进程是否被关闭，以及如果窗口不在最顶端，就将窗口置于桌面最顶端，以获取焦点。

（3）屏幕截图可以使用 PIL 库中的 ImageGrab 实现。

（4）判断被测程序的进程是否存在。可以使用 subprocess 运行命令"tasklist"并获取到目前所有进程的运行状态，进而判断目标进程是否存在。

（5）使用 UI Automation 库中的 Win32API 对象中的 SetForegroundWindow 方法完成窗口置顶。

此处以使用 Firefox 打开 PHPwind 论坛为例（如果没有 PHPwind 的环境，则打开其他任意 Web 系统即可），来看看如何借助更多技术手段实现高级的 Monkey 测试。

```python
# 实现高级的Monkey测试

from pykeyboard import PyKeyboard
from pymouse import PyMouse
import os, time, random, uiautomation, threading
from PIL import ImageGrab

class MonekeyTest:
    def __init__(self, wait_time):
        self.keyboard = PyKeyboard()
        self.mouse = PyMouse()
        self.wait_time = wait_time
        self.window_bound = None

    # 移动
    def random_pos(self):
        left, top, right, bottom = self.window_bound
        x = random.randint(left+10, right-10)
        y = random.randint(top+100, bottom-10)
        self.mouse.move(x, y)
        # print('移动光标到[%d, %d]的位置.' % (x, y))
        return x, y

    # 单击
    def random_click(self):
        x, y = self.random_pos()
        self.mouse.click(x, y)
        print('在[%d, %d]的位置：单击.' % (x, y))
        time.sleep(self.wait_time)

    # 双击
    def random_dblclick(self):
        x, y = self.random_pos()
        self.mouse.click(x, y, button=1, n=2)
        print('在[%d, %d]的位置：双击.' % (x, y))
        time.sleep(self.wait_time)

    # 输入
    def random_input(self):
        x, y = self.random_pos()
        # 定义一个随机字符串列表
        string_list = ["Woniuxy", "123456", "Good Night",
                "Tomorrow Better!","Testing", "666667788",
                "123.45", "2018-08-06", "你好蜗牛"]
        rand_index = random.randrange(0, len(string_list))
        rand_string = string_list[rand_index]
```

```python
        self.keyboard.type_string(rand_string)
        print('在[%d, %d]位置：输入：%s.' % (x, y, rand_string))
        time.sleep(self.wait_time)

    # 按键
    def random_press(self):
        x, y = self.random_pos()
        key_dict = {'Enter': self.keyboard.enter_key, 'Backspace':self.keyboard.
backspace_key,
                    'Tab':self.keyboard.tab_key, 'Space':self.keyboard.space_key}
        key_list = ['Enter', 'Backspace', 'Tab', 'Space']
        rand_key = random.sample(key_list, 1)[0]
        rand_value = key_dict[rand_key]
        self.keyboard.press_key(rand_value)
        self.keyboard.release_key(rand_value)
        print('在[%d, %d]位置：按键：%s.' % (x, y, rand_key))
        time.sleep(self.wait_time)

    # 随机调用
    def start_run(self, count):
        for i in range(count):
            rand = random.randint(1, 100)
            if rand <= 25:

                self.random_click()
            elif rand <= 50:
                self.random_dblclick()
            elif rand <= 75:
                self.random_input()
            elif rand <= 100:
                self.random_press()

    # 启动应用程序Good Night
    def run_app(self, app):
        os.popen(app)
        time.sleep(5)
        window = uiautomation.WindowControl(Name='PHPwind - Powered by PHPWind.net -
Mozilla Firefox', searchDepth=1)
        window.Maximize()
        self.window_bound = window.BoundingRectangle
        window.SetTopmost(True)

        threading.Thread(target=self.check_app).start()

    # 截图并检查程序
    def check_app(self):
        while True:
            # 截图
            now = time.strftime("%Y%m%d_%H%M%S.png")
            screen_path = os.path.abspath('.') + '/screenshot/' + now
            ImageGrab.grab().save(screen_path)

            # 检查应用程序
            process = os.popen('tasklist | findstr firefox').read()
```

```
        if not 'firefox.exe' in process:
            break

        time.sleep(3)

if __name__ == '__main__':
    monkey = MonekeyTest(0.5)
    monkey.run_app(r'"C:\Program Files (x86)\Mozilla Firefox 61\
                    firefox.exe" http://localhost/phpwind')
    monkey.start_run(20)
```

运行上述代码，可能的部分输出结果如下。

```
在[1093, 196]的位置：单击.
在[1348, 217]的位置：单击.
在[233, 361]的位置：单击.
在[1404, 544]的位置：单击.
在[430, 301]位置：按键：Space.
在[154, 764]的位置：单击.
在[19, 719]的位置：双击.
在[268, 456]的位置：双击.
在[112, 760]位置：输入：Tomorrow Better!.
在[1294, 529]的位置：单击.
在[1074, 790]位置：按键：Enter.
在[673, 606]位置：按键：Tab.
在[183, 609]的位置：双击.
在[435, 148]位置：输入：2018-08-06.
在[505, 801]的位置：单击.
在[229, 559]的位置：双击.
在[278, 139]的位置：双击.
在[934, 138]的位置：单击.
在[1444, 766]的位置：双击.
在[95, 757]位置：输入：Tomorrow Better!.
```

上述代码对 Monkey 测试进行了更好的处理，大家完全可以基于上述代码完成一套可用的 Monkey 测试，并根据实际需求进行完善和新功能定制开发。

Monkey 测试的优势在于不区分应用程序的类型，不关注被测系统的业务逻辑，只需要设计合理的随机事件即可开展自动化测试工作。但是真实的情况是，这样的纯随机测试并不能很好地达到测试和发现 Bug 的目的，所以需要对 Monkey 测试进行更加深入的功能增强，以实现更高的可用性。

例如，针对 WoniuSales 进行 Monkey 测试时，必须先完成登录的过程，再进行操作，所以必不可少地要结合被测系统的业务逻辑。再如，为了更好地测试到 WoniuSales 的各个模块，最好利用 WebDriver 单击每个模块页面的超链接，进而确保每个模块都被测试到。

7.3.5　重现 Monkey 测试随机事件

Monkey 测试的随机性特点决定了每一次 Monkey 测试执行的操作结果都是不一样的。这样的情况导致在遇到一些 Bug 时，无法很好地重现整个过程。那么，有没有办法实现这样的功能呢？当然有。其基本实现思路就是每一次操作都将该操作类型、对应的坐标位置或输入的内容等记录到一个文本文件或数据库中，如果需要完整重复操作上一次的随机事件，则直接读取该日志记录并进行对应的操作即可。

基于上述 Monkey 测试脚本，先定义一个写入操作日志的方法，其代码如下。

```
# 写入日志
def write_log(self, action, x, y, content):
    # 在当前目录中创建一个monkeylog目录并以时间戳命名
```

```
now = time.strftime('%Y%m%d_%H%M%S.log')
log_path = './monkeylog/' + now
with open(log_path, mode='a+') as f:
    # 每一次的Monkey随机操作，均以逗号分隔符写入操作类型和对应的坐标等
    f.write(action + ',' + str(x) + ',' + str(y) + ',' + str(content) + '\n')
```

上述代码需要在 MonkeyTest 类的每一步操作中都调用并写入日志，进而确保记录 Monkey 测试执行过程中的每一步操作。例如，简单地对 random_click 操作进行代码重构，其修改过后的代码如下。

```
def random_click(self):
    x, y = self.random_pos()
    self.mouse.click(x, y)
    print('在[%d, %d]的位置：单击.' % (x, y))
    time.sleep(self.wait_time)
    self.write_log('click', x, y, '')  # 写入日志
```

在某一次 Monkey 测试的执行过程中，写入的日志可能的结果如下。

```
action,x,y,content    # 第一行为表头，非执行数据
click,1323,699,
dbclick,859,615,
click,302,808,
press,753,287,Space
dbclick,1093,761,
input,835,620,你好
input,172,394,123
input,1080,497,123
click,732,311,
input,351,484,Hello
```

完成一段代码，并解析该日志文件，对相应的操作方法进行调用，传递对应的坐标位置和输入值等，完整重现相同的 Monkey 测试随机事件。具体的实现代码如下。

```
from pykeyboard import PyKeyboard
from pymouse import PyMouse
import os, time

class MonkeyTest:
    def __init__(self, wait_time):
        self.keyboard = PyKeyboard()
        self.mouse = PyMouse()
        self.wait_time = wait_time
        self.window_bound = None

    # 读取日志
    def read_log(self, filename):
        fp = './monkeylog/' + filename
        with open(fp, mode='r', encoding='utf-8') as file:
            content_list = file.readlines()
        coloumn_list = content_list[0].strip().split(',')
        list = []
        for i in range(1, len(content_list)):
            dict = {}  # 定义字典对象来保存每一个操作
            for j in range(0, len(coloumn_list)):
                dict[coloumn_list[j]] = \
                        content_list[i].strip().split(',')[j]
            list.append(dict)
        return list
```

```python
# 重现操作
def re_exec(self, filename):
    list = self.read_log(filename)
    for a in list:
        if a['action'] == 'click':
            self.re_click(int(a['x']), int(a['y']))
        elif a['action'] == 'dbclick':
            self.re_dbclick(int(a['x']), int(a['y']))
        elif a['action'] == 'input':
            self.re_input(int(a['x']), int(a['y']), a['content'])
        elif a['action'] == 'press':
            self.re_press(int(a['x']), int(a['y']), a['content'])

# 重现单击
def re_click(self, x, y):
    self.mouse.click(x, y)
    print('在[%d, %d]处单击.' % (x, y))
    time.sleep(self.wait_time)

# 重现双击
def re_dbclick(self, x, y):
    self.mouse.click(x, y)
    print('在[%d, %d]处双击.' % (x, y))
    time.sleep(self.wait_time)

# 重现输入
def re_input(self, x, y, content):
    self.mouse.move(x, y)
    self.keyboard.type_string(content)
    print('在[%d, %d]处输入：%s.' % (x, y, content))
    time.sleep(self.wait_time)

# 重现按键
def re_press(self, x, y, content):
    key_dict = {'Enter': self.keyboard.enter_key, 'Tab': self.keyboard.tab_key,
                'Backspace': self.keyboard.backspace_key,
                'Space': self.keyboard.space_key}
    self.mouse.move(x, y)
    print('在[%d, %d]处按键：%s.' % (x, y, content))
    self.keyboard.press_key(key_dict[content])
    self.keyboard.release_key(key_dict[content])
    time.sleep(self.wait_time)


if __name__ == '__main__':
    monkey = MonkeyTest(0.5)
    os.popen(r'"C:\Program Files (x86)\Mozilla Firefox 61\firefox.exe"
             http://localhost/phpwind')
    time.sleep(5)
    monkey.re_exec('20181211_150355.log')
```

　　上述代码的运行将不再基于随机事件，而是基于某一次已经运行过的事件序列，从而达到对 Monkey 测试过程进行重现的目的，便于定位 Bug。运行过程的回放日志如下，其与日志文件中的对应操作完全一样。

在[1323，699]处单击．
在[859，615]处双击．
在[302，808]处单击．
在[753，287]处按键：Space．
在[1093，761]处双击．
在[835，620]处输入：你好．
在[172，394]处输入：123．
在[1080，497]处输入：123．
在[732，311]处单击．
在[351，484]处输入：Hello．

第8章

Android移动端自动化测试

本章导读

■随着移动互联网的深入发展及 H5 的普及，移动端应用越来越成为人们生活中必不可少的一部分。与之对应，移动端的测试也越来越重要，甚至成为应用系统测试的主流平台。但移动端的自动化测试起步相对较晚，且受到各种因素的制约，例如，操作系统版本众多、硬件制造商众多、屏幕分辨率多样，导致移动端的可靠性和兼容性测试效率低下。专门针对移动端的自动化测试技术在近几年发展起来并取得了不错的成绩。

在移动端应用中，无论是 H5 应用，还是原生应用，都只是一个客户端的交互形态，并不影响服务器端的质量表现。所以，对于接口测试或者性能测试而言，与客户端并无太大关系，结合其兼容性和功能性测试，面向 GUI 的移动端测试就显得极为重要。所以本章主要讲解 Android 版移动端的 GUI 测试部分的关键技术。iOS 的实验环节需要 Mac 计算机，这里暂时不讲解 iOS 版移动端的自动化测试，但其原理和实现手段与 Android 版移动端的自动化测试几乎是一样的。

学习目标

（1）掌握Android SDK环境配置及常见的ADB命令。

（2）熟练应用Monkey测试对Android手机进行测试。

（3）熟练使用Appium的核心对象进行自动化测试开发。

（4）掌握自主开发云测试平台的核心技术原理与代码实现。

8.1 Android 配置及应用

8.1.1 Android SDK 配置

Android SDK 是 Android 测试或开发环境中必不可少的一部分，尤其是 ADB（Android Debug Bridge）命令，负责移动端和计算机之间的交互，必须先将其成功配置到系统中并确保其正常运行。

V8-1 移动端基础知识及 Android 环境

（1）访问网址 http://tools.android-studio.org/index.php/sdk，下载与操作系统版本对应的 Android SDK 压缩包，并解压到操作系统任意目录中即可。目前，最新的 SDK 版本为 24.4.1。

（2）配置环境变量名，配置变量名为"ANDROID_HOME"并设置到该 SDK 的主目录，如图 8-1 所示。

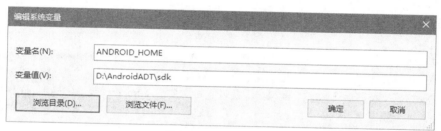

图 8-1 配置环境变量

（3）将"ANDROID_HOME"目录中的 tools 和 platform-tools 添加到 PATH 环境变量中，指明 SDK 路径，如图 8-2 所示。

图 8-2 指明 SDK 路径

（4）打开命令行窗口，执行"adb version"命令，检查环境配置，如图 8-3 所示，如果正常运行，则说明 SDK 已经配置完成。

图 8-3　检查环境配置

8.1.2　Android 模拟器配置

安装好 Android SDK 后，即可开始正式进行基于 Android 的测试开发。这里并不建议直接在真实的机器上进行调试，尤其是在测试脚本还不稳定的情况下，否则有可能会损坏系统，建议使用 Android 模拟器进行调试。

市面上有很多 Android 模拟器工具可以选择，从速度、性能、可用性方面来看，目前做得比较好的几款模拟器是国内厂商提供的，如夜神模拟器、蓝叠模拟器、逍遥模拟器等。本书将使用夜神模拟器进行展示。夜神模拟器支持同时开启多个模拟器，并且支持对多个 Android 版本的模拟，相对来说，其各方面比较均衡。其安装配置过程如下。

1．下载并安装夜神模拟器

直接在夜神模拟器官网下载并安装最新版本的模拟器。安装完成后直接在计算机上启动夜神模拟器，其界面如图 8-4 所示。

图 8-4　夜神模拟器界面

2．夜神模拟器参数配置

夜神模拟器的默认设置主要是为游戏玩家配置的，并不太适合日常使用，所以需要对其进行参数调整，以便于提高操作体验，降低资源消耗，更好地适配计算机屏幕等。其中，主要对以下参数进行修改。

（1）CPU 内核和内存设置：根据自己的计算机自行配置，内存建议在 1GB 以上。CPU 数量请根据计算机 CPU 的内核数量进行配置，以便于模拟器流畅运行。

（2）分辨率设置：默认情况下是"平板版"，即横屏，此处建议修改为"手机版"，即竖屏，将其分辨率设置为 720 像素×1 280 像素，这种分辨率目前比较适用于绝大多数的计算机屏幕。当然，夜神模拟器提供了直接用鼠标拖动来调整窗口大小的功能，所以即使设置为其他分辨率，影响也不大。

（3）帧数设置：由于并不需要使用夜神模拟器来玩游戏，所以不需要设置太高的帧数，建议设置为 20 帧/s 即可，这样可以显著降低 CPU 的消耗。这里，夜神模拟器参数配置如图 8-5 所示。

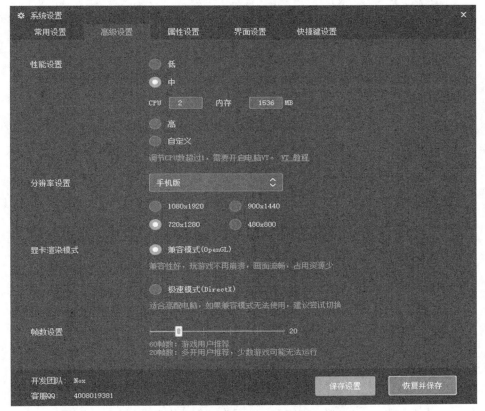

图 8-5　夜神模拟器参数配置

3．安装 APK 应用

在夜神模拟器中安装 Android 应用程序非常简单，只需要把下载到计算机中的 APK 包直接拖动到夜神模拟器界面中即可。为了后续测试方便，这里已经安装了"小米计算器""一笔记账"及其他应用。

4．配置夜神多开器

模拟器的多开设置是一个非常重要的功能，即可以同时在一台计算机中打开多个模拟器。这样的设置对调试测试脚本非常有用。夜神模拟器默认情况下只配置了一个模拟器，要设置多开，必须单独下载安装新的 ROM，操作步骤如下。

（1）打开夜神模拟器，在其右侧的工具栏中找到"多开模拟器"并单击，打开夜神多开器，如图 8-6 所示。

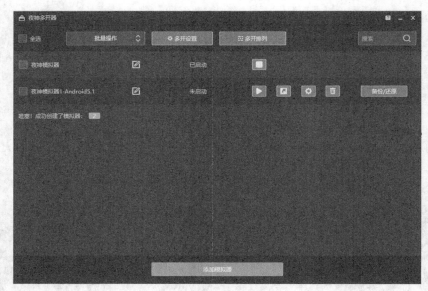

图 8-6　夜神多开器

（2）单击【添加模拟器】按钮，并选择是全新添加还是复制现有模拟器。其目前可以提供 Android 4.4 和 5.1 供用户调试使用。

（3）等待一段时间，模拟器即安装完成。如果是全新安装，则安装时间视网络速度而定。

（4）安装了新的模拟器之后，可以立即启动该模拟器，或者进行一些参数设置后再启动模拟器。图 8-7 演示了同时启动两个模拟器的情况，一个是已经安装了相应软件的模拟器，另一个是全新的模拟器。

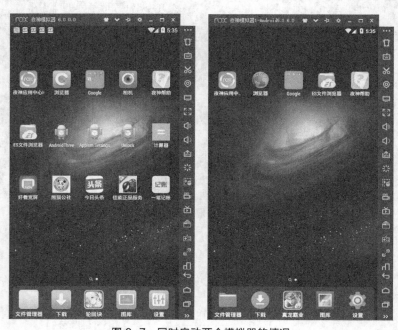

图 8-7　同时启动两个模拟器的情况

5．利用 ADB 命令进行确认

当启动了两个模拟器以后，使用 ADB 命令进行两台设备的确认。

（1）打开 Windows 命令行窗口，执行"adb devices"命令，查看设备目前的连接情况，可能出现的画面如图 8-8 所示。

图 8-8　查看设备目前的连接情况

（2）图 8-8 中并没有正确列出两个已经连接成功的模拟器设置。这是因为 Android SDK 自带的 ADB 程序版本过低，无法正确地与夜神模拟器进行通信，所以需要利用夜神模拟器自带的 ADB 程序来完成处理。只需要将夜神模拟器的安装目录（如 C:\Program Files (x86)\Nox）的 bin 目录中的 adb.exe 程序复制到 Android SDK 安装目录（D:\AndroidADT\sdk\platform-tools）中并替换 Android SDK 自带的 ADB 程序即可（建议将原 ADB 程序重命名并备份）。

（3）再次执行"adb devices"命令，可以看到仍然没有正确列出设备编号，如图 8-9 所示。

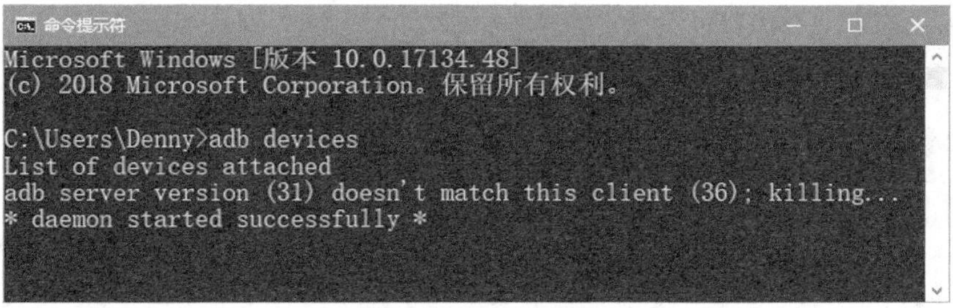

图 8-9　仍然没有正确列出设备编号

（4）重新启动夜神模拟器，再次执行上述命令，结果如图 8-10 所示，表明连接成功。

图 8-10　成功连接

图 8-10 中列出的"127.0.0.1:62025""127.0.0.1:62001"即是这两台模拟器的设备编号，该编号在后续的自动化测试过程中非常有用，直接决定了代码会针对哪台设备进行测试。当然，大家也可以尝试利用 USB 数据线连接自己的真机，同样可以利用"adb devices"命令查看到真机的设备编号。其实无论是真机还是模拟器，对 ADB 程序来说是没有任何区别的。当然，为了顺利连接真机，应事先下载并安装真机厂商提供的 Android 驱动程序。

8.1.3　ADB 命令应用

ADB 是计算机与 Android 之间的桥梁，主要用于 Android 设备的调试等。ADB 为使用者提供了丰富的命令选项，可以使用命令完成绝大多数的调试功能，现将最常用的命令列举如下。

（1）adb devices：显示当前运行的全部 Android 设备。

（2）adb -s 设备编号 指定命令：对某一设备执行命令。

（3）adb install -r 应用程序.apk：安装应用程序。

（4）adb uninstall APK 主包名：卸载应用程序。

（5）adb pull <remote> <local>：获取模拟器中的文件。

（6）adb push <local> <remote>：向模拟器中写文件。

（7）adb shell：进入模拟器的 Shell 模式，可直接执行 Linux 命令。

（8）adb shell am start -n 主包名/包名+类名：启动应用程序。

（9）adb forward tcp:5555 tcp:8000：设置任意的端口号，作为主机向模拟器或设备的请求端口。

（10）adb monkey 参数：在 Android 设备上进行 Monkey 测试。

（11）adb kill-server：关闭 ADB 服务。

（12）adb start-server：启动 ADB 服务。

（13）adb connect 设备编号：使 ADB 再次连接到某台设备上。

（14）adb shell screencap -p /sdcard/screen.png：对设备进行截图，并保存到/sdcard 目录中。

（15）adb shell pm list package：列出所有应用的包名。

（16）adb shell pm dump 包名：列出指定应用的 dump 信息，其中有各种信息。

（17）adb shell input text 文本内容：在设备的焦点位置发送文本内容，不能发送中文。

（18）adb shell input keyevent 模拟按键：发送一个键盘事件。

（19）adb shell input tap X Y：在设备的（*X*，*Y*）坐标位置处发送一个触摸事件（即单击）。

（20）adb shell input swipe X1 Y1 X2 Y2 持续时间：模拟滑动操作，整个过程持续多少秒。

（21）adb shell input swipe X1 Y1 X2+1 Y2+1 2000：模拟在同一个位置实现 2s 的长按。

（22）adb shell uiautomator dump：获取当前页面的控件信息文件，可用于查找元素的属性。

当然，ADB 内置的命令远不止这些，但上述命令已经基本可以让用户完成常见的测试开发和调试工作。同时，"adb shell input"系列命令基本可以不需要依赖于任何第三方测试工具和框架来完成自动化操作，结合更多命令，利用纯粹的 ADB 命令即可实现自动化测试脚本开发，只是其相对于成熟的测试框架而言效率略低。

8.2 Monkey 测试工具应用

8.2.1 Monkey 基础应用

V8-2 ADB-
Monkey 命令测试

第 7 章已经为大家详细讲解了 Monkey 测试的作用及脚本开发思路。这里主要讲解 Android SDK 中自带的 Monkey 命令行测试工具的使用，可以帮助大家快速实现对 Android 应用程序的可靠性测试。Monkey 是 Android 系统自带的应用程序，可以通过 ADB 命令"adb shell ls /system/framework"查看这个 Java 应用程序，即一个名为 monkey.jar 的应用程序。现在按照如下步骤来完成一个基本的 Monkey 测试的应用。

（1）启动一个全新的模拟器并确保 ADB 能够成功连接。

（2）安装一个计算器或其他应用。

（3）打开 Windows 命令行窗口，执行"adb shell monkey 100"命令，如图 8-11 所示，可以看到，此时 Monkey 测试工具便开始工作了，在模拟器屏幕上进行各种随机操作。

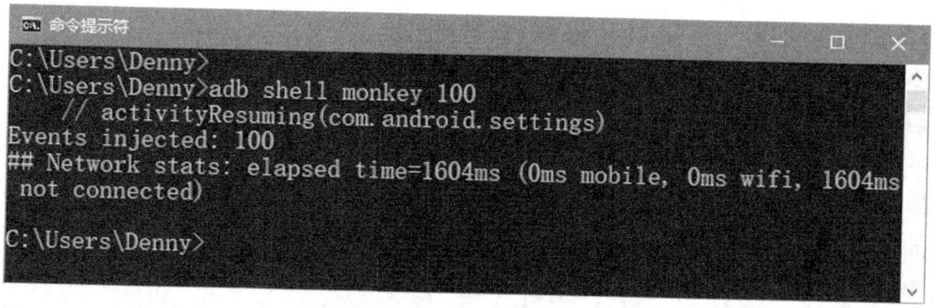

图 8-11　执行命令

（4）在操作过程中，可以使屏幕随机切换、应用程序随机打开等。能够在命令行窗口中看到一些基础的日志输出，以便于分析和调试问题。整个过程与前面章节中利用 Python 开发 Monkey 测试脚本的功能有很多相似之处。这里再次强调一下，在没有完全掌握 Monkey 的用法之前，尽量不要在真机上运行。

上面是一个最基本的 Monkey 测试的使用。下面来看看 Monkey 测试过程中的一些高级应用。

8.2.2　Monkey 高级应用

上述的 Monkey 测试是无法应用在实际测试中的，因为有太多问题。例如，它是针对整个操作系统的，没有锁定某个被测应用，且日志输出不够详细，不便于分析判断。当然，这些问题 Monkey 都已经想到了，并提供了足够多的参数选项来解决。先来看看常见的 Monkey 参数选项。

（1）adb shell monkey –p pkgname：只是对指定包名（pkgname）的包进行测试。

（2）adb shell monkey --throttle milliseconds：指定事件之间的间隔时间，单位是毫秒。

（3）adb shell monkey –s seed：伪随机数生成器的 seed 值，如果用相同的 seed 值再次运行 Monkey，则将生成相同的事件序列。

（4）adb shell monkey –v [–v –v]：指定日志级别。

（5）adb shell monkey --pct-touch：指定触摸事件的百分比。

（6）adb shell monkey --pct-motion：指定动作事件的百分比。

（7）adb shell monkey --pct-trackball：指定轨迹球事件的百分比。

（8）adb shell monkey --pct-nav：指定基本导航事件的百分比。

（9）adb shell monkey --pct-majornav：设定主要导航事件的百分比，兼容中间键、返回键、菜单按键。

（10）adb shell monkey --pct-syskeys：设定系统事件的百分比，如 HOME、BACK、拨号及音量调节等事件。

（11）adb shell monkey --pct-appswitch：设定启动不同应用程序事件的百分比。

（12）adb shell monkey --pct-anyevent：设定不常用事件的百分比。

（13）adb shell monkey --ignore-crashes：忽略崩溃和异常事件。

（14）adb shell monkey --ignore-timeouts：忽略超时事件。

（15）adb shell monkey --pkg-blacklist-file：设置不需要进行测试的黑名单应用。

（16）adb shell monkey --pkg-whitelist-file：设置需要进行测试的白名单应用。

下面来看上述选项的具体使用方法。

1.　通过指定包名来限定测试范围

这是指只对指定包名的包运行 Monkey 测试，这样就可以避免 Monkey 测试针对整个操作系统实施随机操作，而将操作锁定在某个指定包名的应用程序中。此处所谓的包名与 Java 或者 Python 中的包名的概念类似。在 Android 应用程序的开发过程中，也是按照包名+类名的方式来组织源码的，运行过程也完全依赖于包名+类名，所以可以通过包名实现应用程序锁定。这一点与前面使用 Python 开发 Monkey 测试脚本时指定窗口名称结合窗口大小区域进行限制是一样的道理。

例如，如果需要针对"一笔记账"进行 Monkey 测试，那么需要知道"一笔记账"所在的包名。如何查看应用程序的包名呢？通常使用 aapt.exe 应用程序即可完成查看。该应用程序在 Android SDK 的 build-tools 目录或者夜神模拟器的 bin 目录中均可以找到。以如下命令形式即可完成查询：aapt dump badging filename.apk。其整个过程如图 8-12 所示。

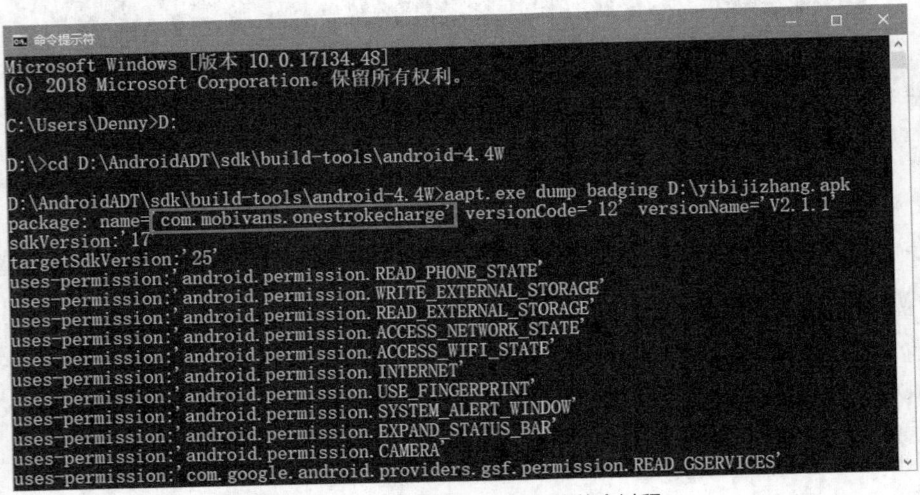

图 8-12　查看应用程序包名的整个过程

从图 8-12 中可以得知，"一笔记账"应用程序被解析出很多信息，其中的主包名为 com.mobivans.onestrokecharge，可以通过指定这个包名来限制 Monkey 测试只能够针对当前的"一笔记账"进行测试而不会影响到其他操作系统中的应用程序。另外，通过"aapt"命令还可以获取到应用程序的主类名（即可执行的 Activity 名）。在上述输出中，仔细寻找 launchable-activity，对应的值即是可执行的 Activity，后续的测试将会使用到该值。大家可以通过如下命令进行简单测试。

```
adb shell monkey -p com.mobivans.onestrokecharge 5000
```

上述命令表示针对"一笔记账"应用程序运行 5 000 次随机测试。在真实的 Monkey 测试过程中，建议将运行次数设置得大一些，否则可能很难直接达到可靠性测试的目的。因为在这 5 000 次运行过程中，有很多可能发生的事件，不一定会对程序的操作产生影响，如滑动、切换等事件。

在上述命令执行过程中，如果没有出现系统性异常，则可能的正常输出如图 8-13 所示。

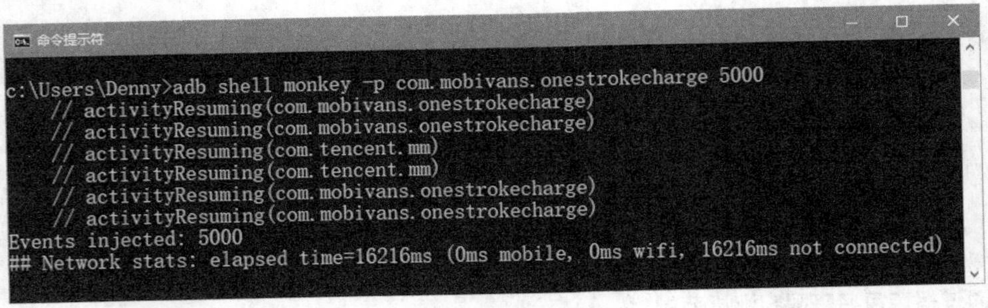

图 8-13　可能的正常输出

再一次对"一笔记账"进行测试，发现运行过程中出现了异常，应用程序崩溃了，如图 8-14 所示，这说明 Monkey 测试起到了一定的作用。

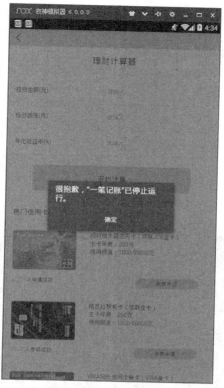

图 8-14　应用程序崩溃

同时，在命令行窗口中显示了不一样的日志输出，明确告知系统 "CRASH"，即系统崩溃了，日志内容如图 8-15 所示。

```
命令提示符                                                        -  □  ×
c:\Users\Denny>
c:\Users\Denny>adb shell monkey -p com.mobivans.onestrokecharge 5000
    // activityResuming(com.mobivans.onestrokecharge)
    // activityResuming(com.mobivans.onestrokecharge)
    // activityResuming(com.mobivans.onestrokecharge)
    // activityResuming(com.mobivans.onestrokecharge)
 CRASH: com.mobivans.onestrokecharge (pid 3550)
    Short Msg: Native crash
    Long Msg: Native crash: Aborted
    Build Label: vivo/msm8226/msm8226:4.4.2/JLS36C/3.8.017.1114:user/release-keys
    Build Changelist: 3.8.017.1114
    Build Time: 1510595918000
*** *** *** *** *** *** *** *** *** *** *** *** *** *** *** ***
    Build fingerprint: 'vivo/msm8226/msm8226:4.4.2/JLS36C/3.8.017.1114:user/release-keys'
    Revision: '0'
    pid: 3550, tid: 3550, name: onestrokecharge >>> com.mobivans.onestrokecharge <<<
    signal 6 (SIGABRT), code -6 (SI_TKILL), fault addr --------
      eax 00000000  ebx 00000dde  ecx 00000dde  edx 00000006
      esi 00000dde  edi 0000000b
      xcs 00000073  xds 0000007b  xes 0000007b  xfs 00000000  xss 0000007b
      eip b769c0d6  ebp b7705ce0  esp bfb70660  flags 00200207

    backtrace:
        #00  pc 0003c0d6  /system/lib/libc.so (tgkill+22)
        #01  pc 00000005  <unknown>

** Monkey aborted due to error.
Events injected: 1752
## Network stats: elapsed time=5978ms (0ms mobile, 0ms wifi, 5978ms not connected)
** System appears to have crashed at event 1752 of 5000 using seed 1527276031530
```

图 8-15　日志内容

从上述的日志输出中，虽然知道了应用程序崩溃的事实，但是并不知道是由什么原因、什么操作导致的崩溃。这是由于日志级别设置得太低，运行过程中并没有显示更详细的、有价值的日志信息，不方便对结果进行分析处理。

2．通过指定日志级别来获取详细结果

所幸的是，Monkey 自带了日志级别，一共有三组日志级别可供使用，只需要简单地通过指定几个 -v 选项来进行设置即可，它们分别如下。

（1）adb shell monkey -v：级别一，默认值，仅提供启动提示、测试完成和最终结果等少量信息。

（2）adb shell monkey -v -v：级别二，提供较为详细的日志，包括每个发送到 Activity 的事件信息。

（3）adb shell monkey -v -v -v：级别三，提供最详细的日志，包括了测试中选中/未选中的 Activity 信息。

通常情况下，使用级别二即可，其输出如图 8-16 所示。

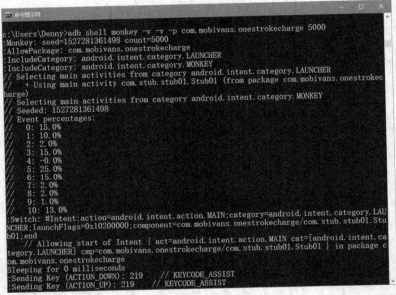

图 8-16　日志级别的输出

3．通过指定随机序列来重复执行相同的操作

由于 Monkey 测试进行的都是随机事件，所以在进行 Monkey 测试时，如果在某一次执行过程中发现了一些问题，则想重复运行一遍对问题进行确认是很难的。第二次运行并不代表能够重现该问题，因为事件序列并不一致。在这个过程中，可以使用"-s"选项来指定一个随机数种子，只要随机数种子不变，那么 Monkey 测试过程将使用相同的事件序列，进而达到重现问题的目的。使用以下命令即可指定相同的随机序列。

```
adb shell monkey -v -v -p com.mobivans.onestrokecharge -s 12345 5000
```

如需要再运行一次，则执行上述命令即可。大家可以通过选项"-v -v"来查看两次运行的事件序列是否一致。

4．通过指定间隔时间使测试慢下来

在上述命令的运行过程中，可以看到整个操作是非常快速的，如果只运行 100 次，则几乎感受不到任何的运行。这也是前面的例子均执行了 5 000 次的原因。但是由于测试过程执行得太快，有时候难免无法看到一些关键的操作，所以可以通过使用"--throttle"选项指定事件之间的间隔时间，使测试过程慢下来，便于测试人员更好地查看运行过程中的各种操作，及时对一些问题进行现场确认，而不需要过

分依赖于日志信息。执行过程中使用如下命令即可。

```
adb shell monkey -v -v -p com.mobivans.onestrokecharge --throttle 500 100
```

上述命令表示每执行一个操作，暂停 500ms，即 0.5s，这样就有足够的时间来观看结果和给出反应了。

5. 设置黑名单或白名单应用

上述演示均针对的是一个应用的测试，当需要测试多个应用时，就可以通过指定一个应用程序的包名列表来进行。通过指定--pkg-whitelist-file 选项即可完成白名单的操作。其操作过程如下。

（1）收集到需要进行测试的应用程序的主包名。

（2）新建一个文本文件，将所有需要测试的主包名写入该文件，一行写入一个包名，并将其保存在本地目录（如 D:\）中，内容大致如下。

```
com.ylgx.ds
com.mobivans.onestrokecharge
com.miui.calculator
com.ss.android.article.news
```

（3）将该文件通过"adb push"命令传输给移动端，命令如下。

```
adb push D:\whitelist.txt /data/local/tmp/whitelist.txt
```

（4）执行如下命令，对白名单中对应的多个应用程序进行测试。

```
adb shell monkey --pkg-whitelist-file /data/local/tmp/whitelist.txt 5000
```

整个过程中将随机启动白名单当中的应用程序并完成 Monkey 测试。整个过程中，可以启动多次应用或者对白名单当中的应用进行随机切换。当然，除了指定白名单之外，也可以指定黑名单，强制本次测试不对哪些应用程序进行测试。为了使 Monkey 测试更可控，不建议使用黑名单的方式。

8.2.3　Monkey 结果分析

当完成 Monkey 测试后，需要对测试过程中可能出现的异常进行分析，所以需要了解一下 Monkey 测试中的主要异常和错误。

（1）Crash：表示被测试应用异常停止或退出。

（2）ANR：表示在 5s 内没有响应输入的事件（如按键按下、屏幕触摸）等。

这些异常过程需要分析输出日志才能掌握详细情况。同时，为了确保在 Monkey 测试过程中不引入其他干扰因素，建议测试过程中注意以下事宜。

① 尽量关闭所有网络开关（Wi-Fi 及数据连接）以免莫名消耗流量，除非测试过程要求必须联网。

② 开启安全设置中的未知来源功能。

③ 手机连接电源，模拟器不在此讨论范畴。

④ 测试前，运行一遍手机上带有的首次提示的说明，如输入法、文件夹窗口、APK 提示语等。

Monkey 测试只是测试过程的一种辅助手段，不能过分依赖于这种简单粗暴的测试手段。它只能辅助用户解决一些额外的问题，但是其并不理解被测系统的业务逻辑、功能、交互方式等。所以，开发者不应该占用过多的时间去研究 Monkey 测试，而是应该将精力放在更需要人为参与的测试过程中，例如，设计高效的测试用例，设计有效的用户场景，进行性能测试、接口测试、用户体验测试、功能测试、自动化测试等。

8.3　安装及配置 Appium

8.3.1　Appium 概述

Appium 是一个移动端的 UI 自动化测试框架，可用于测试原生应用、移动网页

V8-3　Appium
参数及对象识别

应用和混合型应用，且是跨平台的，可用于 iOS 和 Android 等移动操作系统，其官方网站为 http://appium.io。原生应用是指用 Android 或 iOS 的 SDK 编写的应用；移动网页应用是指 Web App（H5 应用）；混合应用是指一种包裹了 WebView 控件的原生应用，其既具备 Web 的便捷性与通用性，又具备原生应用的强大功能，是目前使用频率比较高的应用类型。另外，Appium 是跨平台的，可以针对不同的平台用同一套 API 接口来编写测试用例。此外，Appium 是基于 WebDriver 规范的，支持使用 Java 或者 Python 等作为脚本语言来开发自动化测试脚本。

Appium 的设计遵循如下原则。

（1）使用自动化的方式来测试一个 App，但是不需要重新编译它。Appium 是基于 Android 和 iOS 底层提供的自动化测试框架进行的二次封装。对于 iOS 来说，其封装的是 iOS 原生提供的框架 UI Automation；对于 Android 来说，则封装的是 Android 提供的原生测试框架 UI Automator。所以，即使不使用 Appium，也可以利用 Android 和 iOS 的原生测试框架完成自动化测试。但是正因为有了 Appium 的加持和二次封装，使得测试 iOS 和 Android 应用时，可以提供统一的一套接口和脚本，而不需要分别进行开发。

（2）写自动化测试脚本不需要学习特定的语言。Appium 在设计之时便遵循了目前的 Web 自动化测试标准规范——WebDriver，为什么要基于 WebDriver 来进行设计呢？WebDriver 其实是一个 C/S 架构的协议，称为 JSON Wire Protocol。通过这个协议，用任何语言写成的客户端都可以发送 HTTP 请求给服务器，所以只需要使用自己熟悉的编程语言就可以完成自动化测试脚本的开发。目前，Appium 官方主要支持 Java、Python、Ruby、C#、PHP、JavaScript 等编程语言，基本覆盖了主流的编程语言。

（3）一个自动化框架不需要重复"造轮子"（指创造一种学习方式、规范等）。WebDriver 目前已经成为事实上的 Web 自动化测试的标准规范。所以，Appium 完全没有必要再去定义一套新的规范。大家在后续学习和使用 Appium 的过程中，可以看到很多 WebDriver 的身影。同时，Appium 除了提供 WebDriver API 之外，还额外增加了专门针对移动端操作的统一接口。

（4）一个自动化框架需要开源。开源是促进 Appium 在近几年快速发展的重要原因。

那么，Appium 究竟是如何与手机端和测试脚本进行三方联动，进而达到测试目的的呢？在此必须要先理解一下 Appium 的架构体系和各主要功能模块。Appium 的运行过程由以下 3 个模块构成。

① 自动化测试脚本：用任意支持的编程语言调用 Appium 官方针对不同编程语言提供的不同 SDK，来向 Appium Server 端发送符合 WebDriver 规范的 HTTP 请求，并在测试执行的过程中，通过 Appium Server 获取测试结果的响应，从而进行断言。

② Appium Server：Appium Server 实际上是由 Node.js 的 Express 框架开发的一个 HTTP Server，同时遵守 WebDriver 规范，是 Appium 架构体系中最为核心的模块。Appium Server 主要解决了测试脚本与移动端进行交互通信的问题，无论测试脚本用何种编程语言开发，只要遵守 WebDriver 规范即可。Appium Server 在收到自动化测试脚本发送来的请求后，会将其转换成移动端可以理解的自动化测试指令，并通过 ADB、TCP 与移动端进行通信，完成自动化测试指令的下达。

③ 移动端代理：为了使 Appium Server 的指令能够成功地被移动端理解和执行，必须在移动端安装 Appium 的代理程序。其中，最为核心的通信程序是 Bootstrap.jar 程序（在 iOS 设置中为 Bootstrap.js），一切 Appium 的指令均通过该代理程序进行处理。同时，在移动端 Appium 会自动安装额外的两个应用程序：Appium Settings 和 Unlock，这两个应用程序是无界面的，但是可以通过调用这两个应用程序来进行系统设置和屏幕解锁操作。

Appium 整体架构如图 8-17 所示。

图 8-17　Appium 整体架构

8.3.2　安装 Appium Desktop Server

在 Appium 官网下载最新版本的 Desktop Server，截至编者编写本书时，其最新版本为 1.6.2，可直接通过官网页面下载。Appium Desktop Server 主要提供了一个图形化操作界面，便于用户对 Appium 服务进行基本的启动、停止和参数配置等操作。

安装 Appium 的过程保持默认设置，单击【下一步】按钮即可，如图 8-18 所示。

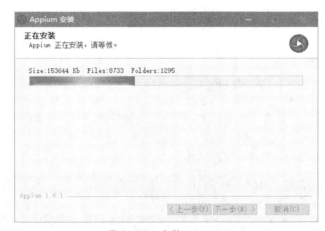

图 8-18　安装 Appium

安装完成后，打开命令行窗口，执行 "appium-doctor" 命令，检查 Appium 需要的环境是否设置完成。将命令行目录切换到 Appium 安装目录的 node_modules\.bin 目录中，执行 "appium-doctor" 命令即可完成环境配置的检查，如图 8-19 所示。

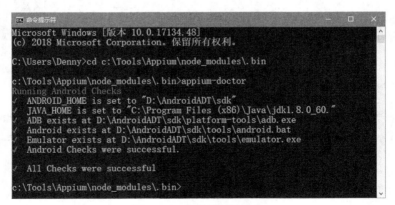

图 8-19　环境配置的检查

如果上述检查有未通过的项目，则应完善相应的安装或者配置。如果每项都能检查通过，则可以直接启动 Appium 应用程序，Appium 启动界面如图 8-20 所示。

图 8-20　Appium 启动界面

从图 8-20 中可以看出，要启动 Appium Desktop Server，需要提供两个关键参数：服务器需要绑定的 IP 地址和端口号。其中，IP 地址通常建议使用 127.0.0.1，如果不设置，则默认使用 localhost；端口号可以自行指定，可以使用默认的 4723，只要没有其他应用程序占用该端口即可。但是如果需要启动多个 Appium Desktop Server 以连接多个移动端，则每一个 Server 必须要有一个唯一的端口。如果进入图 8-21 所示的界面，则表示 Appium 启动成功。

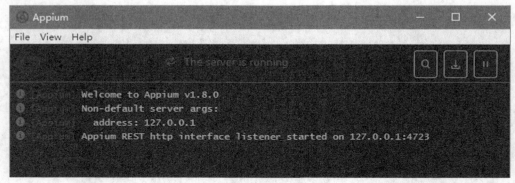

图 8-21　Appium 启动成功

8.3.3　安装无界面版 Appium Server

由于 Appium 本身是基于 Node.js 开发的一个 WebDriver 服务器端应用程序，因此，除了使用自带界面的 Appium Desktop Server 外，还可以使用 Node.js 的 npm 程序直接安装 Appium 的原生 Server，并通过命令行窗口来启动服务器或者配置需要的参数。其操作步骤如下。

（1）在 Node.js 官网 https://nodejs.org/en/下载最新版本的 Node.js 并完成安装。

（2）在操作系统环境变量中将 Node.js 的安装目录配置到 Path 变量中，以方便地执行相关命令。

（3）打开命令行窗口，执行 "node –v" "npm –v" 命令，确认安装是否成功。

（4）执行 "npm install –g appium" 命令，在线安装 Appium。但是由于安装过程中会连接 Google

的国外站点，因此很可能无法成功安装。

（5）使用国内镜像安装，执行 "npm --registry http://registry.cnpmjs.org install –g appium" 命令即可从国内镜像站点安装 Appium。

（6）默认情况下，npm 会在命令行的当前目录中安装新的模块，如在 Windows 10 操作系统中，其默认安装在 C:\Users\Denny\AppData\Roaming\npm 目录中，如果需要指定安装路径，则可以执行 "npm config set prefix "D:\Folder\node_modules"" 命令。

（7）执行 "npm --registry http://registry.cnpmjs.org install –g appium-doctor" 命令，安装 Appium Doctor 检查程序。

（8）将安装模块的目录，如 C:\Users\Denny\AppData\Roaming\npm 设置到 Path 环境变量中，以便于直接在命令行窗口中运行 Appium 或 Appium Doctor 程序。

（9）当 Appium 安装完成后，可以通过执行 "appium –v" "appium-doctor" 命令来确认安装是否成功，如图 8-22 所示。

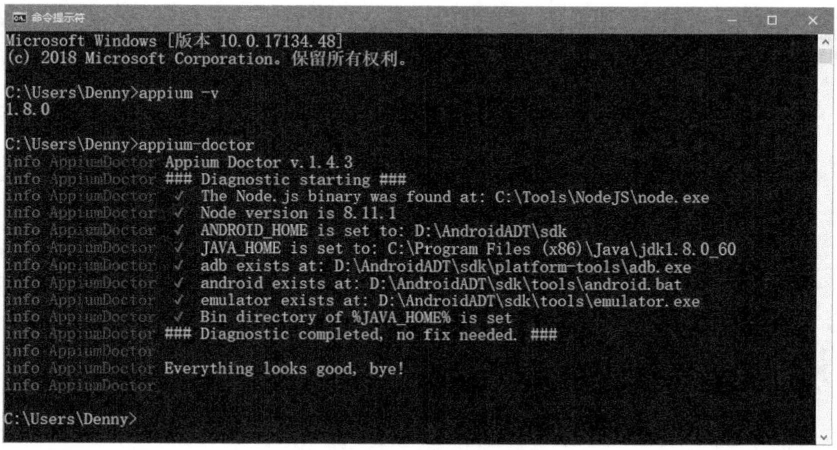

图 8-22　确认安装是否成功

（10）通过运行 Appium Doctor 程序检查成功后，即可启动 Appium Server，默认的启动命令为 "appium"，如图 8-23 所示，如果需要停止服务器，则按 Ctrl+C 组合键即可。

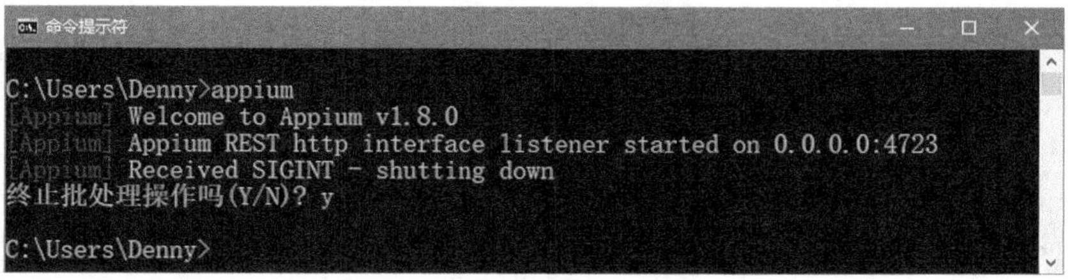

图 8-23　启动 Appium Server

（11）如果需要重新指定启动的 IP 地址和端口号，则为 "appium" 命令添加如下参数即可。

```
appium -a 127.0.0.1 -p 4725
```

至此，一个无界面版本的 Appium Server 已经安装配置完成。无论是使用 Appium Desktop 界面版，还是使用 Node.js 的无界面版，对于本书后续的测试脚本开发没有任何影响。大家可自行选择自己喜欢的方式安装 Appium。事实上，无论是界面版还是无界面版，均基于 Node.js，核心程序都是完全一致的，只是界面版多了一个界面工具去配置一些参数和完成启动停止操作而已。后续在需要开发一个云测试平台的过程中，在同一台计算机中完成对多台终端的同时连接和测试时，无界面版本会更有用一些，其更容易通过 Python 调用命令的方式来完成全自动化的操作。所以，后续的操作均基于无界面版的 Appium 来进行。

8.3.4　快速执行安装测试

当完成 Appium 的安装并成功启动后，现在来完成一个简单的 Python 自动化测试脚本，对模拟器上的小米计算器进行简单的测试。其操作步骤如下。

（1）为 Python 安装 Appium Client 库，命令为 "pip install Appium-Python-Client"。

（2）启动模拟器，运行小米计算器。

（3）进入 Android SDK 目录中的 tools 目录，并运行 "uiautomatorviewer.bat" 工具来对当前模拟器中的界面元素进行识别。例如，可以通过该工具识别小米计算器的按钮的属性特征（启动工具后，单击【Device Screenshot】按钮即可开始识别当前界面元素），如使用 UI Automator Viewer 获取的手机屏幕信息如图 8-24 所示。

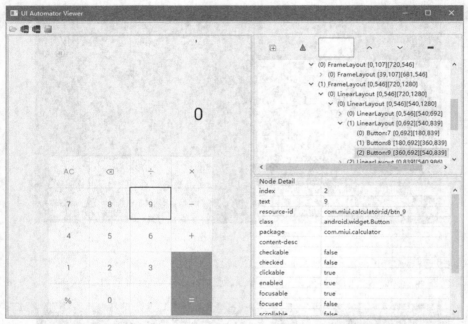

图 8-24　使用 UI Automator Viewer 获取的手机屏幕信息

从图 8-24 中可以看到，按钮 9 对应的文本内容（即 text 属性）为 9，并且对应的 resource-id 为 com.miui.calculator:id/btn_9（即按钮的唯一编号，与 HTML 元素的 ID 属性是一致的），该按钮所属的 class 为 android.widget.Button（与 HTML 元素的 class 属性也是一致的）。这些属性都可以用作元素的识别属性。

需要注意的是，如果 Appium 已经启动，则 UI Automator Viewer 无法获取元素属性，所以要想使用该工具，应确保 Appium 已经停止。

（4）查看当前模拟器的 Android 内核版本号，并记录下来。

（5）执行 "adb devices" 命令，查看当前模拟器的设备编号，并记录下来。

（6）执行 "aapt" 命令，查找小米计算器的包名和主类程序名。

（7）打开 PyCharm，并完成如下代码的开发。详细说明请查看代码备注。

```
from appium import webdriver    # 导入WebDriver模块
from time import sleep
```

```
desired_caps = {}          # 定义WebDriver的兼容性字典对象，用于设置核心参数
desired_caps['platformName'] = 'Android'          # 指定测试Android平台
desired_caps['platformVersion'] = '4.4.2'          # 指定移动端的版本号
desired_caps['deviceName'] = 'Appium'          # 指定设备名称
desired_caps['appPackage'] = 'com.miui.calculator'          # 指定要启动的包
desired_caps['appActivity'] = '.cal.CalculatorActivity'          # 指定启动的主类程序
desired_caps['udid'] = '127.0.0.1:62001' # 指定设备编号(adb devices输出结果中有此编号)

# 实例化WebDriver，并指定Appium服务器访问地址，一定要加上/wd/hub
driver = webdriver.Remote('http://127.0.0.1:4723/wd/hub', desired_caps)
sleep(3)

# 利用与WebDriver一样的API接口实现对象操作
driver.find_element_by_id("btn_c_1").click()
driver.find_element_by_id("com.miui.calculator:id/btn_5").click()
driver.find_element_by_id("btn_plus").click()
driver.find_element_by_id("btn_7").click()          #resource-id属性可以简写
driver.find_element_by_xpath("//android.widget.ImageView[@content-desc='等于']").click()

# 利用xpath查找运行结果并进行断言
result = driver.find_element_by_xpath("//android.widget.TextView[@text='12']")
# 由于运算结果无法直接定位，所以利用text=12来定位该元素，如果没有找到该元素，则断言失败
if result != None and result.get_attribute("text") == "12":
    print("测试成功.")
else:
    print("测试失败.")
```

（8）确保 Android 移动端没有被锁屏，确保 Appium 正常启动，运行上述代码，观察 Android 模拟器的变化，确认是否正常安装了 Appium Settings 和 Unlock 两个应用程序，并正常启动了小米计算器进行自动化测试。

由于大家已经对 Selenium 的操作非常熟悉了，包括元素定位、断言方式和常规操作等，所以上述测试脚本的作用易掌握。本章内容将不再追述基本的操作部分，而将更多精力放在和 Appium 直接相关的与移动端相结合的一些测试技术上。

8.4 Appium 核心应用

8.4.1 常见参数配置

Appium 内置的配置参数非常多，主要分为两大类：一类是命令行启动参数，主要是在命令行启动 Appium 服务器的时候指定的参数；另一类是脚本开发时的兼容性设置参数，如 8.3 节内容中的 desired_caps 字典对象指定的参数值。两种类别的参数有一些是可以互相代替的，如在启动命令中未指定，而通过字典对象在脚本中指定，结果一样。下面来看看两种类型的参数中比较重要的参数。

1. 命令行启动参数

（1）-a 绑定的 IP 地址：如 appium –a 192.168.1.5，默认情况下为 localhost，即 127.0.0.1，适用于为本机脚本提供连接。当然，也可以让测试脚本连接远程 Appium 服务器。

（2）-p 服务器端口号：Appium 服务器启动时绑定的端口号，用于脚本的通信，默认值为 4723。此处需要注意的是，一个端口号只能服务于一台移动设备，如果需要同时对多台设备进行测试，那么需要启动多个 Appium 服务器，每一个服务器实例需要绑定不同的端口号。

（3）-bp 连接移动端设备的端口号：即 Bootstrap 端口，默认值为 4724。如果需要连接多台移动设备，则需要启动不同端口的 Appium 服务器并指定不同的设备端口号。也就是说，需要单独为不同的设备启动不同端口的 Appium 服务器，并指定不同的 Bootstrap 端口号，否则会导致冲突。

（4）--app 应用程序路径：指定调试模式下的 iOS 应用或标准的 Android 系统的 APK 应用程序的路径，通常情况下不建议在启动时指定，而建议在测试脚本中通过字典对象来指定应用程序路径。如果针对非调试模式下的 iOS 设备，则对应参数为--ipa。如果已经在手机上安装了相应的应用，则无须指定，只需要通知移动端代理启动应用即可。

（5）--app-pkg：指定要测试的应用程序的主包名，与测试脚本中指定的功能一致。该参数仅在 Android 端适用。

（6）--app-activity：指定要测试的应用程序的主类名，与测试脚本中指定的功能一致。该参数仅对 Android 端适用。

（7）-U 设备编号：在启动时直接指定当前服务器连接到哪个设备终端。其编号可以从命令"adb devices"的输出列表中获取，也可以通过参数--udid 指定，二者效果一致。当连接上计算机后，一台设备有且只有一个编号。

（8）--session-override：当连接过程中出现 Session 冲突的时候，允许被覆盖。其目前使用较少。

（9）--full-reset：完全重置被测试应用程序的状态，包括将测试应用程序全部删除。

（10）--no-reset：不重置状态，不删除应用。

（11）-g 日志文件：将 Appium 运行过程中的日志输出到指定的日志文件中，以便于后续查看。通常情况下，在正式进行测试的过程中，最好将日志输出到文件中，以便于永久保存和后续分析。该参数也可以使用--log 代替。

（12）--log-timestamp：在终端输出中显示时间戳，以便于更好地知道日志输出的时间。

（13）--log-level：在终端中输出的日志级别，可以设置为 debug、info、warn、error 等。

（14）--device-name：指定待测试的移动设备的名称，也可在测试脚本中指定。

（15）--platform-name：指定移动设备对应的平台的名称，如 Android 或 iOS，也可在测试脚本中指定。

（16）--platform-version：指定移动设备系统对应的版本号，如 4.4.2，也可在测试脚本中指定。

例如，可以通过以下命令启动 Appium，并指定 IP 地址、端口号、Bootstrap 端口号、设备编号，不重置状态，在日志中输出时间戳，覆盖 Session 连接状态，将日志信息输出到指定的日志文件中进行永久保存。

```
appium -a 127.0.0.1 -p 4723 -bp 4724 -U 127.0.0.1:62001 --no-reset --session-override
--log-timestamp --log D:\appium.log
```

2．测试脚本字典参数

测试脚本字典参数有很多与命令行参数的功能类似，只是参数名称不一样，现列举如下。

（1）automationName：指定自动化测试引擎，可以是 Appium（默认）或 Selendroid。如果是较新的 Android 版本，如 6.0 以上，则必须明确指定 automationName=' uiautomator2'。

（2）platformName：指定要测试的手机操作系统，如 iOS、Android 或 FirefoxOS。

（3）platformVersion：移动操作系统版本，如 4.4.2。

（4）deviceName：使用的手机类型或模拟器类型。在 iOS 中，这里必须使用"instruments –s devices"命令得到的设备编号。

（5）app：指定待测试应用程序。

（6）browserName：如果是针对手机上的浏览器应用进行测试，则需要指定其浏览器名称。在 iOS 上可指定"Safari"，在 Android 上可指定"Chrome""Chromium"或"Browser"。

（7）newCommandTimeout：设置命令超时时间，单位为秒。达到超时时间仍未接收到新的命令时，

Appium 会假设客户端已经退出并自动结束会话。

（8）autoLaunch：Appium 是否需要自动安装和启动应用，默认为 True。

（9）udid：连接的移动设备的唯一设备标识。

（10）autoWebview：直接转换到 WebView 上下文，默认为 False。

（11）noReset：不要在会话前重置应用状态，默认为 False。

（12）fullReset：在会话结束后自动清除被测应用，默认为 False。

（13）appActivity：应用包中启动的 Android Activity 主类名称，通常需要在前面添加 "."。

（14）appPackage：要运行的 Android 应用程序的主包名。

（15）deviceReadyTimeout：设置等待一个模拟器或真机准备就绪的超时时间。

（16）unicodeKeyboard：设置使用 Unicode 输入法，这样才支持中文输入。

（17）resetKeyboard：在使用了 unicodeKeyboard 参数后，对其进行重置，还原为默认设置。

上述只列出了一些比较常见的字典参数，如果需要完整的参数列表，则可以直接访问 Appium 官方网站，网址为 http://appium.io/docs/en/writing-running-appium/caps/。在后续的演示中，将根据实际需要来分别讲解上述参数的用法。

8.4.2　界面对象识别

在利用 Selenium 针对标准 Web 应用进行测试时，可以使用浏览器自带的开发人员工具来识别元素的各种属性，也可以利用 Selenium IDE 插件来获取 HTML 元素的属性，并用于测试脚本。这个过程同样适用于 Appium 的移动设备，主要利用 Android SDK 自带的 UI Automator Viewer 工具进行元素的属性识别。通常情况下，移动端的应用有以下 3 种类型。

（1）原生应用（Native App）：利用原生的移动操作系统提供的接口开发的应用程序，功能最强大，但是在兼容性方面相对容易出问题。尤其是在 Android 端，由于过多地定制 Android 系统，具有不同的设备生产商及不同的分辨率等，原生应用在研发过程中是成本最高的一种，其测试工作也非常复杂烦琐。当然，正因为如此，针对原生应用的自动化测试产生的价值也最明显，尤其是在名目繁多的设备上进行的兼容性测试。

（2）Web 应用（Web App）：Web 应用严格意义上来说就是一个浏览器应用，对移动端的分辨率、功能方面进行了适配。Web 应用的优势在于轻量级，满足 W3C 定义的规范，兼容性高，一次开发，到处运行，不需要经常提醒用户更新，对兼容性测试的要求不高，能够节省大量人力成本和时间成本。但是由于浏览器对直接操作手机端的权限的控制，导致 Web 应用除了可以做利用 HTML+JavaScript 能做的事情外，很难直接与操作系统对接并完成一些底层的操作。例如，直接操作移动设备硬件，如照相机、GPS 等。

（3）混合应用（Hybrid App）：正因为上述两种应用程序的优势和不足都非常明显，所以目前更多地使用了混合应用，即利用原生应用作为窗口和框架，利用 Web 应用完成基本功能。能实现混合应用的核心在于原生应用内置的 WebView 控件（即 WebKit 渲染引擎，用于对 Web 页面进行渲染，对 JavaScript 进行解析等），无论是 Android 还是 iOS，其 WebView 控件均使用的是 WebKit 引擎。这种混合应用可以很好地结合原生应用和 Web 应用的优点，从而提升用户体验，降低研发成本。

事实上，无论针对哪种应用程序类型，Appium 都可以完成测试，并且使用同样的一套标准测试接口，其对于对象的识别和操作也是一致的。对象识别的常用 API 如下。

（1）driver.find_element_by_id("resource-id")：根据元素的 resource-id 属性进行识别。

（2）driver.find_element_by_name("text")：根据元素的 text 属性进行识别。目前该查找方式在最新版本的 Appium 中已经被取消，可以通过修改 Appium 源码的方式继续启用，因为这个 API 是使用频率非常高的。打开文件 C:\Users\Denny\AppData\Roaming\npm\node_modules\appium\node_modules\appium-android-driver\build\lib\driver.js，找到 "this.locatorStrategies = ['xpath', 'id', 'class name', 'accessibility id', '-android uiautomator'];"。在其列表最后添加 name 字段，即变为 "this.locatorStrategies = ['xpath', 'id', 'class name', 'accessibility id', '-android uiautomator', 'name'];"，

并重启 Appium 服务器即可。另外，针对 Appium Desktop Server，需要修改的文件通常保存在 Appium\resources\app\node_modules\appium-android-driver\build\lib\driver.js 中。

（3）driver.find_element_by_xpath("xpath")：利用 XPath 对元素进行识别。

（4）driver.find_element_by_link_text("link")：根据 Web 页面的超链接文本对元素进行识别。

（5）driver.find_element_by_partial_link_text("link")：根据超链接的部分文本进行识别。

（6）driver.find_element_by_class_name("css")：根据元素的 class 属性进行识别。

（7）driver.find_element_by_css_selector("selector")：根据 CSS 选择器进行识别。

（8）driver.find_element_by_tag_name("tag")：根据标签名称进行识别。

（9）driver.find_element_by_accessibility_id("content-desc")：根据可访问到的文本即 content-desc 属性进行识别。

（10）driver.find_element_by_android_uiautomator("uia-selector")：根据 Android 原生的 UI Automator 库的识别对象的方式进行识别。Appium 本身就是对 UI Automator 进行的二次封装，所以不太会用到。

（11）driver.find_element_by_iOS_uiautomation("iOS-selector")：根据 iOS 原生框架的识别方式进行识别。

（12）driver.find_elements_by_xxxxx()：针对上述识别方式的复数形式，即识别一个或多个元素，识别到的元素将返回到一个列表中。通常情况下，当利用相对的识别属性无法精准地定位某一个特定元素时，可以先使用复数进行识别，再通过遍历的方式来判断这些识别到的元素的某些属性，以进一步找到测试过程中需要的那一个元素。

8.4.3 原生应用测试

V8-4 利用
Appium 测试"一笔
记账"应用程序

"一笔记账"是一个原生的 Android 应用程序，本小节将主要为大家演示如何利用 Appium 对该原生应用程序进行自动化测试。基本测试步骤如下。

（1）设计测试用例，明确测试点和操作步骤。

（2）利用 UI Automator Viewer 识别对应的元素属性。

（3）开发 Appium 脚本，并完成对用例的断言。

（4）调试脚本，确保流畅运行，并达到自动化测试的目的。

由于本小节的重点在于对象识别和测试脚本开发，所以先来实现一个相对简单的测试流程，将重心放在 Appium 测试脚本的开发中。主要针对"一笔记账"应用程序完成一个记账操作，主要操作界面有两个，如图 8-25 所示。

根据图 8-25，现在使用 UI Automator Viewer 工具来完成对对象属性的识别。先来看看第一屏的"账目列表""记一笔"两个对象的属性情况，其中，账目列表中的"还上月信用卡"的属性如图 8-26 所示。

通过属性识别后，需要规划对象识别的操作方案，因为不管自动化测试有多好，如果没有办法准确地找到需要的元素，其将变得毫无意义。

（1）账目列表有多行，每一行主要由两部分内容构成：账目备注和所花费用。而账目备注的 resource-id 属性值为 com.mobivans.onestrokecharge:id/account_item_txt_remark，所花费用的 resource-id 属性值为 com.mobivans.onestrokecharge:id/account_item_txt_money。这本身没有问题，使用 ID 属性定位元素是最高效的做法，但是现在的问题是账目列表中的每一行元素都具有这两个相同的 resource-id 属性，那么使用 driver.find_element_by_id 方法就无法精确定位到需要的那个元素。这种情况下该怎么处理呢？既然元素有 resource-id 属性，且有多个元素具备相同的 resource-id 属性，那么可以使用 driver.find_elements_by_id 复数形式的方法来获取所有具有相同 ID 属性的元素，再遍历这些元素，并利用元素的 get_attribute("text")方法或者 text 属性获取对应的 text 属性值，判断该值是否与输入的值一致，进而达到断言的目的。

图 8-25　主要操作界面

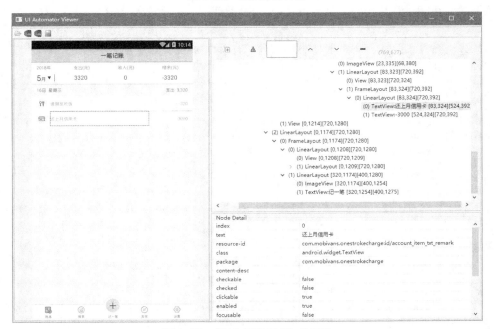

图 8-26　"还上月信用卡"的属性

（2）"记一笔"按钮是完成核心操作的第一步，必须准确定位到该元素上。通过 UI Automater Viewer

的识别可以看到，该按钮是一个图标带文本的按钮，既可以通过操作图标完成添加，也可以通过直接单击正文文本完成添加。但是该图文按钮没有 resource-id 属性。这种情况下又该如何处理呢？可以通过两种方案来解决。一种方案是利用该按钮的上一层的 LinearLayout 布局对象，其具备 resource-id 属性 com.mobivans.onestrokecharge:id/main_write1，该元素是图文按钮的父元素，通过先寻找到其父元素，再寻找子元素的方式，利用 XPath 定位即可找到。另一种方案是直接利用文本按钮的 text 属性，使用 driver.find_element_by_name 方法查找到该元素，完成操作。

完成第一屏的元素分析后，继续完成第二屏的元素分析。第二屏中的元素，除了选择支出类型的位置使用的是图文按钮外，其他元素都有对应的 resource-id 属性，现列举如下。

（1）按钮"支出"的 resource-id 为 com.mobivans.onestrokecharge:id/add_txt_Pay，text 为"支出"。

（2）按钮"书籍"的 resource-id 为 com.mobivans.onestrokecharge:id/item_cate_image，但是所有类别的 resource-id 均为相同属性，所以不可用，故使用正文文本按钮，利用 driver.find_element_by_name 方法查找其 text 属性即可。

（3）文本框"备注"的 resource-id 为 com.mobivans.onestrokecharge:id/add_et_remark，可唯一识别。

（4）屏幕下方的数据按钮，每一个按钮对应一个 resource-id 属性，且唯一识别。

（5）按钮"完成"的 resource-id 为 com.mobivans.onestrokecharge:id/keyb_btn_finish，可唯一识别。

对第二屏的元素进行分析和确定定位方案后，完成以下测试脚本的开发。

```python
from appium import webdriver
from time import sleep
from selenium.webdriver.common.Action_chains import ActionChains
import os

app_path = os.path.abspath('.') + '\\yibijizhang.apk'  # 定义APK文件

desired_caps = {}          # 定义WebDriver的兼容性字典对象
desired_caps['platformName'] = 'Android'   # 指定测试Android平台
desired_caps['platformVersion'] = '4.4.2' # 指定移动端的版本号
desired_caps['deviceName'] = 'Appium'       # 指定设备名称
desired_caps['unicodeKeyboard'] = 'True'
desired_caps['app'] = app_path              # 如已安装，则可不指定
# 通过"aapt"命令输出的package取得启动的主包名
desired_caps['appPackage'] = 'com.mobivans.onestrokecharge'
# 通过"aapt"命令输出的launchable-activity取得主Activity名
desired_caps['appActivity'] = 'com.stub.stub01.Stub01'
desired_caps['udid'] = '127.0.0.1:62001'   # 指定设备编号

# 实例化WebDriver，并指定Appium服务器访问地址，一定要加上/wd/hub
driver = webdriver.Remote('http://127.0.0.1:4723/wd/hub', desired_caps)
sleep(3)

# driver.find_element_by_name("记一笔").click()   # 单击"记一笔"的"+"按钮

# 也可以使用XPath定位找到"记一笔"的图形按钮，XPath中的resource-id不要简写
driver.find_element_by_xpath("//android.widget.LinearLayout[@resource-id='com.mobivans.onestrokecharge:id/main_write1']/android.widget.ImageView[1]").click()

driver.find_element_by_id("add_txt_Pay").click()    # 单击"支出"按钮
driver.find_element_by_name("书籍").click()          # 单击"书籍"按钮
```

```
# 添加备注，使用send_keys发送文本内容
driver.find_element_by_id("add_et_remark").send_keys(u'购买自动化测试教材')
driver.find_element_by_id("keyb_btn_5").click()
driver.find_element_by_id("keyb_btn_6").click()
driver.find_element_by_id("keyb_btn_finish").click()
sleep(2)

# 由于账目列表中存在多条账目的内容，所以此处断言需要使用复数形式来获取一个元素列表
list_remark = driver.find_elements_by_id("account_item_txt_remark")
list_money = driver.find_elements_by_id("account_item_txt_money")
if (list_remark[0].text == "购买自动化测试教材" and list_money[0].text == "-56"):
    print("测试成功.")
else:
print("测试失败.")

driver.quit()     # 结束测试
```

上述代码完成了针对一个原生 Android 应用的测试开发，并对常见的一些对象识别方式进行了应用。其实，关于 GUI 的自动化测试，无论是针对 PC 端还是移动端，一定要先想办法识别到对象，再对其进行操作。

另外，Android SDK 自带的 UI Automator Viewer 虽然已经足够使用，但是在识别对象时，特别是需要利用 XPath 来识别对象时，需要自己完成 XPath 的编写，难免会出错。所以，在基于 UI Automator Viewer 的基础上，提供了一个功能更加强大的 Lazy UI Automator Viewer，它除了具备标准版的所有功能外，还能帮助用户自动生成 XPath 和 UiaSelector（即可以使用 driver.find_element_ by_android_ uiautomator()方法进行对象操作），当某些元素没有 text，没有 resource-id，没有 content-desc 或者不能唯一识别时，Lazy UI Automator Viewer 提供的 XPath 和 UiaSelector 将为用户提供效率更高的对象识别方案。

直接在网络中搜索 Lazy UI Automator Viewer 并完成下载，这是一个大小为 11MB 左右的 JAR 文件，将其命名为 uiautomatorviewer.jar。下载完成后，以该文件替换掉 Android SDK 自带的同名文件（在 SDK 目录的 tools\lib 目录中），重新启动 uiautomatorviewer.bat 即可。图 8-27 展示了如何利用 Lazy UI Automator Viewer 定位元素，即识别"一笔记账"应用程序中的"备注"文本框的"xpath""uia Selector"属性。

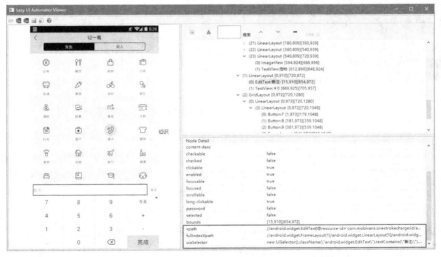

图 8-27　利用 Lazy UI Automator Viewer 定位元素

Lazy UI Automator Viewer 只是一个帮助使用者快速书写 XPath 或 UiaSelector 表达式的工具而已，并没有什么神奇的功能，无法识别的对象仍然无法识别，但是对于可以识别的对象，其可以帮助使用者更快速地完成定位操作。所以，后续章节中将更多地使用该工具。

8.4.4　Web 应用测试

Web 应用程序（即基于浏览器的应用程序）是移动设备中很常见的应用类型，但是由于其操作基于浏览器，基于 Web 规范，所以即使不使用 Appium，直接使用 Selenium WebDriver 也是可以进行测试的。但是由于浏览器类型不一样，所使用的硬件设备也不一样，即使在 PC 端完成了 Web 应用的测试，也无法直接给定明确的结论，因此更保险的方式是基于移动端来对 Web 应用进行测试。在这个过程中，Appium 同样可以帮助测试人员完成测试工作。

先在移动设备或模拟器中打开浏览器，再访问一个 Web 页面，如蜗牛进销存，利用 Lazy UI Automator Viewer 对页面中的对象进行识别，如图 8-28 所示。

图 8-28　利用 Lazy UI Automator Viewer 对页面中的对象进行识别

从图 8-28 中可以看到，默认情况下，Lazy UI Automator Viewer 并不能识别到 Web 页面中的元素，其识别到的最小元素为当前浏览器窗口，而无法进一步识别到其中的元素，如登录界面的文本框或按钮等。该如何解决这种问题呢？事实上，Appium 已经为使用者提供了良好的解决方案。通过以下步骤即可完成对 Web 页面元素的识别和处理。

（1）确保 AppiumBootstrap.jar 文件已经成功运行（可通过 Android 文件管理器查看目录 /data/local/tmp 中是否存在该文件，并确保该文件是与当前 Appium 配套的最新版本）。

（2）打开 Windows 命令行窗口，并通过 ADB 执行如下命令，使 AppiumBootstrap.jar 启用 Lazy UI Automator Viewer 完成对页面元素的获取。

```
adb -s 127.0.0.1:62001 shell uiautomator runtest AppiumBootstrap.jar -c io.appium.
android.bootstrap.Bootstrap -e disableAndroidWatchers false
```

（3）执行上述命令后，按 Ctrl+C 组合键退出命令行窗口，同时退出浏览器，重启 Lazy UI Automator Viewer。

（4）再次打开 Web 浏览器，并访问相应网址。打开 Lazy UI Automator Viewer，在其工具栏中单击"Device Screenshot with Compressed Hierarchy"按钮，完成对 Web 页面元素的识别，如图 8-29 所示。

图 8-29　完成对 Web 页面元素的识别

从识别到的页面元素来看，该用户名文本框并没有对应的 resource-id 属性，也没有相应的 content-desc 属性，所以只能通过 XPath 来完成对象的操作，其他页面元素也是如此。另外，针对 Web 应用的测试，Appium 的代码并没有特别之处，唯一的变化是需要指定浏览器名称和对应的启动浏览器应用程序的 Package 及 Activity。以下代码完成了对蜗牛进销存系统的登录操作。

```
from appium import webdriver
from time import sleep

desired_caps = {}          # 定义WebDriver的兼容性字典对象
desired_caps['platformName'] = 'Android'         # 指定测试Android平台
desired_caps['platformVersion'] = '4.4.2'        # 指定移动端的版本号
desired_caps['deviceName'] = 'Appium'            # 指定设备名称
desired_caps['broswerName'] = 'Chrome'           # 指定浏览器类型
desired_caps['unicodeKeyboard'] = 'True'         # 指定可输入中文
desired_caps['appPackage'] = 'com.android.browser'  # 指定要启动的包
desired_caps['appActivity'] = '.BrowserActivity'    # 指定启动的主类程序
desired_caps['udid'] = '127.0.0.1:62001'
                         # 指定模拟器设备编号(adb devices输出结果中有此编号)

driver = webdriver.Remote('http://127.0.0.1:4723/wd/hub', desired_caps)
```

```
driver.get("http://192.168.2.29:8080/WoniuSales/")
sleep(5)

# 找到用户名文本框并输入用户名
driver.find_element_by_xpath("//android.view.View[@content-desc=' 蜗 牛 进 销 存 - 首 页 ']/
android.widget.EditText[1]").send_keys("admin")

# 找到密码文本框并输入密码
driver.find_element_by_xpath("//android.view.View[@content-desc=' 蜗 牛 进 销 存 - 首 页 ']/
android.widget.EditText[2]").send_keys("admin123")

# 找到验证码文本框并输入验证码
driver.find_element_by_xpath("//android.view.View[@content-desc=' 蜗 牛 进 销 存 - 首 页 ']/
android.widget.EditText[3]").send_keys("0000")

# 找到"登录"按钮并进行单击操作
driver.find_element_by_xpath("//android.widget.Button[contains(@content-desc,'登录')]").
click()

sleep(3)
# 利用登录成功后的销售出库页面中的条码文本框是否存在来进行断言
barcode = driver.find_element_by_xpath("//android.view.View[@content-desc='蜗牛进销存-
销售出库']/android.widget.EditText[1]")
if (barcode != None):
    print("登录功能测试-成功.")
else:
    print("登录功能测试-失败.")

driver.quit()
```

　　从上述测试脚本可以看出，Appium 在处理 Web 页面元素时，几乎全部依赖于 XPath 的识别方式。而 Web 页面元素自带一些重要识别属性，如 ID 等，均无法发挥用途，而是被映射成了 Android 系统的控件类型。例如，一个 Web 页面的文本框<input>标签被映射成了 android.widget.EditText，这自然就违背了 Web 元素应有的意义。另外，随着浏览器版本的更新，以及 Appium 开发的相对滞后，很有可能存在无法对浏览器应用进行对象识别的情况。

　　事实上，Appium 针对纯 Web 页面的处理方式更适用于混合应用的测试。可以看出，Appium 虽然的确可以对原生应用、混合应用和 Web 应用进行测试，但是明显把重心放在了原生应用上。当然，从另一个角度来说，针对 Web 应用而言，由于使用标准的浏览器，统一遵循 HTML 和 JavaScript 规范，因此，功能和兼容性方面的测试相对而言出问题的概率不会太高。所以，多数情况下，可以在 PC 端使用 Selenium，这样也能解决大部分问题。

8.4.5　混合应用测试

　　一旦理解了如何对原生应用和 Web 应用进行测试，针对混合应用程序进行测试就不再是问题。其操作方法完全一样，这里不再赘述。

8.5　Appium 高级应用

8.5.1　手势模拟

V8-5　Appium
高级应用

　　在手机上并非只有单击、输入文本等操作，还有丰富的手势操作，如放大、缩小、滑动、多点触控等。Appium 为这些操作提供的主要操作方法和操作对象如下。

（1）driver.zoom(self, element=None, percent=200, steps=50)：在某个元素上进行放大操作。其中，参数 element 表示在某个指定元素上，如果针对当前窗口进行操作，则无须指定；percent=200 表示默认放大一倍；steps=50 表示放大操作的执行步数，如无特殊需要，保持默认即可。目前，该方法在新版本中不可用，会出现 "selenium.common.exceptions.WebDriverException: Message: Unknown mobile command "pinchOpen". Only shell,startLogsBroadcast,stopLogs Broadcast commands are supported." 异常。

（2）driver.pinch(self, element=None, percent=200, steps=50)：在某个元素上进行缩小操作。其参数说明与 zoom 方法的参数说明一致，只是 percent=200 表示缩小一半。目前，该方法在新版本中也不可用。

（3）driver.swipe()：模拟手指在屏幕上的滑动操作，如上下左右滑动等。

（4）driver.tap(self, positions, duration=None)：模拟在某个坐标位置上的单击操作。与某个元素的 click 方法不同的是，tap 方法可以模拟多点操作，且不需要指定元素，在当前 driver 所覆盖的范围内均有效。其中，参数 positions 为一个由元组构成的列表，用于表示坐标，可以模拟最多 5 个坐标的单击，如[(x1, y1), (x2, y2), (x3, y3)]；duration 参数用于指定操作的持续时间。如果只指定一固定坐标，则可以完整地模拟单击或长按操作。

（5）driver.shake(self)：模拟摇一摇的操作。

（6）TouchAction：TouchAction 是一个 Appium 内置的对象，而不属于 driver 的方法，可用于模拟长按、短按、单击、双击、多次单击、移动等操作。

（7）MultiAction：MultiAction 主要用于模拟多点操作，与 tap 不同的是，MultiAction 对象可以模拟任意多点的操作，并可以结合 TouchAction 实现更加复杂的操作，如旋转、缩放、复杂手势操作等。

在上述 Appium 提供的手势模拟操作中，zoom 方法和 pinch 方法还不稳定，目前在新版本中无法正常工作，运行过程中会抛出类似下面代码的异常。

```
selenium.common.Exceptions.WebDriverException:        Message:    Unknown    mobile    command
"pinchOpen". Only shell,startLogsBroadcast,stopLogsBroadcast commands are supported.
```

自动化测试框架 UI Automator 2（见 8.6 节的内容）则很好地解决了手势模拟的问题。

屏幕滑动操作是一个高频率使用的操作。以下代码演示了在蜗牛进销存的销售出库页面中进行的从下往上滑动操作。

```
from appium import webdriver
from time import sleep


desired_caps = {}              # 定义WebDriver的兼容性字典对象
desired_caps['platformName'] = 'Android'   # 指定测试Android平台
desired_caps['platformVersion'] = '4.4.2' # 指定移动端的版本号
desired_caps['deviceName'] = 'Appium'       # 指定设备名称
desired_caps['broswerName'] = 'Chrome'       # 指定浏览器类型
desired_caps['unicodeKeyboard'] = 'True'    # 指定可输入中文
desired_caps['appPackage'] = 'com.android.browser'  # 指定要启动的包
desired_caps['appActivity'] = '.BrowserActivity'     # 指定启动的主类程序
desired_caps['udid'] = '127.0.0.1:62001'
                                      # 指定模拟器设备编号(adb devices输出结果中有此编号)


driver = webdriver.Remote('http://127.0.0.1:4723/wd/hub', desired_caps)


driver.get("http://192.168.2.29:8080/WoniuSales/")
sleep(5)

# 找到用户名文本框并输入用户名
```

```
driver.find_element_by_xpath("//android.view.View[@content-desc=' 蜗 牛 进 销 存 - 首 页
']/android.widget.EditText[1]").send_keys("admin")

# 找到密码文本框并输入密码
driver.find_element_by_xpath("//android.view.View[@content-desc=' 蜗牛进销存 - 首页 ']/
android.widget.EditText[2]").send_keys("admin123")

# 找到验证码文本框并输入验证码
driver.find_element_by_xpath("//android.view.View[@content-desc=' 蜗牛进销存 - 首页 ']/
android.widget.EditText[3]").send_keys("0000")

# 找到"登录"按钮并进行单击操作
driver.find_element_by_xpath("//android.widget.Button[contains(@content-desc,' 登    录
')]").click()

sleep(3)

width = driver.get_window_size()['width']      # 计算当前设备的宽度
height = driver.get_window_size()['height']    # 计算当前设备的高度
# 定位在横坐标中间位置，纵坐标从下往上滑动，持续时间为1s
# 滑动时间越长，滑动速度越慢；滑动时间越短，滑动速度越快
driver.swipe(width*0.5, height*0.8, width*0.5, height*0.2, 1000)

sleep(3)
driver.quit()
```

8.5.2 按键操作

测试过程中配合各类按键操作也是常见的，如按返回键、Home 键、Menu 键，长按某个键等，均需要使用到按键。下面介绍 Appium 内置的和按键相关的两个重要 API。

（1）driver.press_keycode()：标准时间按键，模拟单击操作。

（2）driver.long_press_keycode()：较长时间按键，模拟长按操作。例如，长按 Home 键返回主页等。

这两个 API 的使用比较简单，重点在于各按键的编码。现给出重要的按键操作列表，如表 8-1 所示。

表 8-1　重要的按键操作列表

键名	描述	键值
KEYCODE_CALL	拨号键	5
KEYCODE_ENDCALL	挂机键	6
KEYCODE_HOME	Home 键	3
KEYCODE_MENU	菜单键	82
KEYCODE_BACK	返回键	4
KEYCODE_SEARCH	搜索键	84
KEYCODE_CAMERA	拍照键	27
KEYCODE_POWER	电源键	26
KEYCODE_MUTE	话筒静音键	91
KEYCODE_VOLUME_MUTE	扬声器静音键	164
KEYCODE_VOLUME_UP	音量增加键	24
KEYCODE_VOLUME_DOWN	音量减小键	25
KEYCODE_ENTER	Enter（回车）键	66

如果需要在进行测试的过程中回到 Android 系统桌面操作其他应用，且不退出当前应用，则按 Home 键即可，操作完成后再回到应用程序中继续进行操作。以下代码演示了在蜗牛进销存系统登录成功后，按 Home 键回到桌面，单击桌面中的"浏览器"图标继续进入蜗牛进销存系统，并输入一个商品条码，按 Enter 键进行扫码确认。

```
############ 此处省略前面的代码 #############
barcode = driver.find_element_by_xpath("//android.view.View[@content-desc='蜗牛进销存-
销售出库']/android.widget.EditText[1]")
if (barcode != None):
    print("登录功能测试-成功.")
else:
    print("登录功能测试-成功.")

driver.press_keycode(3)      # 按Home键
sleep(3)

driver.find_element_by_xpath("//android.widget.TextView[@text='浏览器' and @content-
desc='浏览器']").click()

barcode.send_keys("22222222")
driver.press_keycode(66)       # 按Enter键
```

8.5.3   图像识别

在前面章节的内容中已经为大家详细讲解了如何利用基于图像识别和模板匹配的方式来定位元素并完成自动化测试框架的开发，但是其主要针对的是 PC 端的操作，那么当需要针对移动端进行操作时，尤其是遇到一些无法通过正常的手段识别元素的情况时，又该怎么办呢？其实，它们从原理上来说是一样的，只是在操作平台上有一些区别，而这样的区别主要体现在模板图片的截取和移动设备的分辨率上。先来整理一下实现思路和其中的问题。

（1）针对模板匹配的情况，源图主要是当前屏幕的实时截图。而模板图片必须是提前截取好的图片。对于移动端而言，可以利用 Appium 实现实时屏幕截图，可以同时预先截取一张模板图片。

（2）在移动端的测试过程中，由于部分代码运行于 PC 端，部分代码又运行于移动端，所以需要非常清楚自己需要在计算机端运行什么程序。而通常情况下，虽然是在移动设备上进行操作，但是模板匹配的过程仍然是在 PC 端进行的，得到匹配成功的坐标以后，再向 Appium 发送指令，在对应的坐标位置上进行相应的操作。

（3）在截取模板图片的过程中，需要特别注意的是，模板图片对应的屏幕截图的大小必须与移动设备的实时屏幕截图的大小一致，否则在进行模板匹配时将无法找到对应的图片位置。可以利用 ADB 的截图命令直接在移动端进行截图，并将该图片传输到计算机中。以下代码表示利用 ADB 的截图和传输文件功能对移动设备进行截图。

```
adb shell screencap -p /mnt/shared/Image/screen_1.png    # 保存在模拟器共享目录中
adb pull /mnt/shared/Image/screen_1.png D:/Other/screen_1.png #传输到计算机中
# 此处需要注意的是，不同的设备，其目录也不一样，需要根据实际情况进行调整
```

下面介绍如何利用图像识别的操作完成对"一笔记账"应用程序的自动化测试脚本的开发，关键步骤如下。

（1）利用 ADB 命令完成截图，此处建议保存在与 Python 代码相同的路径中，以便于在程序中打开该文件。根据需要，将主要截取两张 100% 分辨率的图片，分别命名为 yibi-home.png 和 yibi-add.png，如图 8-30 所示。

（2）利用任意看图工具打开上述两张图片，并以实际大小进行观看。利用计算机端的截图工具截取模板图片，此处的主要截图如图 8-31 所示，模板图片用于测试。

图 8-30　截取图片

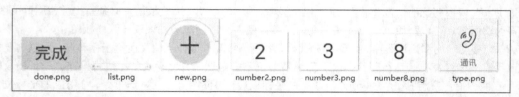

图 8-31　主要截图

（3）当完成上述截图后，利用 Appium 结合 OpenCV 共同完成如下操作。

```python
from appium import webdriver
from time import sleep
import os, time
import cv2 as cv

class onestroke_image:
    def __init__(self):
        self.basefolder = os.path.abspath('.') + "\\source\\"  # 定义图片目录
        self.desired_caps = {}          # 定义WebDriver的兼容性字典对象
        self.desired_caps['platformName'] = 'Android'       # 指定测试平台
        self.desired_caps['platformVersion'] = '4.4.2'      # 指定移动端的版本号
        self.desired_caps['deviceName'] = 'Appium'          # 指定设备名称
        self.desired_caps['unicodeKeyboard'] = 'True'       # 指定可输入中文
        self.desired_caps['appPackage'] = 'com.mobivans.onestrokecharge'
        self.desired_caps['appActivity'] = 'com.stub.stub01.Stub01'
```

```python
        self.desired_caps['udid'] = '127.0.0.1:62001'      # 指定模拟器设备编号
        self.driver = webdriver.Remote('http://127.0.0.1:4723/wd/hub', self.desired_
caps)
        sleep(3)

    # 利用模板匹配算法查找到对应的模板图片的坐标
    def find_image(self, target):
        # 每次执行模板匹配时，对移动设备中的屏幕进行截图并保存到计算机中
        self.driver.get_screenshot_as_file(self.basefolder + "onestroke.png")
        source = cv.imread(self.basefolder + "onestroke.png")    # 打开屏幕截图
        try:
            template = cv.imread(self.basefolder + target)    # 打开模拟图片
            result = cv.matchTemplate(source, template, cv.TM_CCOEFF_NORMED)
            pos_start = cv.minMaxLoc(result)[3]
            x = int(pos_start[0]) + int(template.shape[1] / 2)
            y = int(pos_start[1]) + int(template.shape[0] / 2)
            similarity = cv.minMaxLoc(result)[1]
            if similarity > 0.95:
                return (x, y)
            else:
                return (-1, -1)
        except:
            return (-1,-1)

    # 在对应的坐标上实现单击操作
    def do_click(self, target):
        t = time.strftime("%Y-%m-%d %H:%M:%S", time.localtime(time.time()))
        x,y = self.find_image(target)
        if x == -1 and y == -1:
            print("%s: %s is not found." % (t, target))
        else:
            self.driver.tap([(x,y)], 10)
            print("%s: click @ (%d, %d) for %s" % (t,x,y,target))
        sleep(4)

    # 判断某张模板图片是否存在，通常用于断言
    def check_exist(self, target):
        x,y = self.find_image(target)
        t = time.strftime("%Y-%m-%d %H:%M:%S", time.localtime(time.time()))
        print("%s: check @ (%d, %d) for %s" % (t,x,y,target))
        if x == -1 and y == -1:
            return False
        else:
            return True

# 执行测试任务
def start_test(self):
    self.do_click("new.png")
    self.do_click("type.png")
    self.do_click("number2.png")
    self.do_click("number3.png")
    self.do_click("number8.png")
    self.do_click("done.png")
    # 添加记录时会提示"长按删除"，单击后消失
    self.driver.tap([(500, 500)], 10)
    sleep(2)
```

```
        # 判断是否存在模板图片，用于断言
        isOk = self.check_exist("list.png")
        if isOk:
            print("测试成功.")
        else:
            print("测试失败.")

if __name__ == "__main__":
    onestroke = onestroke_image()
    onestroke.start_test()
```

在 1 280 像素×720 像素分辨率的设备中运行以上代码，一切正常，运行过程中的输出内容如下。

```
C:\Tools\Python3.6.4\python.exe  D:/Workspace/pythonworkspace/HelloPython/appiumdemo/
onestroke_image.py
2018-06-06 18:20:07: click @ (361, 1212) for new.png
2018-06-06 18:20:12: click @ (448, 612) for type.png
2018-06-06 18:20:18: click @ (269, 1163) for number2.png
2018-06-06 18:20:24: click @ (451, 1165) for number3.png
2018-06-06 18:20:29: click @ (269, 1012) for number8.png
2018-06-06 18:20:34: click @ (629, 1243) for done.png
2018-06-06 18:20:43: check @ (363, 288) for list.png
```
测试成功.

如果将上述代码运行在一个 1 920 像素×1 080 像素分辨率的设备上，那么基本上会以失败告终。大家可以利用模拟器设置不同的分辨率进行确认。遇到这种情况时又该怎么办呢？通常，有以下几种解决方案。

（1）如果新设备与分辨率为 1 270 像素×720 像素的设备具有同样的高宽比（如 16∶9），则基本上应用程序的布局是按比例调整的，不会有太大的问题，可以通过截取的源图片和模板图片进行位置查找，而不需要每一次执行都利用 Appium 进行实时截屏，再在分辨率为 1 280 像素×720 像素的源图片上找到对应的位置，换算出比例。例如，在分辨率为 1 270 像素×720 像素的设备上截取图片，并通过模板图片找到对应的位置，假设坐标是（400，600），那么在分辨率为 1 920 像素×1 080 像素的设备上，只需要按 1.5 倍比例（1 920 是 1 280 的 1.5 倍）定位到其坐标（600，900）即可，而不需要在分辨率为 1 920 像素×1 080 像素的设备上再次进行截图。

（2）如果另一台设备的分辨率不是 16∶9，而是 18∶9，又该怎么做呢？此时，等比例换算基本上会失效。通常，需要在 18∶9 的设备上重新完成源图片和模板图片的截取并进行处理。这个过程可以整合到自己的测试代码中，如为 find_image 方法添加两个参数（source，target）来解决问题。每一次处理时都要传递源图片和模板图片的名称，以示区分。

（3）OpenCV 支持在某些图片有旋转或缩放时进行模板匹配及识别，这是最高效的解决方案。本书对此不单独讲解，大家可自行查阅资料进行学习。

总而言之，无论是在 PC 端还是在移动端，图像识别的自动化测试都有巨大的优势和先天的不足，不应该完全依赖于图像识别来进行自动化测试，但是也不能一概否定其实用性。尤其是在针对一些特殊应用时，如游戏的自动化测试，图像识别是目前最可行的解决方案。随着 OpenCV 的日趋成熟，人工智能的日趋完善，未来的图像识别在自动化测试领域中有巨大的潜力。

8.5.4　真机上的测试

前面的演示均是基于模拟器进行的，所以整个过程相对容易上手，也很流畅。但是在实际的测试过程中，要想真正达到测试的目的，一定要在真机上进行测试，模拟器更多地是用于对测试脚本进行调试。真机上的测试和模拟器上的测试有哪些不一样的地方呢？

（1）真机要连接上计算机，必须安装对应机型的驱动程序，否则无法识别到该设备。

（2）通常情况下，模拟器是不会锁屏的，而真机为了节省电量会锁屏，所以在进行自动化测试时，必须要解锁屏幕。

（3）如果有多台真机，则每一台真机的版本、配置、分辨率可能都不一样，所以，测试脚本必须考虑到各种可能性，进行更加灵活的适配。

（4）真机的网络、信号、硬件等均是独立存在的，并不依赖于计算机，所以很多测试场景必须从移动设备的角度来考虑，而不是单纯关注自动化测试脚本本身。

针对不同的移动设备，可以通过执行以下命令来获取该设备所有需要的信息。

```
adb -s 设备编号 shell getprop
```

执行该命令后会列出设备相关信息，如果只需要其中一部分信息，如设备的版本号，则只需要执行以下命令即可。

```
adb -s 设备编号 shell getprop ro.build.version.release
```

其中，ro.build.version.release 是列表中的条目，如果需要其他条目的信息，则直接给定条目名称作为 "getprop" 命令的参数即可。

通常情况下真机会锁屏以节省电量。在锁屏状态下，Appium 如何进行自动化测试操作呢？此时，可以利用 TouchAction 来模拟手势解锁，并进行测试。但是如果真机启用了指纹解锁功能，则使用 TouchAction 是不可行的。常规的做法是将手机设置为无指纹、无密码、无手势，点亮屏幕即可进入桌面。在这种情况之下，再利用 Appium 来运行安装在移动设备中的 Unlock 应用程序即可点亮屏幕并进入桌面。只需要在 Appium 中执行以下命令即可。

```
adb -s 设备编号 shell am start -n io.appium.unlock/.Unlock
```

当然，如果手机端唤醒时需要输入密码，则直接识别到输入密码的元素并进行相应的操作即可解锁，这里不再单独讲解演示。

最后，对于 Android 版本的兼容性问题，由于目前市面上的 Android 系统几乎都已经升级到了 8.0 甚至更新的版本，因此，在使用 Appium 时，一定要设置参数 automationName 为 uiautomator2，将 Appium 的测试引擎由 Seledroid 修改为 uiautomator2。当然，由于 Android 版本众多，定制版本更多，所以针对 Android 新版本进行测试时，Appium 本身在兼容性方面也存在诸多问题，需要静待其官方完善。

8.6　UI Automator 2 框架

UI Automator 2 作为手机测试市场新兴的工具，目前正备受手机测试公司青睐。其采用了与 Appium 类似的元素定位方式，使用者学习起来比较容易理解。

V8-6　UI
Automator 2 框架

8.6.1　UI Automator 2 简介

针对移动端的测试开发，除了使用 Appium 之外，基于 Python 语言，还可以使用 UI Automator 2 测试框架。UI Automator 2 是一个可以使用 Python 对 Android 设备进行 UI 自动化的库。其底层基于 Google UI Automator 测试库 2.0 版本（针对早期 Android 版本提供的是 1.0 版本）。Google 提供的 UI Automator 2.0 库可以获取屏幕上任意一个 App 的任意一个控件属性，并对其进行任意操作，但是它是基于 Java 语言编写的（事实上，Appium 也支持 Java 语言）。所以 UI Automator 2 测试框架可以很好地帮助用户利用 Python 语言编写类似于 Appium 的自动化测试脚本。

与 Appium 的三层结构不同的是，UI Automator 2 只有两层：一层是 Python 脚本；另一层是运行于手机上的 ATX 代理程序。所以 UI Automator 2 具有更高的运行效率，其不需要考虑其他非 Android 设备及其他编程语言的兼容性问题，所以其专门针对 Python 设计的一套 API 非常易于学习和使用，开发效率也非常高。UI Automator 2 结构图如图 8-32 所示。

图 8-32   UI Automator 2 结构图

8.6.2   配置 UI Automator 2 环境

1.   安装 UI Automator 2

```
pip install --pre uiautomator2      # UI Automator 2核心库
pip install pillow                  # Python的图像处理库
```

2.   初始化移动端

确保计算机端已经成功连接了一台移动设备，以通过"adb devices"命令成功查看到设备列表为准。执行如下命令，在移动端安装 UI Automator-Server、ATX-Agent 等应用程序，便于移动端与 Python 代码进行通信以执行自动化测试脚本。这里使用 Android Studio 自带模拟器 9.0 进行测试，如果没有该版本，则可以使用夜神模拟器、GenyMotion 或实体机进行操作。

```
python -m uiautomator2 init
```

整个初始化的过程在命令行窗口中的输出如下，表示正在安装 UI Automator 2 需要用到的组件并启动 ATX 服务。如果最后出现 success，则表示安装成功。

```
C:\Users\Denny>python -m uiautomator2 init
2019-01-15 22:52:47,915 - __main__.py:327 - INFO - Detect pluged devices: ['127.0.0.
1:62025']
2019-01-15 22:52:47,915 - __main__.py:343 - INFO - Device(127.0.0.1:62025) initialing ...
[Kminicap.so |############################| 21.2K / 21.2K
[?25h2019-01-15 22:52:51,279 - __main__.py:133 - INFO - install minicap
2019-01-15 22:52:52,014 - __main__.py:140 - INFO - install minitouch
2019-01-15  22:52:52,601  -  __main__.py:155  -  INFO  -  app-uiautomator.apk(1.1.7)
downloading ...
2019-01-15  22:52:52,603  -  __main__.py:158  -  INFO  -  app-uiautomator-test.apk
downloading ...
2019-01-15 22:52:59,129 - __main__.py:350 - INFO - atx-agent is already running, force
stop
2019-01-15 22:53:00,145 - __main__.py:227 - INFO - atx-agent(0.5.1) is installing, please
be patient
2019-01-15 22:53:05,337 - __main__.py:254 - INFO - launch atx-agent daemon
2019-01-15 22:53:07,303 - __main__.py:273 - INFO - atx-agent version: 0.5.1
atx-agent output: 2019/01/15 22:53:04 [INFO][github.com/openatx/atx-agent] main.go:508:
atx-agent listening on 172.17.100.15:7912
2019-01-15 22:53:08,721 - __main__.py:279 - INFO - success
```

安装成功后，可以在移动端看到一个应用程序正在被安装。运行 ATX 后可以手工选择停止该应用程序的代理服务，一旦停止，就表示 UI Automator 2 无法与移动端进行通信。如果需要启动其服务，则只要单击 ATX 应用即可，ATX 代理程序界面如图 8-33 所示。

8.6.3   开发 UI Automator 2 测试脚本

1.   利用"adb devices"命令查看设备编号

```
C:\Users\Denny>adb devices
```

```
List of devices attached
emulator-5554    device
```

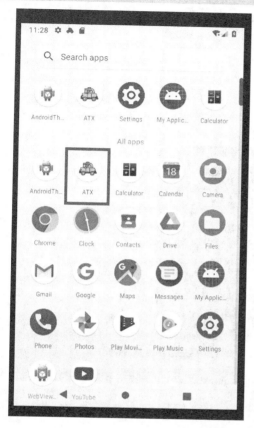

图 8-33　ATX 代理程序界面

从上述命令的输出结果中可以看出其设备编号为 emulator-5554。

2. 在 PyCharm 中编写测试脚本

```python
import os, time
import uiautomator2 as u2

d = u2.connect('emulator-5554')      # 建立与移动端设备的连接
# d = u2.connect_usb()        # 如果连接到计算机的只有一台设备，则也可以使用该方法
# d = u2.connect_wifi('192.168.1.123')      # 也可通过Wi-Fi与设备连接起来
print(d.device_info)              # 输出移动端设备的基本信息
d.app_start('com.android.calculator2')  # 启动Android自带的计算器
time.sleep(3)

# 界面元素属性的识别依然可以使用SDK自带的UI Automator Viewer工具进行
d(resourceId='com.android.calculator2:id/digit_6').click()  # 单击 "6" 按钮
d(text='+').click()              # 根据text属性单击 "+" 按钮
d(resourceId='com.android.calculator2:id/digit_7').click()  # 单击 "7" 按钮
d(resourceId='com.android.calculator2:id/eq')          # 单击 "=" 按钮
time.sleep(2)
# 根据计算结果进行断言
if d(resourceId='com.android.calculator2:id/result').get_text() == '13':
    print("测试成功.")
```

```
else:
    print("测试失败.")
```

UI Automator 2 测试结束后的应用程序界面如图 8-34 所示。

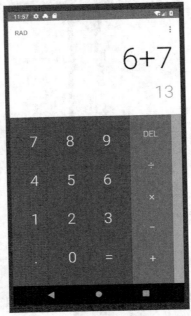

图 8-34   UI Automator 2 测试结束后的应用程序界面

PyCharm 的命令终端输出结果如下，包含 UI Automator 2 输出的设备信息和计算器的断言信息。

```
C:\Tools\Python3.6.4\python.exe D:/Workspace/pythonworkspace/PythonClass02/android/test.py
{'udid':  'EMULATOR28X0X16X0-02:00:00:44:55:66-Android_SDK_built_for_x86',  'version':
'9', 'serial': 'EMULATOR28X0X16X0', 'brand': 'google', 'model': 'Android SDK built for
x86', 'hwaddr': '02:00:00:44:55:66', 'port': 7912, 'sdk': 28, 'agentVersion': '0.5.1',
'display': {'width': 1080, 'height': 1920}, 'battery': {'acPowered': True, 'usbPowered':
False, 'wirelessPowered': False, 'status': 2, 'health': 2, 'present': True, 'level': 100,
'scale': 100, 'voltage': 5000, 'temperature': 250, 'technology': 'Li-ion'}, 'memory':
{'total':    1531004,    'around':    '1    GB'},    'owner':    None,    'presenceChangedAt':
'0001-01-01T00:00:00Z',  'usingBeganAt':  '0001-01-01T00:00:00Z',  'product':   None,
'provider': None}
```
测试成功.

从 device_info 信息的输出结果中可以看出，这是一个字典对象，其中保存了当前连接设备的关键信息，如设备编号、版本号、品牌、型号、物理网络地址、通信端口、SDK 版本、ATX 代理程序版本、分辨率，甚至包括电池信息、内存信息等。后续的测试脚本中需要使用到这些信息。

3. 总结 UI Automator 2 的对象识别属性

从上述简单的测试脚本中可以看出，UI Automator 2 支持多种对象识别属性，主要包括以下几种。

（1）根据 resourceId 进行识别，与 Appium 操作相同，但是必须写出 resourceId 的全路径。

（2）根据 text 属性进行识别，与 Appium 中的 find_element_by_name 功能相同。

（3）根据 description 属性进行识别，与 Appium 中的 find_element_by_accessibility_id 功能相同。

（4）根据 className 属性进行识别，与 Appium 中的 find_element_by_class_name 功能相同。

除了上述 4 种比较常见的属性选择器之外，UI Automator 2 还支持更多选择方式，这主要是由 Google 原生开发的 UI Automator 2 框架来决定的。例如，text 属性还支持模糊匹配，如 textContains、textMatches、textStartsWith 等。具体方式如下。

```
text, textContains, textMatches, textStartsWith
className, classNameMatches
description, descriptionContains, descriptionMatches, descriptionStartsWith
checkable, checked, clickable, longClickable
scrollable, enabled, focusable, focused, selected
packageName, packageNameMatches
resourceId, resourceIdMatches
index, instance
```

需要注意的是，UI Automator 2 也支持使用 XPath 进行元素定位，可通过其 Session 对象来进行定位。Session 对象的创建可参考 8.6.5 小节。当然，也可以使用设备实例的 child 系列方法进行层次关系定位。

8.6.4 利用 WEditor 识别元素

在 8.6.3 小节中，使用了 Android SDK 中自带的 UI Automator Viewer 来识别属性，这本身并没有问题。但是对于 UI Automator 2 框架来说，并不需要安装 Android SDK，也不太需要使用 ADB 工具。在这种场景之下，一种轻量级的对象识别工具便应运而生——WEditor。

先执行"pip install --pre weditor"命令安装该应用程序（其中，--pre 参数表示支持下载预览版本，通常指最新的非稳定版本，也可以不加此参数，不加时表示下载稳定版本），再执行"python -m weditor"命令，将 WEditor 库按模块启动，此时 WEditor 程序会打开浏览器，并进入对象识别界面（其界面与 UI Automator Viewer 非常接近，但是对较低版本的 Android 支持得不太好，容易出现黑屏的情况），如图 8-35 所示。

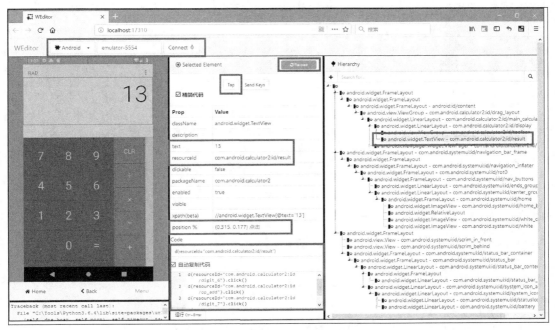

图 8-35　WEditor 对象识别界面

WEditor 工具的操作界面中提供了非常丰富的功能，比 UI Automator Viewer 更强大，主要包括以下几方面的功能。

（1）在【Connect】按钮的左边输入要访问的设备编号，如"emulator-5554"，如果计算机中只连接了一台设备，则也可以不输入设备编号。如果【Connect】按钮上出现一片绿色的树叶的图标，则表示连接设备成功，此时会将设备上的屏幕元素投射到 WEditor 界面中。

（2）【Reload】按钮可以重新加载屏幕元素，相当于刷新。

（3）【Tap】按钮可以直接在选中左边屏幕元素的位置后，直接单击设备上对应位置的元素（相当于远程操作移动设备），并在中间区域的下方自动生成 UI Automator 2 的操作代码。后续在 Python 中只需要直接将该代码复制便可以正常运行，使用非常方便。

（4）中间区域的中间位置则展示了某个元素的识别特征，包括 className、resourceId、text、description 等属性，以及该元素目前在屏幕中的位置（即 position%）属性，该属性以百分比的形式展示了其元素所在的坐标位置。在图 8-35 中，（0.315，0.177）表示在 x 轴（即 Width 属性）的 31.5% 的位置和 y 轴（即 Height 属性）的 17.7% 的位置，假设该手机的分辨率为 1 920 像素×1 080 像素，则对应的坐标点的位置换算后为（1 080×0.315，1 920×0.177），即坐标（340，339）的位置。有了这个坐标位置，就可以在脚本中直接操作该坐标位置来进行元素操作，如单击、长按等，而不需要使用特征属性进行元素识别。

（5）右边区域是界面元素的层次结构，可帮助用户更清晰地判断元素与元素之间的层次关系，进而便于利用元素的层次关系来完成复杂的定位任务。

8.6.5　使用 UI Automator 2 的 Session 对象

上述的测试脚本主要使用 UI Automator 2 的连接对象 d 来完成界面元素的识别与操作。但是对象 d 本身所拥有的方法相对比较简单，无法完成更加复杂的操作。例如，在某个指定的坐标位置进行操作，如长按、发送按键事件（如按 Home 键）、截图等，这些操作并没有封装给对象 d，而是封装给对象 d 的 Session 对象。所以，通常情况下，建议使用 Session 对象来完成对 UI 自动化的操作。请看如下代码及相应注释。

```python
d = u2.connect('emulator-5554')
d.app_start(pkg_name='com.android.calculator2')
# 创建Session对象，并与计算器绑定。可通过s.info属性来进行确认
s = d.session(pkg_name='com.android.calculator2', attach=True)
s.implicitly_wait(10)    # 设置默认等待时间
time.sleep(3)


# 利用Session对象的坐标单击事件在（595，1086）位置单击（即单击"6"按钮）
# s.click(595, 1086)


# 也可以先通过device_info中display的值获取其高和宽，再结合WEditor中position的值进行百分比换算
display = d.device_info['display']
width = display['width']
height = display['height']
s.click(width * 0.551, height * 0.566)
# 屏幕的宽和高也可以使用d.window_size()方法来获取

s(text='+').click()
s(resourceId='com.android.calculator2:id/digit_7').click()
s(resourceId='com.android.calculator2:id/eq')
time.sleep(5)
if s(resourceId='com.android.calculator2:id/result').get_text() == '13':
    print("测试成功.")
else:
    print("测试失败.")


# 对当前移动端屏幕进行截图
screen_name = time.strftime('%Y%m%d_%H%M%S.png')
s.screenshot(filename='D:/' + screen_name)
```

```
# 借助于Android的Toast功能直接在应用程序界面中显示提示信息
s.make_toast(text='本次测试已经完成.', duration=3.0)
# 按Home键回到首页
s.press('home')

# 停止应用程序
d.app_stop(pkg_name='com.android.calculator2')
```

8.6.6　UI Automator 2 的用法汇总

在掌握了 UI Automator 2 的核心使用方式后，下面对常见的使用方法进行总结。

1．安装应用

```
d.app_install(url='http://www.woniuxy.com/some.apk')   # 从URL地址安装
```

2．文件传输

```
d.pull(src='手机端文件路径', dst='计算机端文件路径')
d.push(src='计算机端文件路径', dst='手机端文件路径')
```

3．自动跳过弹窗

```
d.disable_popups()          # 默认设置：自动跳过弹窗
d.disable_popups(False)     # 禁用自动跳过弹窗功能
```

4．屏幕开关

```
s.screen_on()           # 点亮屏幕
s.screen_off()          # 关闭屏幕
d.unlock()              # 解锁屏幕
```

5．手势与交互

```
s.click(100, 200)              # 设置在（100, 200）位置单击

s.double_click(100, 200)       # 设置在（100, 200）位置双击
s.double_click(200, 300, 0.2)  # 设置两个单击之间的持续时间为0.2s

s.long_click(100, 200)         # 设置在（100, 200）位置长按
s.long_click(200, 300, 1)      # 设置长按的持续时间为1s

s.swipe(500, 200, 500, 800)    # 手指从（500, 200）处滑动到（500, 800）处，即从上到下滑动

s.drag(500, 200, 600, 800)     # 从（500, 200）处拖动到（600, 800）处
```

6．按元素的层次查找

```
# 获取类android.widget.ListView中的text="Bluetooth"的子元素
s(className="android.widget.ListView").child(text="Bluetooth")

# 获取text="woniuxy"的对象的同级text="training"的元素
s(text="woniuxy").sibling(text="training")

# 获取text="woniuxy"的对象下的文本显示为Python的元素
s(text="woniuxy").child_by_text('Python')

# 获取resourceId="result"的父级元素
s(resourceId='result').parent()
```

7．相对位置查找

可以使用相对定位方法来获取视图：left、right、top、bottom。具体示例如下。

d(A).left(B)：选择 A 左侧的 B。

d(A).right(B)：选择 A 右侧的 B。

d(A).up(B)：选择 B 以上的 A。

d(A).down(B)：在 A 以下选择 B。

```
# 选择 "Wi-Fi" 右侧的开关
s(text="Wi-Fi").right(className="android.widget.Switch").click()
```

8. 多属性匹配

在某些情况下，如果一个属性无法准确地识别到某个元素，则可以结合多个属性来进行识别。

```
s(text='testing', className='android.widget.ListView', description='测试')
```

9. 多实例查找

```
# 当多个元素拥有text='testing'属性时，可以使用instance参数决定操作第几个元素
s(text='testing', instance=0).click()    # 0表示第一个元素

# 通过遍历的方式来查找拥有相同属性的元素
elements = s(text='testing')
count = elements.count
for i in range(count):
    elements[i].click()
```

10. 获取某个元素的信息

```
print(s(text='+').info)
```

其输出会详细描述该元素的信息，可能的输出信息如下。

```
{'bounds': {'bottom': 1731, 'left': 767, 'right': 1006, 'top': 1528}, 'childCount': 0,
'className': 'android.widget.Button', 'contentDescription': 'plus', 'packageName':
'com.android.calculator2', 'resourceName': 'com.android.calculator2:id/op_add', 'text':
'+', 'visibleBounds': {'bottom': 1731, 'left': 767, 'right': 1006, 'top': 1528},
'checkable': False, 'checked': False, 'clickable': True, 'enabled': True, 'focusable':
True, 'focused': False, 'longClickable': False, 'scrollable': False, 'selected': False}
```

11. 缩放操作

```
# 从边缘到中心，即缩小操作
s(text="Settings").pinch_in(percent=100, steps=10)
# 从中心到边缘，即放大操作
S(text="Settings").pinch_out()
```

12. 等待某个元素出现，直到其超时或消失

```
# 一直等到UI对象出现
s(text="Settings").wait(timeout=3.0)
# 一直等到UI对象消失
s(text="Settings").wait_gone(timeout=1.0)
```

13. 输入文本内容

```
s(text="Settings").send_keys('content')
s(text="Settings").set_text('content')
```

通过以上介绍，相信大家对 Python 中的 UI Automator 2 测试框架有了更深入的理解。从某个层面来说，UI Automator 2 相对于 Appium 更加轻量，运行和开发效率更高，功能也更加全面，故可优先考虑使用 UI Automator 2 来代替 Appium。

第9章

移动端云测试平台开发

本章导读

■由于目前市面上的移动设备越来越丰富，尤其以 Android 阵营为主，而由厂商进行了深度定制的系统更是不胜枚举，因此，在移动端的测试中，兼容性一直是业界痛点，不仅需要消耗大量的人力、财力和物力，还很难覆盖全面的终端设备。基于此，针对移动端开发一套符合企业自身需要的云测试平台便显得非常重要，其能将人力解放出来，使开发人员专注于测试脚本的设计开发，而将执行工作交给平台自动完成，实现其实践价值。

学习目标

（1）理解构建一套云测试平台的基本思路。

（2）理解云测试平台的核心功能及实现手段。

（3）熟练运用Python进行原生开发，开发一套云测试平台。

（4）能够基于企业实际需求，对云测试平台功能进行定制。

9.1 理解手机云测试平台

9.1.1 云测试平台

V9-1 云测试平台
基本思路

针对移动端应用程序的测试，在绝大多数情况下是为了解决应用程序的功能、可靠性和兼容性问题。所以，针对同一个应用程序，通常需要测试其在各品牌不同型号设备中的运行情况。这就产生了两个很难处理的问题：一是需要大量的测试人员，二是需要大量的测试设备。对于原生的应用更是如此，这也是现在大多数应用更倾向于混合应用的原因。正是基于这两个问题，不少企业看到了商机，推出了云测试平台，如图 9-1 所示。

图 9-1　云测试平台

目前，国内运营比较成功的云测试平台主要有 TestBird、TestIn、百度众测、腾讯微测等。通过云测试平台，可以解决移动应用测试中的两个问题：大量的人做重复的劳动，导致人员流失和人力成本增加；需要大量的设备，导致研发成本高和设备闲置。运用云测试平台是一个很好的商业模式，事实也证明，这些云测试平台和众测平台的确帮助研发企业节省了大量的成本。

但是，云测试平台也存在着一些问题，例如，研发企业对平台的运行不可控，对测试的完整度不可控，平台方对移动应用的业务流程不熟悉，对某些特殊场景的测试可能无法实施等，整个过程中会大量消耗沟通成本和时间成本，除非只做最简单的适配测试，如安装、启动、随机单击运行、卸载等。因此，很多企业采购了私有云测试平台，甚至开发了自己的云测试平台，将自有测试平台与公有测试平台相结合，自有测试平台配置少量最主流机型完成深度功能测试，利用公有测试平台完成针对大量机型的简单功能测试。

下面将主要介绍构建一个私有云测试平台的基本思路和核心代码，为大家提供一个可行的解决方案。

9.1.2 构建云测试平台的基本思路

其实，要构建一套手机云测试平台，其核心思路并不复杂。简单来说就是利用多线程技术，启动多个 Appium 服务器，每一个服务器与一台移动设备绑定，并执行相应的测试脚本即可。同样的原理，也可以利用多线程技术结合 UI Automator 2 框架来开发云测试平台。事实上，所有手机云测试平台的基本思路大致都是这样的，其难度往往在于易用性、稳定性、可靠性，而非实现本身。当然，其难度还体现在需要大量的移动设备，这是一笔不小的开支。

基于这样一套基本的思路，考虑到 Appium 目前的使用群体相对较大，下面来看看如何基于 Appium

框架构建一个云测试平台并做到完全的自动化，步骤如下。

（1）在一台设备上完成 Appium 测试脚本的开发和调试。这个过程前面的内容已经进行过详细的讲解，这里不再赘述。

（2）要实现一个云测试平台，需要多台移动设备，并且这些移动设备需要确保已经正常地连接了计算机。可以在 Python 中利用 subprocess 模块来执行 "adb devices" 命令，并通过输出信息获取这些设备的编号。

（3）获取到设备编号还不够，还需要知道设备的版本号，因为 Appium 的代码需要版本号。直接在 Python 中执行 "adb -s 设备编号 shell getprop ro.build.version.release" 命令即可获取到对应的设备的版本号。

（4）由于 Appium 服务器只能打开一个端口，和一台移动设备通信，所以要想同时操作多台设备，必须启动多个 Appium，并且每个 Appium 服务器必须使用不同的端口号。利用 Python 启动 Appium 是一件简单的事情，直接在 Python 中执行 "start /b appium -a 127.0.0.1 -p 端口号" 命令即可。但是同时需要启动多个线程，并且在启动某个端口之前，最好先用代码检测一下该端口是否已经被占用。如果该端口没有被占用，则直接使用；如果该端口已经被占用，则必须换一个端口。

（5）由于 Appium 服务器还需要与移动设备进行通信，所以需要为不同的设备指定不同的 Bootstrap 端口，操作方式与指定 Appium 服务器端口的方法基本一致，只是需要确保端口不产生冲突。

（6）当利用多线程启动多个 Appium 绑定多台设备后，如果该设备上没有安装被测试应用，则必须进行自动化安装，才能启动该应用。所以，为了保证后续测试的正确性，建议在启动应用程序后，对第一屏进行判断，如果正常则使测试脚本继续进行，如果第一屏不正常，则应该直接停止测试并记录错误信息，以便后续确认问题。

（7）由于是多台设备同时进行测试，单纯依赖于人来观察测试过程是比较困难的事情，所以一个云测试平台还应该有完善的日志记录，最好是利用文字加图片的方式记录每一个操作过程，并截图保存。如果能够在截图上标注本次执行过程是在哪个区域进行的或者由哪个对象进行的，那么将更加便于后续的问题分析。

（8）由于设备众多，难免会出现各种异常，所以在测试脚本中应该有一套异常处理机制。当出现异常后，必须捕获异常并记录其信息，同时使测试脚本在该台设备上停止运行。因为一旦发现异常，再继续进行测试时，基本上都是错误。

（9）当测试完成后，应该有一个全面的测试报告。例如，在什么时间、在哪台设备上执行哪个测试用例，结果是成功还是失败，如果是失败的，错误是什么，以方便后期对脚本的维护和对缺陷的分析。

（10）在云测试平台中，可以利用 Monkey 测试对应用进行快速的可靠性测试。进行 Monkey 测试的好处是操作随机，不需要专门开始测试脚本，不需要关注应用的操作逻辑。同时，只需要检查 Monkey 测试过程中是否包含几类常见的异常错误即可得出一个相对准确的测试结果，这不失为一个低成本的云测试解决方案。

当然，上述的实现思路和实现过程考虑得更多的是一个私有云测试平台的核心功能。在企业的实际应用中，必然会面临各种意外情况，这就要求及时维护平台，逐步完善功能，使之更加稳定。

9.2　Python 开发云测试平台

9.2.1　构建设备编号、版本号和通信端口

首先，要想获取设备编号，必须使用 "adb devices" 命令。如何利用 Python 代码来获取设备编号呢？其实，处理方式非常简单，使用 Python 的 subprocess 模块来执行该命令，并读取该命令的输出内容，根据其输出内容进行字符串处理即可。

V9-2　云测试平台
基础代码

```
import subprocess
devices = subprocess.check_output('adb devices').decode()
print(devices)
```

运行上述代码，可得到类似如下的输出结果。

```
List of devices attached
127.0.0.1:62025    device
127.0.0.1:62001    device
```

上述输出结果与在命令行窗口中看到的输出结果是一致的。现在的关键问题是，如何对这一段输出结果进行处理，获得需要的两个设备编号 127.0.0.1:62025 和 127.0.0.1:62001。其实，可以把这一段输出当作一个字符串，换行符使用的是\r\n，利用 strip()方法去除字符串前后的换行符后，调用字符串方法 split()将其拆分为字符串数组，这样可以得到诸如 127.0.0.1:62025 device 的字符串，利用 split()方法按制表符\t 进行拆分，即可获得需要的设备编号。其实现代码如下。

```
devices = subprocess.check_output(
        'adb devices').decode().strip().split("\r\n")
for i in range(1, len(devices)):
    udid = devices[i].split("\t")[0]
    print(udid)
```

其次，当获取到设备编号时，可以执行"adb –s 设备编号 shell getprop ro.build.version. release"命令获取到该设备对应的版本号，并对\r 和\n 进行替换即可，代码如下。

```
version = subprocess.check_output("adb -s " + udid + " shell getprop ro.build.
version.release").decode().strip()
```

再次，由于云测试平台需要和不同的终端设备同时进行通信，所以必须要有不同的端口，即需要在不同的设备上绑定不同的端口，且必须确保该端口没有被其他进程所占用。下述代码演示了如何对端口是否已被占用进行判断。

```
import socket

def check_port(port):
    s = socket.socket(socket.AF_INET,socket.SOCK_STREAM)
    try:
        s.connect(("127.0.0.1", port))
        s.shutdown(socket.SHUT_RDWR)
        return True
    except:
        return False
```

最后，将需要的设备编号、通信端口、Bootstrap 端口和对应的版本号保存在一个列表中供后续代码使用。最终的代码如下。

```
import subprocess
import socket


class AppiumCloud:
    def __init__(self):
        pass

    # 通过一个List对象构建一个设备列表，包含设备编号、版本号、端口号
    def build_device(self):
        list = []
        port = 5000
        bpport = 8000
        devices = subprocess.check_output('adb devices')
                .decode().strip().split("\r\n")
        for i in range(1, len(devices)):
            udid = devices[i].split("\t")[0]
```

```
            if udid != '':
                version = subprocess.check_output("adb -s " + udid +
                        " shell getprop ro.build.version.release")
                        .decode().strip()
                port = self.find_port(port)
                bpport = self.find_port(bpport)
                # 将字符串拼接后添加到一个列表对象中, 供后续代码取用
                list.append(udid + "##" + version + "##" + str(port) +
                        "##" + str(bpport))
                bpport += 1
                port += 1
        return list

    # 以形参作为起始端口, 查找一个可用的端口
    def find_port(self, port):
        while True:
            if self.check_port(port):
                port += 1
            else:
                break
        return port

    # 检查端口是否被占用: True表示被占用, False表示未被占用
    def check_port(self, port):
        s = socket.socket(socket.AF_INET,socket.SOCK_STREAM)
        try:
            s.connect(("127.0.0.1", port))
            s.shutdown(2)
            return True
        except:
            return False

# 进行简单的测试调用
if __name__ == '__main__':
    ac = AppiumCloud()
    devices = ac.build_device()
    print(devices)
```

运行上述代码后, 可能的输出结果如下, 功能得以实现。

```
['127.0.0.1:62027##5.1.1##5000##8000', '127.0.0.1:62025##5.1.1##5001##8001','127.0.0.
1:62001##4.4.2##5002##8002']
```

9.2.2 利用多线程启动 Appium

首先, 根据列表对象拆分设备信息, 完成启动 Appium 的核心代码, 并将该方法置于 AppiumCloud 类中。

```
def start_appium(self, udid, version, port, bpport):
cmd = "start /b appium -a 127.0.0.1 -p %s -bp %s --udid %s
        --platform-version %s" % (port, bpport, udid, version)
    print(cmd)
    os.system(cmd)
    time.sleep(10)

    # 直接调用测试脚本(见后面的测试脚本类OneStrokeTest)
    ost = OneStrokeTest()
    ost.start_test(udid, version, port)
```

其次，利用多线程技术，完成对多台设备的启动。整体 AppiumCloud 类的代码如下。

```python
import subprocess
import socket
import os
import threading
import time
from autotest.onestroketest import OneStrokeTest


class AppiumCloud:
def __init__(self):
    pass

    # 通过一个List对象构建一个设备列表，包含设备编号、版本号、端口号
    def build_device(self):    # 此方法代码略，上述内容中已经存在

    # 以形参作为起始端口，查找一个可用的端口
    def find_port(self, port):    # 此方法代码略，上述内容中已经存在

    # 检查端口是否被占用：True表示被占用，False表示未被占用
    def check_port(self, port):    # 此方法代码略，上述内容中已经存在

    # 根据设备编号、端口号等信息启动Appium
    def start_appium(self, udid, version, port, bpport):    # 此方法代码略

# 利用多线程进行简单的测试调用
if __name__ == '__main__':
    ac = AppiumCloud()
    devices = ac.build_device()
    threads = []
    for i in range(len(devices)):
        device_info = devices[i].split("##")
        udid = device_info[0]
        version = device_info[1]
        port = device_info[2]
        bpport = device_info[3]
        thread = threading.Thread(target=ac.start_appium, args=(
                udid, version, port, bpport))
        threads.append(thread)

    for t in threads:
        t.setDaemon(True)
        t.start()
    t.join()

    print("############# 整体测试完成 ###############")
```

上述代码已经基本完成了一个云测试平台的关键技术实现：利用多线程技术同时启动多个 Appium 服务器，并且每个服务器绑定一个终端设备。下面的工作是调用测试脚本。

9.2.3 完成测试脚本开发

测试脚本的开发对于云测试平台来说和单机的测试没有任何区别，正常地复制之前开发的"一笔记账"测试脚本并置于 OneStrokeTest 类中即可。一个基本可用的云测试平台的核心代码如下。

```python
import time
from appium import webdriver
```

```python
import os

class OneStrokeTest:
    def __init__(self):
        self.driver = None
        self.desired_caps = {}

    # 测试脚本
    def start_test(self, udid, version, port):
        self.desired_caps = {}
        self.desired_caps['platformName'] = 'Android'
        self.desired_caps['platformVersion'] = version
        self.desired_caps['deviceName'] = 'Appium'
        self.desired_caps['unicodeKeyboard'] = 'True'
        self.desired_caps['noReset'] = 'False'
        self.desired_caps['appPackage'] = 'com.mobivans.onestrokecharge'
        self.desired_caps['appActivity'] = 'com.stub.stub01.Stub01'
        self.desired_caps['udid'] = udid

        app_path = os.path.abspath('.') + '\\yibijizhang.apk'
        self.desired_caps['app'] = app_path

        self.driver = webdriver.Remote('http://127.0.0.1:'+port+'/wd/hub',
                        self.desired_caps)
        time.sleep(10)
        self.driver.find_element_by_name("记一笔").click()
        self.driver.find_element_by_id("add_txt_Pay").click()
        self.driver.find_element_by_name("书籍").click()
        self.driver.find_element_by_id("add_et_remark")
                    .send_keys(u'购买自动化测试教材')
        self.driver.find_element_by_id("keyb_btn_5").click()
        self.driver.find_element_by_id("keyb_btn_6").click()
        self.driver.find_element_by_id("keyb_btn_finish").click()
        time.sleep(3)

        self.driver.tap([(360, 600)], 10)      # 在空白处单击以取消删除提示

        # 由于账目列表中存在多条账目的内容, 所以此处断言需要使用复数形式来获取一个元素列表
        list_remark = \
            self.driver.find_elements_by_id("account_item_txt_remark")
        list_money = \
            self.driver.find_elements_by_id("account_item_txt_money")
        if (list_remark[0].text == "购买自动化测试教材" and
                list_money[0].text == "-56"):
            print("测试成功.")
        else:
            print("测试失败.")

        self.driver.quit()
```

启动两台或多台模拟器设备或真机设备, 运行上述代码, 可以看到多台设备上均在同步执行测试脚本, 并完成指定的测试步骤。整个云测试平台的雏形已经形成, 图 9-2 展示了两台模拟器设备正在同时进行测试的情形。

图 9-2　两台模拟器设备正在同时进行测试的情形

9.2.4　完善云测试平台基础功能

V9-3　云测试平台
最终代码

上述代码只是展示了一个云测试平台最基本的功能，距大规模应用还有差距，需要继续完善。例如，以下几个方面的功能完善是很有必要的。

1. 日志输出

上述代码并没有处理 Appium 的日志输出，而是将多个 Appium 服务器的日志输出全部输出到了 PyCharm 的控制台，非常不便于查看不同设备的日志输出和跟踪测试过程中的问题。所以需要将不同 Appium 服务器的日志输出到不同的文件中，最好在日志输出中加上时间戳，并将日志级别设置为 info，只记录有用的日志信息。这个功能通过修改启动 Appium 的命令参数即可完成，启动命令如下。

```python
def start_appium(self, udid, version, port, bpport):
    # 指定Appium的运行日志文件保存在当前项目包的report目录中
    log_file = os.path.abspath('.') + '\\report\\' +
               udid.replace(":", ".") + ".log"
    cmd = "start /b appium -a 127.0.0.1 -p %s -bp %s --udid %s
        --platform-version %s --log %s --log-level info --log-timestamp"
        % (port, bpport, udid, version, log_file)
    print(cmd)
    os.system(cmd)
    time.sleep(10)

    # 直接调用测试脚本(见后面的测试脚本类OneStrokeTest)
    ost = OneStrokeTest()
    ost.start_test(udid, version, port)
```

修改启动命令后，其启动命令的输出内容类似下面内容。

```
start /b appium -a 127.0.0.1 -p 5000 -bp 8000 --udid 127.0.0.1:62025 --platform-version
5.1.1 --log D:\Workspace\pythonworkspace\HelloPython\autotest\report\127.0.0.1.62025.
log --log-level info --log-timestamp
```

2. 停止 Appium 服务器

每一次执行完成测试脚本后，都应该停止 Appium 服务器，释放内存资源和所占用的端口，以供下次执行测试时使用。通过任务管理器查看 PID 进程信息，结合 "netstat-ano" 命令结果可知，上述代码运行结束后，Appium 服务器并不会结束，且进程 node.exe 将一直存在，下一次启动时将会继续启动新的服务器，这样非常浪费资源。所以，应该在每次结束测试执行后，调用 Windows 结束进程的命令 "taskkill" 关闭 node.exe 进程，可以使用如下代码进行实现。

```python
if __name__ == '__main__':
    os.system("taskkill /IM node.exe /F")         # 开始前先关闭可能存在的进程
    #### 此处的代码略 ####
    os.system("taskkill /IM node.exe /F")         # 整体测试完成之后继续关闭
```

3. 异常处理

测试脚本在执行过程中很容易出现各种未知异常，如对象无法识别、应用程序崩溃、版本不兼容、界面不按预期跳转等各种情况。所以，自动化测试脚本在处理异常情况时，必须考虑到各种可能性。通常情况下，有以下 3 种处理异常的手段。

（1）使用 try...except 进行异常捕获和处理。

（2）对于关键步骤、界面跳转操作等，进行预判断，前置条件正常的情况下再继续往后执行。

（3）遇到异常情况时，截图保存现场信息。

下面的代码片段展示了对于"一笔记账"的异常处理方法。

```python
try:
    self.driver.find_element_by_name("记一笔").click()
    self.driver.find_element_by_id("add_txt_Pay").click()
    self.driver.find_element_by_name("书籍").click()
    self.driver.find_element_by_id("add_et_remark")
                .send_keys(u'购买自动化测试教材')
    self.driver.find_element_by_id("keyb_btn_5").click()
    self.driver.find_element_by_id("keyb_btn_6").click()
    self.driver.find_element_by_id("keyb_btn_finish").click()
    time.sleep(2)

    # 由于账目列表中存在多条账目的内容，所以此处断言需要使用复数形式来获取一个元素列表
    list_remark = self.driver.find_elements_by_id("account_item_txt_remark")
    list_money = self.driver.find_elements_by_id("account_item_txt_money")
    if (list_remark[0].text == "购买自动化测试教材"
            and list_money[0].text == "-56"):
        print("测试成功.")
    else:
        print("测试失败.")
except Exception as e:
    # 遇到异常情况时截图保留现场
    nowtime = time.strftime("%Y%m%d_%H%M%S", time.localtime(time.time()))
    screenshot = os.path.abspath('.') + '\\report\\' + nowtime + '.png'
    self.driver.get_screenshot_as_file(screenshot)
    print("此处存在异常情况: " + str(e))
finally:
    self.driver.quit()
```

当然，上述处理异常的手段比较简单直接，与业务的结合度也不高，但是很通用。另外，很多时候

需要判断某些元素是否存在，若存在，则继续进行操作，这样可以避免很多无谓的异常出现。以下代码演示了如何构建一个方法，给定一个超时时间，在该时间内，如果找不到对应的元素，就继续查找，直到超时为止。

```
def check_element_by_id(self, driver, id):
    loop = 1
    while loop <= 20:
        try:
            driver.find_element_by_id(id)
            return True
        except:
            print("正在第 %d 次寻找元素 %s" % (loop, id))
            time.sleep(1)
            loop += 1
    return False
```

除了使用 ID 作为元素识别特征外，也可以继续封装 Name、XPath、Accessibility ID 等特征来检查某个指定的元素是否已经存在。

4．支撑多台设备

对于一个云测试平台来说，需要有大量的移动设备，而一台计算机的 USB 接口只有几个，是无法同时连接大量设备的。所以，需要借助 USB Hub 硬件设备，在同一台计算机上连接更多的移动设备。通常的 USB Hub 有 20 口、30 口或更多，并提供独立的电源供电。图 9-3 所示为目前流行的 USB Hub 硬件设备。

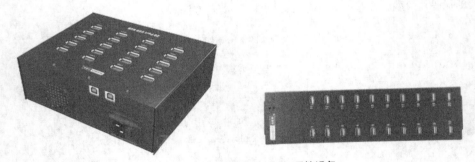

图 9-3　目前流行的 USB Hub 硬件设备

9.3　Python 自动生成测试报告

V9-4　云测试平台
HTML 测试报告

毫无疑问，无论是持续集成，还是单机测试，或者是云测试，最终必须形成一个有效的测试报告，以便更准确地掌握测试执行过程的情况。对于云测试平台，更是如此。生成测试报告的方法非常多，例如，后面会介绍的基于 Excel 的测试报告，或者基于数据库数据结合 HTML 模板生成的 HTML 报告等。本节主要介绍如何利用数据库，结合 HTML 页面生成一个可视化的测试报告。该测试报告的生成方式不仅适用于移动端测试，也适用于 PC 端测试，且对于 GUI 自动化测试、接口测试、性能测试等同样适用。

9.3.1　需要什么样的测试报告

测试报告的生成本身并不难，在最简单的情况下，可以直接输出内容到一个文本文件中，将测试过程中的断言结果记录下来即可。但是文本文件可读性较差，且不易跟踪记录，在遇到一些异常情况时，只能看到其文本内容，无法比较直观地看到测试当时的具体情况。通常情况下，一个好的测试报告应该具备以下特点。

（1）可读性强，容易看出问题所在。

（2）可以保存测试现场的截图，以便于跟踪异常。

（3）可以保存每一轮测试的测试结果，以便于回溯。

（4）可以针对每一个测试进行断言，保存其详细信息，如运行时间、用例编号、用例描述、测试结果、异常信息、错误截图等。

（5）测试报告应该对接口测试、GUI 测试、各类平台等进行统一管理。

（6）最好将测试结果保存在数据库中而不是文件中，以便于后续的查询跟踪。

9.3.2 测试报告的实现思路

（1）定义测试报告要收集的信息，通常需要的信息如下：被测版本、所属模块、用例编号、用例描述、测试结果、运行时间、异常信息、错误截图。

（2）将收集到的测试结果通过 PDBC 保存到数据库中。

（3）若想保存异常过程中的截图，则可以在某个固定的文件中根据当前日期生成一个新的目录，并将截图命名为当前时间；在数据库中只需要保存其文件路径即可。

（4）当测试执行完成后，直接从数据库中读取本次测试结果，并将其填充到一个 HTML 文件中。当然，前提是对 HTML 基本格式和样式有所了解。

（5）只要测试结果已经保存到数据库中，是否生成 HTML 测试报告就不是最重要的了。但是为了使可读性更强，及时掌握测试情况，编者仍然建议生成一份 HTML 报告。

（6）需要特别注意的是，代码执行过程中难免会有异常。此时，不应该单纯地将异常信息输出到命令行窗口中，而应该将其作为异常信息保存到数据库中。

9.3.3 构建测试报告数据表

1. 创建测试报告表

安装并启动 MySQL 数据库，利用 Navicat 或 MySQL 自带的 Workbench 工具连接到 MySQL 数据库，创建一个 UTF-8 编码的数据库。若不了解 MySQL 的操作，则可通过蜗牛学院在线课堂学习在线课程以了解更多细节。图 9-4 展示了如何利用 Navicat 创建一个名为 test 的数据库。

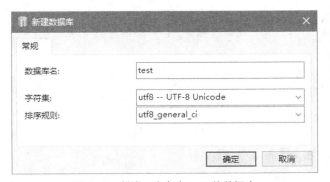

图 9-4　创建一个名为 test 的数据库

当完成数据库的创建后，创建名为 report 的表，如图 9-5 所示。

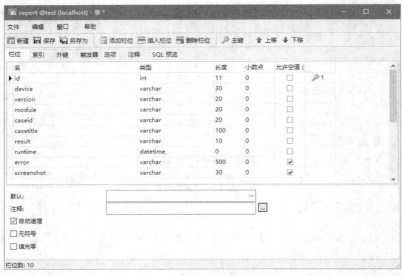

图 9-5　创建名为 report 的表

2. 利用 PDBC 写测试报告

当利用数据库保存结果后，需要完成一个方法，用于向数据表中写入测试结果，并在每次执行一个测试用例时调用，代码如下。

```
def write_report(self, device, version, module, caseid, casetitle,
                 result, error, screenshot):
    conn = pymysql.connect(user='root', passwd='123456',
                 host='localhost', db='test', charset='utf8')
    cursor = conn.cursor()
    runtime = time.strftime("%Y-%m-%d %H:%M:%S", time.localtime(time.time()))
    sql = "insert into report(device, version, module, caseid, casetitle,
        result, runtime, error, screenshot) values('%s', '%s', '%s',
        '%s', '%s', '%s', '%s', '%s', '%s')" % (device, module, caseid,
        casetitle, result, runtime, error, screenshot)
    cursor.execute(sql)
    conn.commit()
    cursor.close()
    conn.close()
```

3. 对当前界面进行截图

当测试脚本在执行过程中遇到错误时，通过截图更好地还原测试现场是非常有必要的。以下代码对截图操作进行了简单的处理，以方便后续测试脚本调用。

```
def capture_screen(self, driver):
    nowtime = time.strftime("%Y%m%d_%H%M%S", time.localtime(time.time()))
    screenshot = os.path.abspath('.') + '\\report\\' + nowtime + '.png'
    driver.get_screenshot_as_file(screenshot)
    return nowtime + '.png'     # 返回截图的文件名
```

9.3.4　构建测试报告 HTML 模板

1. 定义一个 HTML 报告模板

当生成一份 HTML 报告时，除了将数据库中保存的测试用例结果列成表格之外，还应该提供一些更加人性化的汇总数据。例如，某一次执行过程的总的运行时间，成功、失败、错误、忽略等类型的测试结果的汇总情况等。如果出现错误，应该在报告中提供一个超链接，用于查看错误截图等。

所以，在生成一份测试报告之前，应该先定义一个 HTML 报告的模板，将其命名为 sample.html，并保存在项目的 report 目录中，其 HTML 代码如下。

```html
<!DOCTYPE html>
<html>
<head>
    <meta charset="UTF-8">
    <title>蜗牛学院测试报告模板</title>
</head>
<body style="margin-top: 20px; font-family: '微软雅黑';">
<table border="1" cellspacing="0" cellpadding="5"
    width="95%" align="center">
    <tr bgcolor="bisque" style="font-size: 30px;">
        <td height="60" colspan="5">蜗牛学院-自动化测试报告：2018-06-30</td>
    </tr>
    <tr style="font-size: 20px;">
        <td width="20%">被测版本：1.0.1</td>
        <td width="15%">成功：5个</td>
        <td width="15%">失败：1个</td>
        <td width="15%">错误：3个</td>
        <td width="35%">最后时间：2018-06-30 15:30:27</td>
    </tr>
</table>
<p/>
<table border="1" cellspacing="0" cellpadding="5"
    width="95%" align="center">
    <tr height="40" bgcolor="darkseagreen">
        <td width="7%">记录编号</td>
        <td width="10%">所属设备</td>
        <td width="9%">所属模块</td>
        <td width="7%">用例编号</td>
        <td width="20%">用例描述</td>
        <td width="7%">测试结果</td>
        <td width="15%">运行时间</td>
        <td width="15%">错误消息</td>
        <td width="10%">现场截图</td>
    </tr>
    <tr height="40">
        <td width="7%">1</td>
        <td width="10%">HuaWei</td>
        <td width="9%">记一笔</td>
        <td width="7%">TC-001</td>
        <td width="20%">一笔记账的正常新增功能</td>
        <td width="7%" bgcolor="lightgreen">成功</td>
        <td width="15%">2018-06-30 13:52:10</td>
        <td width="15%">无</td>
        <td width="10%">无</td>
    </tr>
    <tr height="40">
        <td width="7%">2</td>
        <td width="10%">HuaWei</td>
        <td width="9%">记一笔</td>
        <td width="7%">TC-002</td>
        <td width="20%">一笔记账的正常删除功能</td>
        <td width="7%" bgcolor="red">失败</td>
        <td width="15%">2018-06-30 13:53:30</td>
```

```
        <td width="15%">断言失败</td>
        <td width="10%"><a href="screenshot1.png">查看截图</a></td>
    </tr>
    <tr height="40">
        <td width="7%">3</td>
        <td width="10%">XiaoMi</td>
        <td width="9%">报表</td>
        <td width="7%">TC-003</td>
        <td width="20%">一笔记账的报表生成功能</td>
        <td width="7%" bgcolor="yellow">错误</td>
        <td width="15%">2018-06-30 13:55:45</td>
        <td width="15%">[Errno 2] No such file or directory:
                       'D:\\Test2.txt'</td>
        <td width="10%"><a href="screenshot1.png">查看截图</a></td>
    </tr>
</table>
</body>
</html>
```

如果大家对 HTML 的语法规则不是很了解，则可以参考蜗牛学院在线课堂，观看在线视频并了解更多
细节，本书不再单独讲解。上述 HTML 代码在浏览器中打开后，自动生成的测试报告如图 9-6 所示。

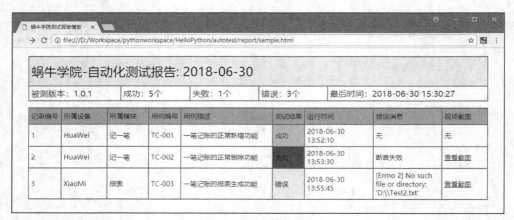

图 9-6　自动生成的测试报告

2. 生成 HTML 报告模板

针对 HTML 报告的模板，这里只是为大家写了几条测试结果作为参考，使用时必须基于该模板进行
重新处理，使其变为一个真正的模板，以便后续通过数据库查询出测试结果后为其填充真实的内容。所
以，在此主要通过定义特殊可识别的变量来进行模板化处理，以$variable 的形式定义，并将该模板文件
保存到项目根目录的 report\template.html 文件中，便于后续读取该模板文件并替换其中的值以生成真
正的报告。模板文件定义如下。

```
<!DOCTYPE html>
<html>
<head>
    <meta charset="UTF-8">
    <title>测试报告</title>
</head>
<body style="margin-top: 20px; font-family: '微软雅黑';">
<table border="1" cellspacing="0" cellpadding="5"
    width="95%" align="center">
    <tr bgcolor="bisque" style="font-size: 30px;">
```

```
        <td height="60" colspan="5">蜗牛学院-自动化测试报告：$test-date</td>
    </tr>
    <tr style="font-size: 20px;">
        <td width="20%">被测版本：$test-version</td>
        <td width="15%">成功：$pass-count 个</td>
        <td width="15%">失败：$fail-count 个</td>
        <td width="15%">错误：$error-count 个</td>
        <td width="35%">最后时间：$last-time</td>
    </tr>
</table>
<p/>
<table border="1" cellspacing="0" cellpadding="5"
    width="95%" align="center">
    <tr height="40" bgcolor="darkseagreen">
        <td width="7%">记录编号</td>
        <td width="10%">设备编号</td>
        <td width="9%">所属模块</td>
        <td width="7%">用例编号</td>
        <td width="20%">用例描述</td>
        <td width="7%">测试结果</td>
        <td width="15%">运行时间</td>
        <td width="15%">错误消息</td>
        <td width="10%">现场截图</td>
    </tr>
    <!-- 此处只需要定义一个变量，用于循环代替即可 -->
    $test-result
</table>
</body>
</html>
```

运行上述代码后，生成的测试报告模板如图 9-7 所示。

图 9-7 生成的测试报告模板

3. 根据数据表生成 HTML 测试报告

当数据库中已经存在数据，并且 HTML 模板已经编写完成后，接下来的重点工作就是从数据库中读取相应版本的测试结果，并填充到 HTML 模板文件中的对应位置，以生成本次测试的最终报告。其代码及注释如下。

```
def generate_html(self, version):
    conn = pymysql.connect(user='root', passwd='123456',
            host='localhost', db='test', charset='utf8')
    cursor = conn.cursor()
    sql = "select * from report where version = '%s'" % version
    cursor.execute(sql)
    results = cursor.fetchall()
```

```python
if len(results) == 0:
 # print(u"提示：本次测试过程，没有测试结果产生.")
 return

# 打开模板文件并读取内容
tempate_path = os.path.abspath('.') + '\\report\\template.html'
tempate = open(template_path, mode='r', encoding='UTF-8')
content = tempate.read()

# 获得版本信息并替换模板变量
version = results[0][2]  # 第1条记录的第3个字段即为version
content = content.replace("$test-version", version)

# 构建一个基础的SQL语句，用于统计用例的数量
sql_base = "select count(*) from report where version="

# 统计成功的数量并替换模板变量
sql_pass = sql_base + "'%s' and result='成功'" % version
cursor.execute(sql_pass)
pass_count = cursor.fetchone()[0]
content = content.replace("$pass-count", str(pass_count))

# 统计失败的数量并替换模板变量
sql_fail = sql_base + "'%s' and result='失败'" % version
cursor.execute(sql_fail)
fail_count = cursor.fetchone()[0]
content = content.replace("$fail-count", str(fail_count))

# 统计错误的数量并替换模板变量
sql_error = sql_base + "'%s' and result='错误'" % version
cursor.execute(sql_error)
error_count = cursor.fetchone()[0]
content = content.replace("$error-count", str(error_count))

# 获得最后一个用例的执行时间并替换模板变量
sql_last = "select runtime from report where version='%s' order by id desc limit 0,1" %
version
cursor.execute(sql_last)
last_time = cursor.fetchone()[0]
content = content.replace("$last-time", str(last_time))

content = content.replace("$test-date", str(last_time))

# 获得所有执行结果数据并替换模板变量$test-result
test_result = ""

# 循环遍历每一条结果记录，并最终生成HTML源码
for record in results:
    test_result += "<tr height='40'>"
    test_result += "<td width='7%'>" + str(record[0]) + "</td>"

    # 单击设备编号，可链接到该设备对应的Appium运行日志
    log_file = record[1].replace(":",".") + ".log"
    test_result += "<td width='10%'><a href='" + log_file + "'>" +
```

```
                  record[1] + "</a></td>"

        test_result += "<td width='9%'>" + record[3] + "</td>"
        test_result += "<td width='7%'>" + record[4] + "</td>"
        test_result += "<td width='20%'>" + record[5] + "</td>"

        # 根据不同的测试结果生成不同的颜色
        if record[6] == '成功':
            test_result += "<td width='7%' bgcolor='lightgreen'>" +
                               record[6] + "</td>"
        elif record[6] == '失败':
            test_result += "<td width='7%' bgcolor='red'>" + record[6] + "</td>"
        elif record[6] == '错误':
            test_result += "<td width='7%' bgcolor='yellow'>" +
                               record[6] + "</td>"

        test_result += "<td width='15%'>" + str(record[7]) + "</td>"
        test_result += "<td width='15%'>" + record[8] + "</td>"

        # 如果存在截图，则直接链接到该图片
        if record[9] == '无':
            test_result += "<td width='10%'>" + record[9] + "</td>"
        else:
            test_result += "<td width='10%'><a href='" + record[9] + "'>"
                           + record[9] + "</a></td>"

        test_result += "</tr>\r\n"

    content = content.replace("$test-result", test_result)

    # 将最终测试报告写入report目录的文件中
    nowtime = time.strftime("%Y%m%d_%H%M%S", time.localtime(time.time()))
    report_path = os.path.abspath('.') + '\\report\\' + nowtime + '.html'
    report = open(report_path, mode='w', encoding='utf8')
    report.write(content)

    # 关闭相应的文件和数据库连接
    report.close()
    cursor.close()
    conn.close()
```

运行上述代码，最终的自动化测试报告如图 9-8 所示。

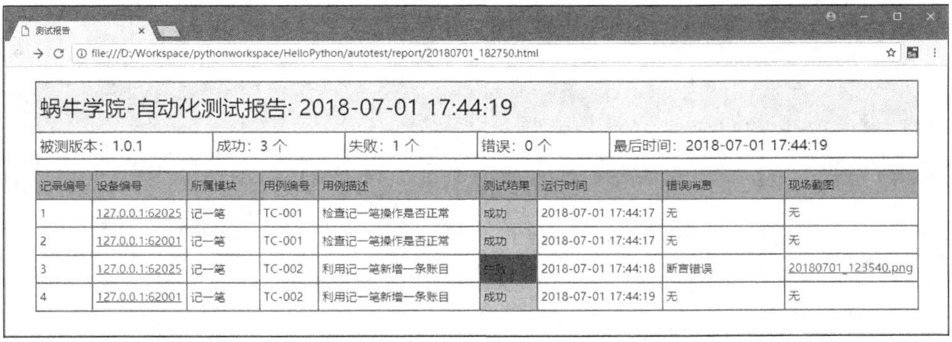

蜗牛学院-自动化测试报告: 2018-07-01 17:44:19

被测版本：1.0.1	成功：3 个	失败：1 个	错误：0 个	最后时间：2018-07-01 17:44:19

记录编号	设备编号	所属模块	用例编号	用例描述	测试结果	运行时间	错误消息	现场截图
1	127.0.0.1:62025	记一笔	TC-001	检查记一笔操作是否正常	成功	2018-07-01 17:44:17	无	无
2	127.0.0.1:62001	记一笔	TC-001	检查记一笔操作是否正常	成功	2018-07-01 17:44:17	无	无
3	127.0.0.1:62025	记一笔	TC-002	利用记一笔新增一条账目	失败	2018-07-01 17:44:18	断言错误	20180701_123540.png
4	127.0.0.1:62001	记一笔	TC-002	利用记一笔新增一条账目	成功	2018-07-01 17:44:19	无	无

图 9-8　最终的自动化测试报告

9.3.5　在测试脚本中生成测试数据

当完成了 write_report、capture_screen 和 generate_html 核心的方法后，可以新建一个类，将其命名为 AppiumReporter，并将上述方法置于该类中供其他测试脚本调用。下面来看看如何在"一笔记账"的测试脚本中对其进行调用。

```python
def start_test(self, udid, version, port):
    test_version = "1.0.1"
    reporter = AppiumReporter()

    self.desired_caps['platformName'] = 'Android'
    self.desired_caps['platformVersion'] = version
    self.desired_caps['deviceName'] = 'Appium'
    self.desired_caps['unicodeKeyboard'] = 'True'
    self.desired_caps['noReset'] = 'False'
    self.desired_caps['appPackage'] = 'com.mobivans.onestrokecharge'
    self.desired_caps['appActivity'] = 'com.stub.stub01.Stub01'
    self.desired_caps['udid'] = udid

    app_path = os.path.abspath('.') + '\\yibijizhang.apk'
    self.desired_caps['app'] = app_path

self.driver = webdriver.Remote('http://127.0.0.1:' + port +
            '/wd/hub', self.desired_caps)
    time.sleep(10)

    try:
        self.driver.find_element_by_name("记一笔").click()
        self.driver.find_element_by_id("add_txt_Pay").click()
        self.driver.find_element_by_name("书籍").click()
        self.driver.find_element_by_id("add_et_remark")
                .send_keys(u'购买自动化测试教材')
        self.driver.find_element_by_id("keyb_btn_5").click()
        self.driver.find_element_by_id("keyb_btn_6").click()
        self.driver.find_element_by_id("keyb_btn_finish").click()
        time.sleep(3)

        reporter.write_report(device=udid, version=test_version,
                        module="记一笔",caseid="TC-001",
                        casetitle="检查记一笔操作是否正常",
                            result="成功", error="无", screenshot="无")

    except Exception as e:
        reporter.write_report(device=udid, version=test_version,
                        module="记一笔", caseid="TC-001",
                        casetitle="检查记一笔按钮是否存在",
                            result="错误", error=str(e)[0:498],
screenshot=reporter.capture_screen(self.driver))

        self.driver.tap([[(360, 600)], 10)      # 在空白处单击以取消删除提示

        # 由于账目列表中存在多条账目的内容，所以此处断言需要使用复数形式来获取一个元素列表
        list_remark = self.driver.find_elements_by_id("account_item_txt_remark")
        list_money = self.driver.find_elements_by_id("account_item_txt_money")
        if (list_remark[0].text == "购买自动化测试教材" and
                            list_money[0].text == "-56"):
            reporter.write_report(device=udid, version=test_version,
```

```
                              module="记一笔", caseid="TC-002",
                              casetitle="利用记一笔新增一条账目",
                                   result="成功", error="无", screenshot="无")
        else:
            reporter.write_report(device=udid, version=test_version,
                              module="记一笔", caseid="TC-001",
                              casetitle="检查记一笔按钮是否存在",
                                   result="失败", error="断言失败",
screenshot=reporter.capture_screen(self.driver))

        self.driver.quit()
```

同时，重构 AppiumCloud 类中的调用方法，在整体测试执行完毕后，生成一次测试报告。

```
if __name__ == '__main__':
    os.system("taskkill /IM node.exe /F")
    ac = AppiumCloud()
    devices = ac.build_device()
    print(devices)
    threads = []
    for i in range(len(devices)):
        device_info = devices[i].split("##")
        udid = device_info[0]
        version = device_info[1]
        port = device_info[2]
        bpport = device_info[3]
        thread = threading.Thread(target=ac.start_appium,
                            args=(udid, version, port, bpport))
        threads.append(thread)

    for t in threads:
        t.setDaemon(True)
        t.start()
    t.join()

    print("############# 整体测试完成 ###############")
    # # 最终生成HTML测试报告
    AppiumReporter().generate_html(version='1.0.1')

    time.sleep(40)
    os.system("taskkill /IM node.exe /F")
```

9.3.6 云测试平台建议

通过上述的原理剖析与代码实现，已经实现了一个基本可用的企业内部的私有云测试平台。大家完全可以按照本书所示的思路和代码自己去实践，并在实际应用过程中逐渐完善私有云测试平台。

但是，如果需要一个大型且复杂的云测试平台，并且考虑将其商业化，则需要考虑的问题就远远不止这些了，还需要考虑各种场景和特殊操作。例如，需要考虑应用程序的各种可能的操作，而不是简单的单击和输入；或者为用户提供一个易用的测试管理环境，方便管理测试用例和测试结果；最好能够提供使用户更加容易理解的图形化报表等。当然，一个稳定的云测试平台应能够支持各种型号的设备，以及更加方便地对手机进行维护，如批量安装应用程序、批量卸载等。

如果要构建一个规模庞大的测试平台，则建议使用移动操作系统提供的原生接口，如 Android 中的 UI Automator 2 和 iOS 中的 UI Automation，并结合图像识别和坐标操作共同完成测试脚本开发的工作，不建议借助于进行过二次封装的 Appium。Appium 的版本更新速度较快，很多接口会发生变化，且有很多不稳定因素，兼容性方面也存在诸多问题。对于一套大型的系统来说，减少对其他框架的依赖，而尽量使用最原生的方式来构建，相对是更容易达到稳定状态的，且对平台进行优化的过程也将更加从容、可控。

事实上，如果真的需要商业化，构建一套大型的云测试平台在技术上是完全可行的。但是要达到良好的用户可用性和系统的稳定性，还是一个漫长的过程。由于目前国内已经有比较成熟的厂商专门负责此事，因此建议大家更多地考虑面向自己企业内部的私有测试平台的开发。

9.4 基于云测试平台的 Monkey 测试

其实，除了在云测试平台上进行有针对性的功能测试外，进行更加高效的、与业务操作无关的 Monkey 测试也是非常有价值的，尤其是在快速兼容性验证层面。前面的章节中已经为大家讲解了如何利用 Python 开发 Monkey 测试脚本，或者使用 ADB 的 Monkey 命令完成 Monkey 测试，故本节只需要理解如何将 Monkey 测试整合到云测试平台中即可。

首先，利用 ADB 的 Monkey 命令进行测试时，将不再需要 Appium，所以上述云测试平台的代码中关于启动或操作 Appium 的内容可以完全不用，只需要获取到设备列表信息和需要测试的应用程序主包名即可开展基础的 Monkey 测试。

其次，Monkey 测试的日志输出对判断结果是非常有价值的，所以应该保存起来。同时，Monkey 测试中几个错误信息的关键字应该进行过滤并作为一个断言结果记录到测试报告中供测试人员参考。

下面来看具体基于云测试平台的 Monkey 测试的代码实现。

```python
import subprocess
import os
import threading
import time

class MonkeyCloud:
    def __init__(self):
        pass

    # 通过一个List对象构建一个设备列表
    def build_device(self):
        list = []
        devices = subprocess.check_output('adb devices')
                    .decode().strip().split("\r\n")
        for i in range(1, len(devices)):
            udid = devices[i].split("\t")[0]
            if udid != '':
                list.append(udid)
        return list

    # 调用Monkey命令进行测试
    def start_monkey(self, udid, package, count):
        cmd = "adb -s %s shell monkey -p %s %d" % (udid, package, count)
        monkey_log = subprocess.check_output(cmd)

        # 将日志信息写入到文件中
        log_file = os.path.abspath('.') + '\\report\\monkey_' +
                    udid.replace(":",".") + '.log'
        report = open(log_file, mode='w', encoding='utf8')

        # 将Monkey日志按照\r\r\n拆分为列表，并按行写入到文件中
        monkey_list = str(monkey_log).split("\\r\\r\\n")
        for line in monkey_list:
            report.writelines(line + "\r\n")
        report.close()
```

```python
        time.sleep(5)

        # 关闭应用程序并输出结果
        os.system("adb -s %s shell am force-stop %s" % (udid, package))
        self.print_result(udid)

    def print_result(self, udid):
        log_path = os.path.abspath('.') + '\\report\\monkey_' +
                    udid.replace(":", ".") + '.log'
        log_file = open(log_path, mode='r', encoding='utf8')
        content = log_file.read()

        if "crashed" in content or "Crash" in content:
            print("设备 %s: 出现了Crashed异常 - FAILED" % udid)
        else:
            print("设备 %s: 未出现Crashed异常 - PASSED" % udid)

        if "ANR" in content:
            print("设备 %s: 出现了ANR异常 - FAILED" % udid)
        else:
            print("设备 %s: 未出现ANR异常 - PASSED" % udid)

        # 如有其他异常信息，也可按此方式进行判断
        log_file.close()

if __name__ == '__main__':
    mc = MonkeyCloud()
    devices = mc.build_device()
    print(devices)

    threads = []
    package = "com.mobivans.onestrokecharge"
    count = 100
    for udid in devices:
        threads.append(threading.Thread(target=mc.start_monkey,
                    args=(udid, package, count)))

    for t in threads:
        t.setDaemon(True)
        t.start()
    t.join()

    print("############# 整体测试完成 ###############")
```

运行上述代码后，可能的输出结果如下。

```
['127.0.0.1:62001', '127.0.0.1:62025']
设备 127.0.0.1:62001: 未出现Crashed异常 - PASSED
设备 127.0.0.1:62001: 未出现ANR异常 - PASSED
设备 127.0.0.1:62025: 未出现Crashed异常 - PASSED
设备 127.0.0.1:62025: 未出现ANR异常 - PASSED
############# 整体测试完成 ###############
```

除了使用 ADB 的 Monkey 命令来完成一个基于云测试平台的 Monkey 测试之外，也可以使用"adb shell input"系列命令来完成随机操作。